11 名廠 & 6 製程 & 250 年發展史

讀懂美威狂潮經典之作

美國威士忌全書
American
WHISK(E)Y

DAVE CHIU

邱德夫 ———— 著

推薦序
Foreward

我們正在經歷美威華麗轉身的年代

林一峰

作家／蘇格蘭雙耳小酒杯執持者大師

2016 年飛往美國肯塔基州的波本威士忌拜訪之旅，德夫兄也是同行的友人；同行的人幾乎都是研究蘇格蘭威士忌 10 年以上的專家，一群人對蘇格蘭威士忌酒廠也熟稔如家裡的後花園，而那趟美國威士忌旅程卻讓我們同時感覺到陌生和興奮。在出發前，我們就有完整的心理準備，雖然一個是 Whisky，一個是 Whiskey，名字僅僅差別了一個 e，但是事實上，兩者的穀物原料不同，糖化和發酵的觀念不一樣，蒸餾器的使用也截然不同，更不用說對於橡木桶陳年造就風味影響的態度也大異其趣。換言之，除了都是棕色烈酒，還有我們不小心習慣都稱呼叫「威士忌」，其實，它們是植基於兩種不同文化下出生的兩種完全不同的蒸餾酒類呢！然而，對於新世界的探索，我和德夫兄都是一樣的勇於嘗試和好奇。

在肯塔基的酒廠參訪行程幾日中，有人努力的拍照，有人快樂的購買紀念品，有人還在分心台北沒忙完的工作，而德夫兄則是一路買書，裝滿了自己的行李箱，他一路上幾乎收羅了所有介紹美國威士忌歷史、酒廠以及製程的書籍。聽說他一回台北就要幹點大事，將言前人之所未言，消化了關於美國威士忌所有的知識後，要出版第一本介紹美國威士忌的中文專書！聽到這個消息，大夥兒都很興奮。

這本書經過 6 年的醞釀，終於要出版了，讓人十分期待。這些年，美國波本威士忌市場在華人世界中並沒有如意料的快速崛起，不過，這本專書肯定在未來能造就人們對美國威士忌有更深入的認識和理解。它完整的從美國歷史切入威士忌產業，介紹鉅細靡遺的製程，以及清楚點出美國威士忌現今和未來的趨勢。美國威士忌獨特豐富飽滿的風格，應該值得更多人喜愛它！

由於我是在 30 年前學生時期開酒吧才進入威士忌的世界，因此，金賓、美格、野火雞、傑克丹尼，這些品牌都是認識超過 30 年的老朋友了，我能理解大眾消費者對於美國威士忌停留在低價平民飲品的普遍觀感；我很早就碰觸到具有記錄自身獨特性的美國小眾工藝酒廠，有許多實驗性的觀念和想法，體會到美國威士忌將走向一個百家爭鳴，精采紛呈的新頁；我也品嚐過近年來那些號稱史上最昂貴的高年份美國威士忌品牌，明白了美國威士忌不想再讓蘇格蘭威士忌專美於前，也想在收藏和投資的頂級消費市場占有一席之地。我們正在經歷美國威士忌華麗轉身的年代呢！

德夫兄總是喜歡開玩笑說他的書厚如磚頭、適合助眠，我卻是從第一頁翻開來就忍不住一直讀下去，那引人入勝的筆觸，那些德夫兄犀利而獨到的見解，把嚴肅的歷史說成了動聽的故事，把那些迷惑人的行銷術語幽默的針貶了一番。從美國獨立戰爭、南北戰爭、禁酒令……把美國人的歷史和美國威士忌的發展歷史，絲絲入扣的聯繫在一起。

啊～～我這才明白，原來美國人用威士忌決定了自己的命運啊！

漫漫酒史，形塑美威的獨特魅力

葉怡蘭

飲食生活作家╱蘇格蘭雙耳小酒杯執持者

「年歲越大，越愛讀史」──這是幾年前，因察覺個人閱讀喜好隨年齡增長而逐漸偏移，遂以此題為文抒發。

「史之樂，首在習古、可以知今。」「……不只人事地物，一盞茶、一盅酒、一道菜、一件器皿一棟房舍，欲知其底細奧妙，相較於光是瀏覽探問片面介紹說明，遠不若讀其史，反更能全盤瞭然來龍去脈神髓精要，以及其味其美、其動人儷人處究竟如何造就、所由何來。」文中，我如是寫道。

而此刻，完讀邱大哥的此作，對此更加深有所感。

繼 2020 年末，高達 25 萬字、可稱

「蘇格蘭威士忌終極教科書」的《新版威士忌學》之後，短短一年餘，厚重程度一點不輸的《美國威士忌全書》又接續堂堂問世。

然頗有意思是，同屬汪洋浩瀚擲地有聲大部頭書寫，此書顯然採取了與新版威士忌不同的形式和結構：全書所占篇幅最巨者，非為其於蘇格蘭威士忌研究中投入、著力最深的製程，而是──歷史。

不僅第一部〈酒瓶裡的美國史〉所占超過 10 萬字，嚴格來說，壓軸的〈酒廠巡禮〉篇，其實也有極高比例著重於說史記史。

在我看來，以史論酒，固然一部分歸因疫情之阻，原本預定的訪酒之旅終究未能成行（但猜測若真的去了，此書恐怕得再多 10 萬字無疑……），但我想應也同時出乎曾經留美居美的邱大哥與這國度間的牽繫，遂對這片土地上曾經發生之今昔人事史事更多幾分關注和共鳴。

而愛史如我，細細讀來，也確實陶然樂於此中：兩百多年漫漫酒史酒事裡，美國威士忌之如何緣起，原料配方和製程以及產業面貌如何一步步成形，荒謬愚蠢的禁酒令所帶來的沉重傷害和停頓，以及，多少製酒人們在這一路歷程中所投注的熱情和努力，繼而形塑了美國威士忌的獨有特色魅力、以及今日的盛世榮景。

引領我們，從史之角度，深入窺看、理解了美國威士忌；同時發現，以翔實縝密酒史為基，再進入相對艱澀的法規和製程的抽絲剝繭，感覺似乎也更多幾分踏實分明，趣味別具。

One Trip One Book

賴偉峯（Otto Lai）

藏酒論壇執行長／蘇格蘭雙耳小酒杯執持者

我一直很佩服，旅行某些國家一次，就能出一本書的人。不過，世界之大，如果每個地方都要逛到透徹才出書，那就真是人生苦短了。

邱大就是這樣一個「見微知著」的人，2016 年他受到台灣三得利邀請，飛往美國肯塔基參訪金賓和美格兩座蒸餾廠，我是同行一員。幾年過後，當我們還對美國威士忌懵懵懂懂之際，他已經寫好這本《美國威士忌全書》要上市了。

這就是邱大！企劃力、行動力、寫作力均臻一流的人才。

更何況，從 2016 年到 2022 年期間，

他並非只出了《美國威士忌全書》一書，而是完成了《威士忌學》初版、新版，以及《酒徒之書》等多本擲地有聲的大作，大幅提升華人品酒知識的水平，讓只愛沉溺杯中愉悅享受的我輩自慚形穢。出書是條寂寞且困難的路，但邱大一路走來卻堅毅卓絕。

認識邱大，是在他擔任台灣單一麥芽威士忌品酒研究社理事長之時，他順利的讓這個略帶學術色彩的社團與酒商、市場無痛接軌。2014 年我離開《壹週刊》跟蘇大成立《藏酒論壇 Tasting Whatever》後，他是第一批力挺我們的專欄作家。同時間他也持續在《財訊》專欄，以及自己 2005 年

就開設的「憑高醇酒，此興悠哉」部落格筆耕著……。

2015 年，邱大獲得蘇格蘭威士忌產業頒給「The Keeper of the Quich」，他跟格蘭父子的品牌大使 James 一同飛往蘇格蘭授證。我印象深刻那個晚上，我跟他、James 三個異鄉人，在蘇格蘭某飯店門口巧遇，邱大開心滿足溢於言表的畫面。我也曾見證大陸深圳威士忌展上，邱大《威士忌學》簽書會的盛況。更證明了他是當前兩岸三地華人圈裡，首屈一指的威士忌專家暨作家。

行文至此，似乎是在推薦邱大這個人，而不是這本書？畢竟，書是人所孕育的，什麼人寫什麼書，我思我寫故我在。很榮幸一本書都出不了的我，獲邀寫《美國威士忌全書》的推薦序，讓我想調皮的分享，邱大教我閱讀此書的攻略。我們的對話如下，歐頭：「要看完你的一大本內容，我要一天喝三杯，很努力。」邱大安慰我：「我知道很辛苦，不過歷史部分我自覺寫得很好看，法規可以跳過，製作篇則稍微掃一下，酒廠看個一、兩間即可。」邱大真的是很貼心的推薦序催稿者。

如果您對美威一無所知，如果您對美威一知半解，或如果您像我一樣「自以為」對美威相當了解，這就是一本應該在您書架上的書──而且不能只供在那裡，至少要按照邱大的攻略走個閱讀儀式，您就能感受到作者的用心。

這是一趟開啟您感官新頁的旅程，One Trip One Book ～～

The Road Not Taken

我於 2016 年 3 月應台灣三得利的邀請,與一眾十人飛到美國肯塔基州,主要目的是參訪三得利剛剛購入不久的金賓和美格兩座蒸餾廠。由於當年自覺對美威的理解著實太淺,為了避免折損「達人」威望,所以想在出發前先蒐集一些資料,讀讀書惡補一番。不料多方尋覓後,各大書肆竟然找不到一本可參考的中文書,只得胡亂從 Amazon 訂購了兩本,生吞活剝的記下幾個名詞就整裝上路。當然酒廠不會出隨堂測驗,但也因為所知有限而有些困窘,走入酒吧、酒專時,琳琅滿目的品牌幾乎都不識,只能暗地裡自嘲沽名釣譽。

回到台灣後,我開始稍微認真的研究美威,也寫了幾篇參訪心得。隔年(2017)在好友怡蘭的推介下,與出版社約在 PEKOE 相見,暢談我的寫作計畫。由於當時剛著手有系統的書寫美威歷史,所以興致勃勃的向總編推銷《美國威士忌全書》,希望能藉由一本從來沒有人寫過的書躋身暢銷作家之林。總編見多識廣,當場澆了我一盆冷水,他認為在讀者的心目中,歐洲各國的文化博大精深,美國文化相對粗淺,所以力勸我不要一頭熱的栽下去,還是先從蘇威寫起較為穩妥。我初涉出版界,自然不希望從此斷送了我的暢銷作家夢,所以聽從

規勸，2018 年推出了《威士忌學》，然後一不做、二不休的在 2020 年分別出版《酒徒之書》和《新版威士忌學》，儘管沒能成為真正的暢銷作家，但也滿足了自小的夢想。

不過，各位讀者都猜到了，我的美威書只是暫時擱置。從 2019 年開始，我默默的寫完超過 12 萬字的＜酒瓶中的美國史＞和＜搞懂美威的規範＞，剩餘的＜酒廠巡禮＞，則是預計在參訪酒廠後完成。按照原訂計畫，我將在 2020 年 3 月搭上長途客機，從芝加哥入、紐約出，以半個月時間造訪 13 座中大型酒廠、1 座製桶廠以及 2 座博物館，行有餘力，還可以繞道去看看幾間小型工藝酒廠。這個馬不停蹄的參訪行程相當緊湊，但十分充實，晚上無處可去的話，就待在旅館裡整理資料。

感謝台灣的分公司及代理商，十分盡力的聯絡酒廠並安排行程，機票、旅館都已經訂妥，手機也下載了叫車 APP。進入 2020 年之後，我的腦中開始不斷迴旋 Simon & Garfunkel 的老歌＜ America ＞："I come to look for America..."，只差還沒請好休假。但過完年劇變陡生，新冠疫情席捲全球，到了 2 月底情況不僅沒有好轉，反而越來越糟。壓倒駱駝的最後一根稻草是 Heaven Hill，明白的告訴我此時此刻最好不要前去，下一秒我立即狠下心來退機票、退旅館，寫信通知所有協助的廠商，取消一切行程。

當時的世界沒有人能料到新冠疫情如此兇狠，我的心中也存在一絲期望，也許當疫苗研發完成、全球施打後，我的美國行仍有繼續的可能。只是到了 2021 年中，解封的美國再度被 Delta 變種病毒攻陷，堅守一年多的台灣也淪陷，地球再度住進加護病房。至此我終於醒悟，美國是去不了了，而且再拖下去，美威此書可能會到 2023 才有可能出版，不如就靠著閱讀和資料蒐集，盡一己之力將這本書完成吧！抱持著死馬當活馬醫的信念，我新增了＜製作解密＞，把美威從穀物到熟陳做了概括性的說明，而後再一間一間的陸續完成＜酒廠巡禮＞裡的

11 間酒廠。由於網路資訊紛雜，資料數字多所矛盾，我多方整理出疑點，請台灣分公司及代理商協助寄送到酒廠，一方面做最後的確認，一方面也請酒廠提供授權圖片。

所以，我誠心感謝國內的分公司和代理商，如擁有金賓、美格的台灣三得利，百富門／歐佛斯特、渥福和傑克丹尼的百富門，野牛仙蹤和巴頓 1792 的賽澤瑞，野火雞的金巴利，代理天山的橡木桶洋酒，協助聯絡喬治迪可的台灣帝亞吉歐。以上被我煩過好幾回的公司代表，第一時間跳出來協助我和國外廠商聯繫，代轉我的疑難雜症，並且以最快速度送來回覆。因此我敢打包票，只要寫在＜酒廠巡禮＞內的數字，大抵都經過酒廠的審視和驗證，如果再有誤差，全都是我個人的理解能力太差。

取得搭配文字的圖片確實困難，除了各酒廠的授權使用照片之外，得感謝長期耕耘美威的 Alex Chang，慨然提供我大量酒廠照片，而且透過他的肯塔基波本酒廠之旅，讓我得以印證許多文字上描述的製作工藝。另外 KOVAL 的小 V 和嘉馥貿易的 K 大，也提供兩間工藝酒廠的照片予我使用，在此一併致謝。不過最困擾的是，當我梳理上下兩百多年的美威發展史時，因為與美國歷史息息相關，而純粹的文字很難引起讀者興趣或共鳴，該如何解決？很幸運的，我找到美國國會圖書館（American Congress Library），有無窮無盡的歷史文件供人查閱和免費使用，書中大量黑白歷史照片都是從館藏中擷取，衷心感激圖書館的公共無私。

讀到這裡的讀者或許充滿疑問：美國威士忌在台灣的能見度相對較低，幹嘛不屈不撓的寫出一部磚頭書來，不怕堆積的滯銷書讓我「著作等身」嗎？的確，台灣威士忌的主流市場依舊是蘇威，大部分酒友都不懂得欣賞風味強勁、辛辣，具有暴力美學的肌肉型威士忌，但並不代表美威在台灣沒有市場。不過我的著眼點不在此，而是為了解決一個根本問題：為什麼全球最成熟的威士忌市場，竟然找不

到一本中文美威書？而且，儘管每個威士忌飲者對「波本桶」都朗朗上口，是不是真的能搞懂什麼是波本、為什麼叫波本、除了波本還有什麼、難道所有的美威都是波本？！至於美威歷史是否粗淺的問題，當我一頭鑽入之後，才發現大西洋兩岸的威士忌都在十八世紀末開始發展，二十世紀初的同一年樹立規則，同樣遭逢 1970 年代的大蕭條，也同時在邁入二十一世紀後大爆發。這些絕不是巧合的歷程，我以為任何一個喜愛威士忌的酒友都不能不注意，也不能不知曉。

另外一個小小的私人理由是，在我的生命歷程中，接收到的美國文化遠比歐陸來得多，從文學、小說、科學、思潮到電影、電視、音樂、時尚、流行、人物，加上留學 5 年期間的所見所聞，基本上我對這個國家堪稱熟悉，書寫時也感到非常親切，比起蘇格蘭有更多的信手拈來。所以真要問我為什麼固執的想寫出這本未必能大賣特賣的書，我會以美國詩人 Robert Frost 最知名的詩句來回答：

Two roads diverged in a wood, and I —
I took the one less traveled by,
And that has made all the difference.

或許我踽踽獨行，但沿路充滿歡樂。

✎ 酒瓶裡的美國史

✄ 搞懂美威的規範

✄ 製作解密

★ AMERICAN ★

WHISKEY

HISTORY

01

★ 酒瓶裡的 ★
美國史

no.2022

我們常說美國的歷史不過短短 200 多
年，與世界各地的古文明根本無法相
比，但若談論起威士忌，其源遠流長不
僅和美國歷史相當，甚至更為長久——
早在美國建國之前、早在歐陸移民遠渡
重洋來到北美新大陸就已開始，並逐漸
與美國的政經發展糾葛，形成強大的社
會驅動力……

早期的酒廠裝瓶線（攝於 Oscar Getz 威士忌博物館）

美國國會於 1964 年所通過的決議案,將波本威士忌列為「美國獨特產物」(distinctive product of the United States),在美國威士忌的發展史上占有極重要的地位,從此波本與蘇格蘭威士忌、法國香檳、干邑、西班牙雪莉酒等國際知名酒種並肩,擁有國際「地理標示」(Geographical Indication, GI)不容仿製。

不過一開始,先談兩個有趣的行銷案例。第一個案例是「布雷特」(Bulleit)威士忌剛推出時,以 Frontier whiskey 作形象廣告,除了酒瓶採用復古的厚底玻璃,行銷海報也設計成大西部時期追捕江洋大盜專用的「Wanted」,在在都是為了喚起消費者對美國拓荒精神的記憶。但眾所皆知的,布雷特這個品牌擺上貨架的時間大概在 1999 年,母公司是全球第一大酒公司帝亞吉歐(不計中式白酒),所以它與拓荒年代一點關係也沒有。

第二個案例是「酩帝」(Michter's)威士忌,品牌行銷時將酒廠歷史串聯到 1753 年,甚至提及美國第一任總統喬治·華盛頓在獨立戰爭期間,曾將酒廠產製的烈酒分給士兵以激勵士氣。同樣的,這個歷史故事背後的事實是,酩帝約在 1990 年上架,更有趣的是瓶中酒液並不是自行生產,而是從其他酒廠購入,若是以我們熟知的蘇格蘭法規而言,只是一間裝瓶商而已。

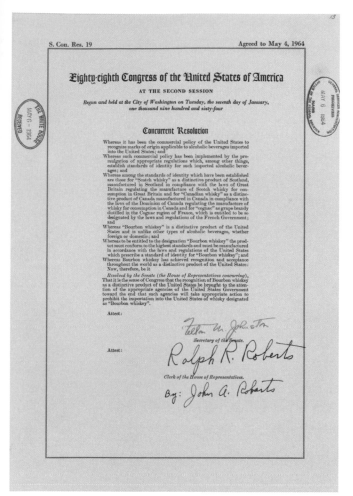

美國第八十八屆國會決議將 Bourbon whiskey 作為美國的特色產物
（圖片取自美國國會圖書館館藏）

波本威士忌的傳承

老實說，這也不算是甚麼新鮮事了。早在十九世紀美國威士忌剛剛起步迎向新烈酒市場時，許多品牌已經開始牽扯起血統，大談所謂的歷史與傳承。我們得注意，如果真的是拓荒年代的威士忌，現代人大概不會想沾上唇，因為在西部蠻荒時代的酒不僅品質毫無保障，多喝甚至有害身體！

所以回頭去看 1964 年，所謂傳承，必須仔細分辨和爬梳。就在美國國會準備表決《美國獨特產物決議案》的前夕，許多議員陷入尷尬的處境，因為美國司法部於 1952 年針對獨占 3/4 烈酒市場的四大公司 —— 軒利（Schenley）、國民（Natioanl）、施格蘭（Seagram）以及海倫沃克（Hirem Walker），合稱「四巨頭」（Big Four）——舉辦聽證會進行調查，調查範圍包括這四大公司所聘請的遊說團體，以及遊說團所接觸的眾議院議員。

在聽證會中，小酒廠及小品牌痛陳「四巨頭」如何寡占、收買和逼迫小廠退出市場，雖最終不了了之，但也留下一般大眾對於寡占市場的惡劣印象。所以這項對波本威士忌極為重要的決議案在 1964 年 5

月 4 日[註1] 通過時，並未掀起太多媒體或民眾注意，次日只有在少數報
紙上輕描淡寫的敘述，而後再也沒人提起。

　　沒想到半個世紀後，波本威士忌風起雲湧，產業飛黃騰達，這個決議
案搖身一變成為舉足輕重的歷史文獻。50 週年的 2014 年，美國國家檔
案和記錄管理局（National Archives and Records Administration）將決
議文件借給肯塔基蒸餾協會（Kentucky Distillers' Association, KDA），
在 Frazier 歷史博物館展覽，協會理事長激昂的告訴大眾：「（這文件）
是波本威士忌的獨立宣言……是我們歷史上最珍貴的文件之一！」所謂歷
史的玩笑莫過於此。

　　當然，「美國獨特產物」的決議並非什麼玩笑，背後龐大的商業利益才
是推動立法的隱形力量，其中用力最深的，莫過於軒利集團的老闆路易斯・
羅森斯泰爾（Lewis Rosenstiel）。

邱吉爾的情報與軒利的霸業

　　羅森斯泰爾是個極具爭議性的人物，他高中輟學後，在叔叔經營的酒廠
工作，於禁酒令時期的 1920 年代創辦了軒利公司，成為 6 家合法販售醫
藥用酒的公司之一。1922 年他到法國的蔚藍海岸（Riviara）旅遊時，巧遇
剛剛大選慘敗而離開公職的邱吉爾，他認為美國禁酒令遲早會被廢止，只
要有所準備，保證賺大錢。果然，禁酒令在 1933 年依憲法第二十一條修
正案被廢除，但威士忌產業立即又面臨二次世界大戰慘淡經營的考驗，不
過軒利依舊存活下來，並茁壯成四大烈酒公司之一。

　　1950 年代初，羅森斯泰爾看到南北韓之間發生了戰事，判斷戰爭將延
續下去並造成如同二次世界大戰一樣的威士忌大短缺，因此下令旗下的蒸
餾廠加足馬力生產，總共囤積了近 6.4 億加侖（約 24 億公升）的酒。等到

註 1　這一天，筆者滿週歲。

韓戰不如預期的在 3 年內快速結束（1950 ～ 1953 年），羅森斯泰爾發現自己陷入了存貨過多的困境，倉庫內正在陳年的酒約占全美的 70%！按照當時的烈酒稅法，保稅倉庫只能存放 8 年，所以 8 年後必須繳交巨額稅款（$10.5 美元／加侖，約等於今日之 22 美元／公升），更慘的是，由於波本威士忌的天使分享量（Angel's share）約為 3% ～ 7%，代表他所擁有的極大部分資產將從第 8 年開始消失在空中。

為了解決這個迫在眉睫的問題，羅森斯泰爾開始遊說國會，希望能更改規範、稅制來賣掉手中的存酒，此舉當然招致「四巨頭」的其他 3 家公司不滿。其中有關稅制部分，羅森斯泰爾請求將保稅倉庫的年限從 8 年提高到 20 年，讓他有時間慢慢消化手中庫存，這一點其實對所有的烈酒公司都有利，但是站在打擊主要敵人的立場，其他酒公司並不領情，並且在當時烈酒公司共組的遊說團體「蒸餾烈酒學會」（Distilled Spirit Institute, DSI）中極力搞破壞。兩方勢力拉扯下，軒利的政商關係還是占了上風，美國總統艾森豪爾在 1958 年簽署了《Forand Bill》（保稅法案），將 8 年保稅時間延長到 20 年，讓他大大喘了一口氣。

吃了這顆定心丸之後，羅森斯泰爾的下一步是開拓國際市場。他於 1958 年組成遊說團體 Bourbon Institute，力倡將波本威士忌列為關稅保護對象，排除其他國家生產並銷入美國的可能（某反對政客便是從墨西哥進口波本威士忌），也就是「美國獨特產物」案。根據提案，波本威士忌將與蘇格蘭威士忌、法國的香檳、干邑等，在國際上享有相同的地位，用以打開波本威士忌的國際市場。

為了推動法案，羅森斯泰爾在國內投資了 2,100 萬美金（約合今日之 1.67 億美金）廣告費來教育消費者有關波本威士忌的風格、口味，尤其是針對他所生產的特殊風味威士忌，同時一箱箱的將波本威士忌郵寄到海外大使館，不惜巨資（總共花費 $3,500 萬美金，約合今日的 $2.8 億）來布局全球市場。在當時的國際烈酒市場中，波本威士忌根本沒沒無聞，因此羅森斯泰爾的投資絕對是個大膽的賭注，不過當法案通過，投資便開始回本，當他數年後從市場上退休時，已經是美國最有錢的人之一。

歷史的啟發

我們回想一下 1960 年代，蘇格蘭威士忌仍是調和的天下，1963 年格蘭父子的第四代掌門人 Sandy Grant Gordon 剛剛起步將單一麥芽威士忌推向了美國（在美國市場稱為 Straight Malt，其他市場則為 Pure Malt），但仍是未標示酒齡的 NAS，一直到 1970 年代，大多數的蒸餾者普遍認為威士忌不應該陳年超過 15 年。不過對美國威士忌而言，1958 年《Forand Bill》的通過，除了大幅降低烈酒稅之外，更大的影響是高酒齡酒款的出現，譬如軒利便以 Old Charter 為名，推出了 10 年和 12 年裝瓶，史迪佐－韋勒（Stitzel-Weller）蒸餾廠甚至裝出了 15 年的 Old Fitzgerald。

至於 1964 年《美國獨特產物決議案》通過之後，隨著冷戰時期美軍的大舉進駐世界各國，波本威士忌也跟著滲入各地的酒吧，逐漸為國際市場接受。譬如「金賓」（Jim Beam）便是搭著軍隊移防的順風車而暢行海外，美軍成為不用花錢的推銷員；「傑克丹尼」（Jack Daniel's）則靠著法蘭克·辛納屈等一票好萊塢「鼠黨」來進行宣揚。到了 1966 年，不僅南韓西德處處可見波本威士忌，連中南美洲以及第三世界市場都被攻占，軒利的特殊酒款 I.W.Harper 的廣告甚至行銷到全球 110 個國家！

這就是歷史有趣的地方，當我們放大眼睛認真看待某個特殊事件，可找出前因後果之間的細微因緣。我們如今可以看到以 Elijah Craig 或 Evan Williams 為名的裝瓶，但這些實際存在的歷史人物與瓶中酒液並沒有任何關係，反而是在波本威士忌發展史上具有重要地位的羅森斯泰爾，從來沒有以他為名或人物頭像的裝瓶。當然，消費大眾不容易接受一個因產業致富的人物作為崇敬對象，況且他在禁酒令時期的名聲也不怎麼好，不過，就如同一開始談到的「歷史」或「傳承」，其實是充滿叫人會心一笑的謊言。

很久很久以前

華盛頓的勝利軍進入紐約（圖片取自美國國會圖書館館藏）

　　《四海兄弟》（Once upon a time in America）一直是我最喜愛的黑幫電影，以一個黑道幫派的興起與沒落，述說朋友的義氣與背叛，以及荏苒 30 年時光的無情與悔恨，潮來潮往、物是人非，只剩難以排遣的惆悵。

在此不談論電影，但影片中黑幫的興起源自於禁酒令時代的私釀，當地盤瓜分和利益衝突，電影中機關槍掃射成百孔千瘡的情景，或許誇大，但確實存在。只是在30多年前看這部電影時，並不瞭解禁酒令對美國威士忌的影響，此刻寫起歷史，不禁憶起電影中種種讓我鬱結至今的往日情懷。

美國威士忌的發展與歷史背景息息相關，欲知詳情，得先記住以下三大事件：

◎ 美國獨立戰爭：1775/4 ～ 1783/9

◎ 南北戰爭：1861/4 ～ 1865/4

◎ 禁酒令：1920/1 ～ 1933/12

獨立戰爭之後，威士忌取代蘭姆酒成為美國的最大蒸餾烈酒，雖然因徵稅而引發農民暴動，但平息後以橡木桶陳年的波本威士忌躍上檯面；南北戰爭結束，開啟了威士忌的鍍金年代（Gilded age），奠定了波本威士忌的法規，田納西威士忌從此與波本威士忌分道揚鑣；至於禁酒令之後，則讓威士忌產業大洗牌，今日我們看到的酒廠幾乎都是從零開始，品牌之間大交換，逐漸形成分屬八大酒公司的局面，而波本威士忌也成為美國的特色產物。

但所有的故事都得從很久很久以前講起，往前回溯到美國開國建國之前，當時是十七世紀初，America還不是United States.......

航海者的生命之水：移民與蒸餾

如果我們對美國威士忌的品牌稍有了解，可以發現許多品牌名稱都喜歡借用歷士人物，Elijih Craig、Evan Williams、Pappy Van Winkle等等，可是卻從來沒出現過以玉米為原料蒸餾威士忌的第一人——喬治．索普（George Thorpe，亦有書稱他為Captain James Thorpe）。最大的原因是，在1620年的古早時代，不僅新大陸仍是一片蠻荒，連蒸餾酒也罕為人知，距離殖民者大量製作威士忌還有100多年的時間差，就算往來書信證明了他的嘗試，也只能「但開風氣不為師」的曇花一現，在歷史的長河中並未掀起太多波瀾。

靈感來自印地安酒，以玉米蒸餾

　　喬治・索普何許人也？他原來是一名英國國會律師，拋家棄子的搭乘「瑪格莉特號」前往新大陸尋找機會，1619 年抵達維吉尼亞州的 Berkeley Plantation，比起史書記載「五月花號」的清教徒還要早一年到達美國。直到今日，索普靠岸的這個小鎮仍在跟「五月花號」的靠岸點 Plymouth 競爭「感恩節」的由來。

　　「酒」對於長期航海者非常重要，除了是比水更安全的水分補充飲料之外，還可抑制因長期缺乏維他命 C 所引致的壞血病（水手病），因此無論是「瑪格莉特號」或是「五月花號」，船上都載運了大量的啤酒、葡萄酒和白蘭地，甚至「五月花號」之所以選擇麻塞諸塞州的普里茅斯上岸，便是由於船上的酒已經用罄，非得另覓補給不可。至於拓荒的新移民，由於水質的顧慮，喝酒比喝水安全許多，因此酒也是維持生命所需的民生必須品，堪稱真正的「生命之水」。

　　玉米是美洲原住民的傳統農作物，也曾用來接濟殖民者（這就是傳說中感恩節的由來），而 Berkeley Plantation 鄰近便是廣大的玉米田，所以索普注意到印地安人平常所飲用的玉米酒（Indian corn），進而打起玉米釀酒的主意再自然也不過。在他寫回家鄉的信中，便提到「我們發現一種方法可以用印地安玉米做出相當美味的酒」，不過這種酒應該只是發酵酒，印第安原住民還不懂蒸餾技能。

　　根據推測，索普的蒸餾工法沿襲自當時的歐洲，不過蒸餾器大概是隨行的鐵匠自行製作，而非從歐洲攜帶過去，發酵方式應該也來自印地安人的教導。這些蒸餾烈酒存放在各種隨手可得的木桶中，或是較不易滲漏的陶罐。由於酒劣味雜，飲用時得摻入香料或水果，除了醫藥用途之外，也拿來和印地安人交換土地。

　　索普隨後成為維吉尼亞州的市政委員，獲得 1 萬英畝的土地，並開辦學校向印地安人宣揚教義。可惜他的命運就如同拓荒者與原住民之間長期的爭戰，在著名的 1622 年「印地安大屠殺」（Indian Massacre of 1622）事件中喪生，屍體慘遭肢解，同時死亡的殖民者約 400 人，約為當地人口的 1/3。

裸麥的使用

　　正如大家所熟知，新大陸是個民族大熔爐，從 1493 年的哥倫布以降，歐洲便開始往美洲殖民。十七世紀初前往北美殖民的多半是英國人，但也來自法國、荷蘭、德國等地，更晚則有來自蘇格蘭與愛爾蘭的移民。較早的殖民地建立在大西洋沿岸，從新英格蘭、麻塞諸塞、康乃狄克與羅德島，而後往南發展到氣候較為溫和的紐約與賓州。從美國早期的地圖可推知移民逐漸拓展的地域，而所謂的「新」英格蘭（New England）、「新」約克（New York）等地名，也大概可以推知當地移民來自何方。

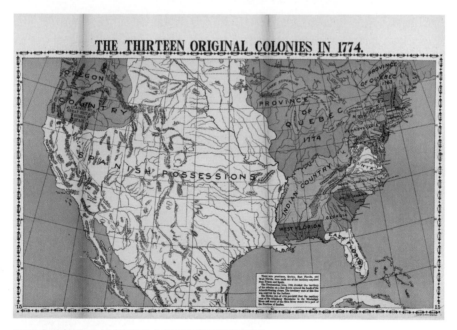

1773 年的美國 13 州（圖片取自美國國會圖書館館藏）

　　上述地區雖屬美國東北角，但緯度比原居住地還要低，加上土地、氣候條件的不同，生長的作物自然不同，殖民者帶著熟悉的飲食習慣到達新大陸，非得重新適應不可。既然酒是民生必需品，即便清教徒視過度飲酒為犯法（觸犯者可能被判罰款，並且在衣領上別上紅色的 D 字，就如同霍桑的小說《紅字》一樣來標註犯罪者），但仍許可適度飲酒以維持健康。

　　殖民者最早帶著充足的酵母和各種酒遠渡重洋，英國、法國人帶著啤酒、葡萄酒、西打和白蘭地，德國、荷蘭人則帶著啤酒、葡萄酒和琴酒。但這些酒類的原料多為大麥、葡萄，在殖民地生長情形並不好，而當這些原料長期消耗後，也不可能持續從歐洲船運補給，必須嘗試所有可以釀酒的農作物，譬如當地生長的野莓果、南瓜都曾被拿來釀酒，據說蘋果西打和梨子白蘭地特別受歡迎。

　　以穀物來說，最能適應北美地區地生長條件的是裸麥和玉米。索普與印地安人為鄰，且身負「教化」原住民的使命，因此不排斥種植玉米，不過歐洲人以麥類為主食，應該更傾向栽種裸麥，尤其是來自捷克、德國一帶的移民，裸麥是他們家鄉麵包使用的主要穀物。

　　裸麥的根部結構結實，能抓住鬆散的土壤，且繁殖能力強，可搶奪土壤養分而抑制其他作物的生長，適合高寒或乾旱地區。又因為含有高蛋白質，營養價值高，雖然在歐洲較不為人知，但因堅韌而容易生長，在新大陸收成情形佳，成為移民主要的農作和製酒的原料。

商業蒸餾的第一人

　　北美殖民者一開始釀造的酒類以啤酒為主，不過蒸餾烈酒更適合儲存，也具有強大的刺激口感，適合深入蠻荒的殖民者口味。根據歷史記載，荷蘭殖民地的總督（Director General）Williem Kieft 顯然是看到了烈酒的商機，於 1640 年千里迢迢的將大型蒸餾器船運到新大陸，而後在史丹頓島（Staten Island）開啟了蒸餾事業。他使用的原料包括玉米、裸麥和其他穀物或水果，成為在新大陸商業製作蒸餾酒的第一人。

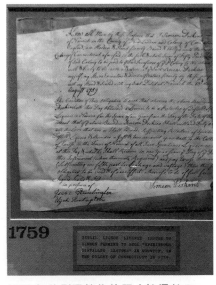

1759 年的烈酒銷售執照（拍攝於 Oscar Getz 威士忌博物館）

隨之以降，新來的移民也開始攜帶小型蒸餾器前往殖民地，其中又以十八世紀初期來自北愛爾蘭和蘇格蘭的移民最為重要。他們不僅攜帶著蒸餾器來到新大陸，同時也帶來重要的糖化、發酵等技術，並以栽種的玉米、裸麥和大麥等穀物作為原料。

在獨立戰爭期間，最團結並堅定反抗英軍的便是愛爾蘭和蘇格蘭族群，而他們蒸餾的威士忌，在戰爭之後取代了蘭姆酒成為美國最重要的烈酒。不過這都是後話，因為在十七、十八世紀長達百年期間，所謂的威士忌不過是農業副產品，用以解決農產過剩的儲存問題，而且除了自己飲用之外，也拿到市集販售，無論是運送的便利性或價值，都比農作物高上許多，也因此成為交換物品的貨幣。

為了攜帶及搬運便利，農夫使用的小型蒸餾器容量大多都不會超過 150 加侖，每年的產量也極其有限，約 100 ～ 1,000 加侖左右，端視穀物收成的情況而定，當然也租用給鄰近居民使用。這種情形，便如同台灣早期的鄉下農村，大家帶著米到鄰居家磨米漿做年糕（筆者年紀小的時候，每到過年時節，總要照母親吩咐拿米到鄰居家磨成米漿，再提回家蒸製年糕）。

蘭姆酒和三角貿易

奴隸收割甘蔗（圖片取自美國國會圖書館館藏）

　　以裸麥、玉米及其他穀物為原料的威士忌，做為農業副產品的經濟價值高，但只在農作物過剩的情況下製作，產量小且不固定，僅在墾荒區域流行。至於殖民較早、人口較為稠密的東岸一帶，最受歡迎的烈酒不是威士忌，而是蘭姆酒。

　　蘭姆酒的起源有許多種說法，不過共同點是大約在十七世紀中，懂得蒸餾技術的殖民者抵達加勒比海群島，利用島上盛產的甘蔗作為原料做出蘭姆酒，在西歐列強競奪海外殖民地的大航海時期，提供長時間海上航行所需的慰藉。至於北美新大陸，約在 1680 年以後方由殖民者帶入，當時在新英格蘭地區造船產業開始興盛，某些航運業者與英屬圭亞那（Guiana）達成貿易協定，開始進口以糖蜜（molasses）為原料的蘭姆酒。但很快的，這些商業嗅覺敏銳的商人發現，與其進口蘭姆酒，不如進口糖蜜來自行製作獲利更大，因此同樣的船運回來的不再是蘭姆酒，而是一船一船來自法屬西印度群島的糖蜜。

　　所謂糖蜜，指的是將甘蔗榨汁製糖時，因雜質過多、無法結晶而剩下黑色黏稠的液體，一般並無用處，但由於含糖量仍高，只需調入適當的水量，同樣可以發酵、蒸餾以製作烈酒，而且不需要像穀物或水果酒般煮熟或榨汁，也不必處理蒸餾後的渣料，因此非常經濟。

　　以糖蜜製作的蘭姆酒夠烈、夠好，更重要的是夠便宜。新大陸生產的蘭姆酒約 4 便士／夸脫 （1 pence=0.01 英鎊，1 quart=1/4 加侖=1.14 公升，英制 1 加侖=4.546 公升），而進口的蘭姆酒約 6 便士／夸脫，導致蒸餾廠不斷的在臨海地區興建。根據文獻紀錄，1750 年麻塞諸塞州共有 63 座蒸餾廠，半數集中在波士頓，而羅德島的新港也有 30 座蒸餾廠。當時新大陸的人口約 150 萬人，全年消耗的酒——以蘭姆酒為主——約 1,200 萬加侖，也就是約 5,455 萬公升，平均起來不分男女老幼每人每年喝掉約 36 公升的酒。這數字有多大？若以台灣 2,300 萬的人口來換算，每年將喝掉約 8.4 億公升，假設酒精度 40%，便相當於 3.36 億公升的純酒精，遠超過蘇格蘭全年麥芽威士忌的產量，非常驚人！

蘭姆酒衍生惡名昭彰的三角貿易關係：商人將新英格蘭的蘭姆酒運到非洲，賣給當地的移民者來交換黑奴，而後一船一船的將黑奴送到法屬西印度群島去種植甘蔗，同時製作糖和糖蜜，再將糖蜜運到新英格蘭，賣給商業酒廠來釀製蘭姆酒。在 1770 年初期，新英格蘭生產的蘭姆酒，每 10 加侖就有 9 加侖運到非洲，每年往來的船隻近 1,000 艘，蘭姆酒和糖蜜的交易量占據了進口總額的 20%，成為當時最大的產業。

不過蘭姆酒只屬於平民百姓而難登大雅，上流階級繼續追隨著大西洋彼岸的流行，以進口的葡萄酒、白蘭地或馬德拉酒為主。但由於蘭姆酒的獲利實在太豐厚了，英國政府終於眼紅，因此國會在 1733 年祭出了《糖蜜稅法》（Molasses Act），規定運往殖民地的蘭姆酒或糖蜜，除了英屬西印度群島（牙買加及巴巴多斯）所生產較貴的產品可免稅，禁止法屬、荷屬西印度群島的產品進入，或必須課以重稅（蘭姆酒為 9 便士／加侖，糖蜜為 6 便士／加侖）。

∽ 美國獨立戰爭 ∾

後代歷史學家認為《糖蜜稅法》愚蠢之至，既收不到稅，又種下了獨立戰爭的火苗，因為此法一出，不僅損及商賈的利益，也影響平民百姓的小確幸，群情激憤下，根本無人理睬，在往後的 30 年間繼續進口蘭姆酒和糖蜜，當然也繼續不繳稅。由於相隔著廣大的大西洋，大英帝國根本無力掌控，只得在 1764 年修正後公布《糖稅法》（Sugar Act），將糖蜜的稅額減半，卻擴大稅基，納入包括殖民地進出口的糖、咖啡、織物等商品；1765 年再修正為《印花稅法》（Stamp Act），直接對所有的印刷品課稅。不過修正後的稅制越發嚴苛，對殖民者來說不啻火上加油。

稅法演變引燃戰爭火苗

十八世紀中期的殖民地，無論經濟、文化或政治都逐漸成熟，雖然信奉英王喬治三世，但並不自認為次等公民。至於英國政府一步步的加強海外

稅賦，主要原因是英法「七年戰爭」在 1763 年結束後，為了鞏固領土和平衡財政，國會力主採高壓手段。北美殖民者在國會並無代表而無法發聲，當然大大不滿，高舉「無代表，不納稅」的口號，力求在國會中占有席位。

在一片反對聲浪中，《印花稅法》在 1765 年被迫廢除，但隔年又針對殖民地亟需的玻璃、紙張、茶、糖等商品開徵高額稅。這些步步進逼的手段，終於在 1770 年 3 月引發著名的「波士頓慘案」，5 名波士頓居民死亡，殖民地中斷與英國的貿易往來，英國國會只得讓步，在 4 月通過法案，除了茶以外，其餘商品的賦稅全部取消。但新大陸移民並不滿意，1774 年 12 月發生「波士頓茶黨事件」，茶葉黨人假扮印第安人，將英國貨輪上的 342 箱茶葉全部倒入海中。英國國會大怒，馬上通過一系列的《不可容忍法案》（又稱《強制法案》），殖民者也立即組織第一屆大陸會議（Continental Congress）做為回應，雙方劍拔弩張，戰火一觸即發。

跟著拓荒路線走，一發子彈換一杯酒

為了減緩戰爭迫近的緊張氣氛，暫時先回頭看看當時酒的銷售通路。殖民時期當然不會有酒類專賣店，也沒有酒吧，但正如好萊塢西部片裡常看到的景象，隨著拓荒者往南、往西移動，小小的集散聚落在各地成形，而為了往來旅客打尖歇腳，簡單的食堂（ordinaries）也跟著在這些小聚落成立，再慢慢擴大為客棧旅館（taverns & inns）。這種小客棧在舊大陸的英國、法國、荷蘭、西班牙都十分普遍，但到了新大陸則增加一項功能：賣酒，各種酒類，包括啤酒、西打、白蘭地、威士忌等等，都在附設的交誼廳販賣，其中又以蘭姆酒為最大宗。西部片裡牛仔一進入酒館便招手來杯烈酒一飲而盡，而後拔槍相峙、子彈亂飛的場面只是戲劇效果，但隨著客棧旅館往拓荒地移動，酒類也跟著銷往各地。

據說目前我們慣用的 shot 一詞，也來自這類酒館，由於拓荒者並非人人都有現金，但一定人人有槍，所以西部牛仔拿出一發子彈（也有一說是一夾子彈）來交換一杯酒是十分合理的，從此這一杯酒就稱為一個 shot。

1800 年代賓州小旅館（Tavern House）古蹟 　（圖片取自美國國會圖書館館藏）

　　小客棧酒館匯聚了各地旅客，形成了情報交換中心，各種馬路消息都在舳艫交錯間流動：農業收成、社會經濟、政治事件等等，和我們今日的「喝咖啡、聊是非」的情形並無差別。想像一下，當殖民地與英國對峙情況越演越烈，酒館裡面的討論氣氛不斷的拔高，主戰、主和或許所在多有，獨立的想法反覆爭論，也或許引起小型鬥毆，但戰爭已經不是會不會發生，而是什麼時候發生的問題了。1775 年 4 月 19 日在麻塞諸塞州的列星頓（Lexington），一小群民兵（Minuteman）風聞英軍將開拔到當地去襲擊軍械庫，便聚集在 Buckman's 客棧內等待英軍。英軍迫近後，要求他們立即繳械疏散，民兵不從，英軍突然開火，猝不及防下民兵死傷十多人，隨後開火反擊，美國獨立戰爭於焉爆發。

　　客棧在戰爭中也發揮不少功能，譬如革命組織「自由之子」（Sons of Liberty）的總部便位在紐約 Montagne's 客棧；紐約的「警備會」（Vigilance Committee）同樣是在 Fraunce's 客棧中決定攻擊英軍的船艦；喬治‧華盛頓於戰爭勝利後的 1783 年，也在客棧內辭去美國大陸軍總司令一職。

　　由以上的說明可知酒之影響大矣！只是我們讀到的美國簡史不會告訴我們從《糖蜜稅法》到《糖稅法》到《印花稅法》到《不可容忍法案》，美國獨立的開端竟然全來自酒的需求和商業利益，星火燎原，不可遏抑。

∞ 美國獨立與愛國酒 ∞

蘭姆酒短缺與糖蜜肇禍

　　率領殖民地軍隊與英軍對抗贏得獨立戰爭，而後於 1789 ～ 1797 年擔任美國第一任總統的喬治・華盛頓，並不是個嗜酒貪杯的「飲」君子。他出身上流社會，平常飲用昂貴的白蘭地、馬德拉等進口酒，但轄下的軍伍當然是以蘭姆酒為主。在戰爭初期，每名士兵每日的配額為 4 盎司（約 120ml.），但隨著戰事進行，英國利用船堅炮利的皇家海軍控制了殖民地沿海城市，禁止加勒比海的糖蜜原料載運進來，蘭姆酒馬上面臨短缺問題，也導致以下歷史戰事：

◎ 1777 年冬，於賓州東南方的 Forge 谷，由於補給不足，加上潮濕冰冷的天氣以及痢疾和傷寒，到了隔年春天總計 2,500 名士兵死亡，損失了約 20% 的戰力。為此議會質疑華盛頓的進軍及統帥能力，更有議員倡議，以剛取得幾場勝利的 Horatio Gates 將軍取代華盛頓的職位。

◎ 1780 年夏，美國大陸軍將領 Horatio Gates 準備向南卡羅萊納州進行大反攻時，發現蘭姆酒的供應已告罄，不過隨軍還有部分糖蜜，所以他「無魚蝦也好」的將糖蜜發下去。只不過這種棕黑色黏稠物在未蒸餾之前，吃下去會讓人拉肚子，導致軍伍士兵嚴重腹瀉。這位原先與喬治・華盛頓齊名、且曾獲得多場勝役的著名將軍，在「卡姆登戰役」（Battle of Camden）中不僅大敗，而且在敗陣之後率先逃亡，被免去軍職，直到 1782 年才重返軍伍。

愛國酒登場

　　雖說蘭姆酒已經成為重要的戰爭物資，但短缺嚴重，必須尋求其他的酒類來填補軍需，首選當然是以土生土長的穀物所製作的「愛國酒」威士忌。1776 年 10 月，美國大陸軍在 Germantown 經過連番苦戰後，仍然不敵英軍而敗陣，議會送了 30 桶威士忌去鼓舞士氣。另一方面，華盛頓也不斷遊說議員在各州興建公共蒸餾廠，在 1777 年寫給大陸議會議長的一封信中提到：「由於敵人船艦封鎖了我方海岸，我建議在各州廣建蒸餾廠……經驗證明適當的飲用烈酒（strong Liquor）對軍人是有益的……目前我們的軍隊無法獲得充足供應……我希望有專人去購買穀物並蒸餾」。相隔幾天，華盛頓又去信軍需部：「我必須通知你，軍隊需要足夠的烈酒以應付各種情況，譬如高溫、冰冷或潮濕的氣候」。由於蘭姆酒的供應告急，促使華盛頓最後直接下令以威士忌取代。

　　雖然東岸戰事吃緊，拓荒者仍持續往西移動，由於英軍招募印地安人來牽制大陸軍，因此拓荒者對抗印地安人在某方面也對大陸軍有所幫助，不過最重要的還是威士忌。西部由於農作、水源充足，又有足夠的木材燃料，更因為與東岸距離遙遠無法發展蘭姆酒，所以德國、愛爾蘭、蘇格蘭的移民當然發揮家鄉的技術傳統，以玉米、裸麥為原料蒸餾起威士忌。不過除了威士忌之外，愛爾蘭和蘇格蘭族裔更在獨立戰爭中扮演扭轉乾坤的角色。

　　殖民者遠離家鄉的理由，部分可能是冒險淘金，但更多的是遭受政治或經濟的壓迫。愛爾蘭和蘇格蘭人長期憎恨英國統治，冒

獨立戰爭決定性勝利 Saratoga 之役（圖片取自美國國會圖書館館藏）

險來到新大陸之後，持續深入荒野，便是為了脫離所有可能的政府統治。他們因長年在太陽下勞動而曬紅了脖子，自稱為「紅脖子」（rednecks），但這個字詞也代表頑強固執的個性。1962 年諾貝爾文學獎得主約翰·史坦貝克在他的扛鼎之作《伊甸園東》裡，描述的便是這些堅毅刻苦的拓荒者。

就在華盛頓遭受挫折的 Forge 谷戰役後 2 年，英軍派出由 Ferguson 率領的千人軍團往北維吉尼亞州進發，清剿以拓荒者為主的叛軍。Ferguson 瞧不起拓荒者，輕蔑的稱呼他們為雜種（mongrels），當他駐紮在藍脊山（Blue Ridge Mountain）的時候，向拓荒者發出最後通牒，要求他們無條件投降，否則將面臨「火與劍」的懲罰。面對大言不慚的恐嚇，拓荒者二話不說，直接集結了兩千多人，許多人甚至只帶著來福槍和毛毯便來參軍作戰，兩軍在南北卡羅萊納的邊境相逢，英軍大敗，Ferguson 身中 8 槍而亡。華盛頓軍隊因此役士氣大振，後世將這場戰役稱為「國王山之役」（Battle of King's Mountain）。

愛爾蘭和蘇格蘭人由家鄉土地種植的農作物所製作的威士忌，完全無須仰賴進口原料，成為大受歡迎的愛國象徵，吹滅了蘭姆酒在新大陸的最後氣息。

國父華盛頓的蒸餾事業

華盛頓總統與維農山莊 （圖片取自美國國會圖書館館藏）

　　大家都知道喬治‧華盛頓是美國第一任總統，也多半知道他是獨立戰爭期間的美國大陸軍總司令，但很少人知道他不僅是個威士忌蒸餾者，更曾擁有美國最大的威士忌蒸餾廠。

　　在獨立戰爭前，他繼承了位在維吉尼亞州北部的維農山莊（Mount Vernon），於 1771 年建造了一座磨坊，擁有兩組石磨，一組用來磨製小麥粉，另一組則用來磨小麥、玉米或是裸麥，咸信其中部分用於蒸餾。他的農場管家 James Anderson 來自蘇格蘭威士忌產業，熟悉家鄉威士忌的蒸餾技術，於 1790 年代移民來到美國。在他的建議下，華盛頓於退休的當年（1797 年）在磨坊旁興建了一座擁有 2 座蒸餾器的蒸餾廠，第一年生產了約 600 加侖（約 2,700 公升）的酒，獲利相當不錯，於是第二年增添了另外 3 座蒸餾器和其他設備。在華盛頓去逝的 1799 年，年產量超過 11,000 加侖（4.5 萬公升），成為當時美國最大的蒸餾廠。

　　阿帕契山脈以東的區域主要作物為裸麥，根據考證，華盛頓使用的穀物配方為 60% 裸麥、35% 玉米以及 5% 發芽大麥；如果裸麥農作不足，則以小麥取代，少部分作四次蒸餾，售價較高。這座蒸餾廠於華盛頓去世後由他的姪子繼承，1814 年燒毀，1850 年拆除。到了 1932 年，也就是禁酒令廢除的前一年，維吉尼亞州買下了維農山莊鄰近土地，打算重新興建包括磨坊在內的蒸餾廠，並將該地區劃為國家公園，但只完成磨坊。整建計畫一直拖到 2007 年終於完成，併同博物館風光開幕，當時依據原始配方所製作的 24 瓶裸麥威士忌（2003 年蒸餾、2006 年裝瓶），經公開拍賣後，柯林頓總統簽名的一瓶酒以 35,000 美金落槌。

重建後的維農山莊蒸餾廠（圖片取自 George Washington's Mount Vernon 官方網站）

今天到博物館參觀，仍可以買到仿古酒廠製作的裸麥威士忌，white dog 作價 98 美金，陳年 2 年則需 188 美金，4 年 225 美金，另外還有蘋果白蘭地、桃子白蘭地等其他烈酒可以選購。

✄ 威士忌暴動 ✄

所有的戰爭都相同，勝利者只能歡慶一陣子，接下來便必須收拾民生凋敝、百廢待興的景況。歷經 8 年獨立戰爭後的美國也免不了，首先急於解決的，便是高達 5,400 萬美金的債務，也是華盛頓於 1789 年就職第一任總統後無法逃避的問題。

威士忌稅與農民暴動

亞歷山大・漢彌爾頓（Alexander Hamilton）以及湯姆士・傑佛遜（Thomas Jefferson）兩人，從獨立戰爭時期開始，便是華盛頓倚重的左右手，但是戰後對於如何消弭外債、振興美

亞歷山大・漢彌爾頓（左）與湯姆士・傑佛遜（右）（圖片取自美國國會圖書館館藏）

國經濟卻有不同的意見。漢彌爾頓為急進派，力主增加稅收來償還債務；傑佛遜則溫和保守，建議輕徭薄賦、與民休息。

身為農莊地主、商人、軍人和政治家的華盛頓，在開國任內具有強烈的使命感，最後選擇漢彌爾頓為財務大臣，顯然希望能在短時間內有其建樹，也因此漢彌爾頓上任後，立即宣布於 1791 年開始對所有酒類產品課徵貨物稅。這是美國建國後第一次徵收的貨物稅，而由於威士忌在所有酒類中產量最大，所以也被稱為「威士忌稅」。

根據漢彌爾頓的規劃，這項稅制不僅足以在 6 年內償還債務，還可以

用來興建道路等公共設施，有助於整體民生經濟的改善，且「威士忌稅」
等同於奢侈稅，所以他認為可能招致的反對聲音應該最小。至於繳稅的
方式可採用固定金額或依據產量來繳交，若為前者，則產量越大稅率越
低，可低到 6 美分／加侖，但若是後者，則為 9 美分／加侖。此外，所
有的蒸餾器都必須登記註冊，若無法量測產量，則以蒸餾器的大小來課
稅，違抗法令者必須到聯邦法庭報到。

　當時唯一的聯邦法庭在費城，距離拓荒邊疆如匹茲堡，超過 300 英里。
明眼人都可以看出，這套稅制有利於位在東岸都市的大酒商，因為商業化
生產下產量固定且可量測，可採用稅額較低的方式來繳納，但是對於小廠
來說，因為產量小、稅率較高，導致無力負擔的小廠逐漸被淘汰。

　不過受到影響最大的還是農民，因為將多餘農作蒸餾成威士忌是不得不
然的生活方式，除了自己飲用，也是在市場上以物易物的「貨幣」，根本
就不是廟堂高官所認知的奢侈品，況且農民也缺乏現金來繳納這種等同於
所得稅的酒稅。而且不要忘了，那些追求自由新生活的殖民者，來自愛爾
蘭、蘇格蘭的移民，就是受夠了英國政府的課稅而遠離家鄉，好不容易擊
敗英國而獨立，換來的卻又是美國政府的課稅命令，是可忍孰不可忍？

暴動平息

　反對聲浪迫使聯邦政府將稅額減少 1 美分，但是仍無法壓抑蠢蠢欲動
的反抗浪潮。第一樁暴力事件發生在 1791 年的 11 月，一位名叫 Robert
Johnson 的倒楣稅務官被派往西賓州界去徵稅，結果在黑暗的森林裡被一
群憤怒的民眾「蓋布袋」，拉下馬之後全身脫光並澆上瀝青、黏上雞羽毛
然後棄置在森林裡，這個衰尾的稅務官掙扎著回家差一點沒凍死。為了調
查此事，政府派出的法務官員居然同樣遭受瀝青羽毛的伺候，只好把課稅
時限延緩到 1792 年初。但民怨爆發，越演越烈，西部拓荒區威脅與東部
各州分道揚鑣，如果惡化下去，可能會爆發美國獨立後的第一場內戰。

　聯邦稅的督導官 John Neville 將軍是個政客也是個商人，擁有一間大型蒸
餾廠，同時負責把威士忌運送到拓荒區賣給對抗印第安人的軍隊，因此除了

販售自己生產的威士忌之外，也藉此擋下了農家銷售的管道，而且還能以低價收購這些零星產製的威士忌，再用高價賣出，可說是個不折不扣的黑金政客，讓農民恨得牙癢癢的。夜路走多了，他終於在 1794 年中遭受伏擊，逃回家後立即武裝家人和奴隸來跟農民對抗。一陣槍林彈雨後，在門廊上留下 4 具農民屍體，暴民撤退，少數軍人進駐 Neville 家，但隨即又被超過 600 名農民包圍。在這種灰頭土臉的情形下，Neville 設法溜走，軍隊投降，農民走進 Neville 的家裡痛飲威士忌，然後放一把火把整個莊園燒掉。

焦頭爛額的華盛頓面臨考驗，必須在開啟美國史上第一場內戰或是分裂國土之間進行選擇。一開始他打算採取硬碰硬的策略，計畫派出 13,000 人的大軍去鎮壓；因為 7,000 名暴民已經集結，並往匹茲堡推進，甚至還製作了西部拓荒聯盟的旗幟。最後他決定御駕親征，成為美國歷史上唯一一次由在位元首親率大軍的總統，但實際上他並不想動用武力，自忖可憑三寸不爛之舌來說服、冷靜那些被狂暴沖昏的腦袋。

華盛頓的猜測沒錯，當軍隊前進之後，暴民的帶頭大哥飛也似的逃回西部，其他人立即作鳥獸散，最終只抓到兩人並判處吊死，不過華盛頓又赦免他們，因為他們只是被鼓動的瘋子（insane）和白目（simple）。被視作瘋子的那名老兄名叫 Philip Wigle，為什麼筆者會特別提出來？原因在 2012 年，匹茲堡成立了一間新蒸餾廠 Wigle Whiskey，沿用的便是這位 Wigle 先生的大名，稱他為「一個好人，只因為對威士忌無盡的熱愛而被吊死」，為這段歷史做了溢美的見證。

「威士忌暴動」就在 1794 年底煙消雲散，當湯姆士・傑佛遜當選為美國第二任總統之後，威士忌稅也跟著在 1801 年被取消了。只不過從開徵到結束，短短 10 年間大約徵收了 500 萬美金的稅收，但是為了弭平這場暴亂所花費的開支，大概相當於稅收總額的三分之一，可謂得不償失。

兩黨政治的前身

不知道讀者們是否記得？美國 2021 年總統大選曾鬧得不可開交，川普 VS 拜登與共和黨 VS 民主黨針鋒相對，讓不熟悉美國政治的我們突然對兩

黨制稍微有些了解。但讀者們可能不甚清楚的是，兩黨概念的濫觴，或許可從漢彌爾頓和傑佛遜兩人針對酒稅的意見分歧窺知一二。

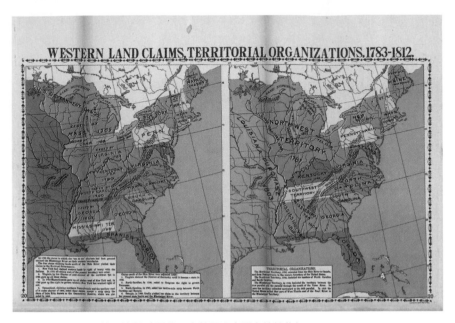

1783 ～ 1812 年的美國地圖（圖片取自美國國會圖書館館藏）

擔任美國首任財務部長的漢彌爾頓，出身紐約金融經紀人圈，熟知資本運作，所以他立即主導並接管各州債務、成立第一銀行（美國聯邦儲備銀行的前身），同時也支持強大的軍隊。以他為首的「聯邦黨」（Federalist Party），同樣主張中央集權，認為國家應該由精英和資產階級主導，可說是大政府主義的擁護者。華盛頓總統雖然保持中立，但既然支持漢彌爾頓的酒稅主張，顯然對於政府走向的思考模式偏向聯邦黨。

至於《獨立宣言》的主要起草者傑佛遜，於建國之初擔任美國第一任國務卿。雖然他出身自富裕的農莊，也和東岸精英階層十分熟悉，但是他的思想主張和漢彌爾頓可說截然不同，由於擔心中央集權可能導致皇權復辟，所以反對國家銀行、國債、國軍等概念，以小政府主義構想與聯邦黨抗衡。他與政治盟友詹姆士·麥迪遜（James Madison Jr.）共同創立了「民主共和黨」

（Democratic-Republican），認為投票權不應僅限於擁有房產的資產階級，而應屬於所有白人男性。根據各州人口計算眾議員名額和稅額比例時，把奴隸計算為 3/5 人的《五分之三妥協》（Three-Fifths Compromise）便是出自麥迪遜之手，這個蔑視人權的法案得等到南北戰爭結束後才被廢止。

漢彌爾頓和傑佛遜的大小政府主義影響美國極深極遠，雖然聯邦黨在1812 年的美英戰爭後淡出政治，不過民主共和黨在 1824 年分裂為「民主黨」（Democratic Party）以及「國家共和黨」（National Republican Party），分別延續大小政府的精神一直到今天；事實上，美國威士忌產業的發展也體現兩種主張之間的拉扯拔河。傑弗遜從擔任維吉尼亞州州長時期，便開始大力鼓吹移民往西部開拓，在俄亥俄河沿岸建立起大大小小的蒸餾廠，從 1810 年的 14,000 餘間大幅增長到 1830 年的 20,000 餘間。這種農莊式經營的酒廠，具體實踐了傑弗遜對於農民的體恤和放任，在十九世紀的上半主導了美國威士忌產業。

等到愛爾蘭人 Aeneas Coffey 所發明的連續式蒸餾器引進新大陸，以及工業革命後一連串的技術發展，蒸餾廠數量銳減到 1840 年的 10,000 間，中大型酒廠逐漸成形。南北戰爭之後，代表工業化的北方聯盟戰勝了南方農業區，酒稅再度開徵，「波本界的賈伯斯」詹姆斯・克羅（James C. Crow）與「波本威士忌之父」泰勒上校（Edmund H. Taylor）陸續打下波本威士忌的深厚基礎，工業化酒廠躍上舞台並繳交全國近一半的稅收，無論是政治或經濟上都掌握了話語權，迫使不願繳稅的農民躲在山林裡從事私釀，並選在夜黑風高的夜裡進行蒸餾來躲避查緝，產製的酒就稱為「月光酒」（moonshine）。

禁酒令之後，小酒廠幾乎滅絕，而二次大戰後的「四巨頭」將美國威士忌產業推向極大化，到了今天，全美接近 95% 的威士忌都是由八大酒業公司所屬的蒸餾廠製作，漢彌爾頓地下若有知，一定會因此捻鬚微笑。不過物極必反，講究特殊工藝的微型酒廠在二十一世紀如雨後春筍般崛起，展開一場又一場大衛對抗巨人歌利亞的戰鬥，產業似乎稍微的向傑弗遜方向傾斜，未來將如何演進，我們再繼續看下去。

AMERICAN WHISKEY · HISTORY

波本的誕生

②

　　所有歷經數百年演變的產品，都很難從歷史去追溯最初的源頭，波本威士忌也是如此。若從今日「波本威士忌」的定義來看十九世紀初期的美國，最重要的里程碑包括 ① 使用玉米為主要穀物原料，以及 ② 使用燒烤過的木桶來長時間熟陳威士忌。

✗ 木桶與波本威士忌 ✗

燒烤橡木桶是波本威士忌的重要元素（圖片由 Alex Chang 提供）

　　根據老普林尼（Pliny the Elder, 23-79 AD）所著《博物誌》的記載，從西元世紀之初開始，木桶就被利用為運送漁獲等貨品的容器，因此對運輸業而言，可比擬成與輪子同等重要的發明。

　　木桶一般是由許多片長條木板拼湊而成，兩端以桶箍束緊讓中央鼓起，由於完全不需要鐵釘，因此拿來儲存液體時，液體僅接觸到木材表面，可避免鐵件鏽蝕導致的污染，又因為木材吸水膨脹，水密性比陶罐還要好。另一方面，這種中央鼓脹的形狀具有結構優勢，木板條在箍緊時等於施加預力，一旦受到撞擊，可將力量分散到板材而不致損毀，另外在橫放時，由於與地面的接觸面積小，摩擦力自然降低，單憑個人的力量便可輕易滾動和變換方向，就算是直立放置，只需要稍微傾倒，同樣可利用轉動的方式來搬運。

木桶技藝飄洋過海到新大陸

　　為了顧及單人操做的便利性，木桶的容量在十九世紀時大都為 48 加侖（約 180 公升，美國加侖=3.785 公升），當時主要銷售給啤酒和製油業者。二戰後這些業者偏向使用更為堅固耐用的不鏽鋼桶，木材業者只得向國會施壓，在 1938 年通過法規，要求波本威士忌「必須使用全新燒烤的橡木桶」，而木桶的容量也放大到 53 加侖（約 200 公升），一方面無須更改原來為 48 加侖的木桶所設計的倉庫層架，另一方面就算裝滿酒，大約 500 磅（約 227 公斤）的重量仍屬於碼頭工人可搬動的安全量。

　　雖然古羅馬時期已經發現放進木桶的葡萄酒可長久保持新鮮，但是當時木桶的製作技術及形狀並未留下紀錄，得等

天山集團酒窖內的橡木桶（圖片由橡木桶洋酒提供）

到十六世紀法國人開始使用木桶來儲存白蘭地。他們為了彎曲板條而不致裂損，在箍桶前先以烘烤的方式來柔化木質，製作出中央鼓起、兩端束緊的現代木桶形狀；而這種技藝很自然的隨著移民飄洋過海來到美國。

不過正如我們所熟知，在十九世紀初以前木桶只是一種容器，沒有人真正關心木桶的熟陳影響。當時無色透明的威士忌被暱稱為 paleface（印地安人用來稱呼白人的用語），基本上只是酒精和水，必須加入水果、果乾、藥草或八角、茴香、杜松子等風味才適合飲用，譬如某一種調入糖漿、櫻桃或是浸泡過櫻桃樹根的水所製作的調酒便極受歡迎。也有酒廠費工一些，把剛蒸餾出來的新酒透過楓木或胡桃木炭過濾，去除可怕的雜醇油味道而讓酒質更甜美。沒錯，當「田納西威士忌」名稱還沒出現之前，早已經有酒廠使用類似的過濾技術了。

波本威士忌之父是伊利亞・克萊格（Elijah Craig）？

把橡木桶的內部進行燒烤處理再拿來熟陳威士忌，到底是如何演變而來並無定論，但可確定的是，這種方式絕非某一個人在某個時間突然「啪！」的一聲被靈光打到，而是許多蒸餾者和消費者歷經長時間的演變才得到的一致性作法。只不過今天許多酒廠為了行銷，得時常打出個人英雄牌，譬如天山集團（Heaven Hill）於 1986 年開始裝出的 Elijah Craig 品牌，把伊利亞・克萊格稱為「波本之父——The Father of Bourbon」，認定他是使用燒烤橡木桶的第一人，堪稱製作波本威士忌的先驅。

故事的版本有好幾個，其中之一是他把裝過漁獲和鐵釘的木桶拿來陳放威士忌，使用前先清洗一番，而後再用火烤一烤來去除殘留的雜味。另一個故事是酒廠官網的版本，克萊格於 1789 年在肯塔基州成立蒸餾廠，很不幸的，某天廠裡的磨坊失火，緊急把火撲滅之後，發現部分空桶被燒焦了，但並未完全燒毀，所以繼續拿來裝酒使用，卻發現酒質變好而大受歡迎⋯⋯

以上的故事都十分荒謬不合理，就以失火的磨坊故事而言，火舌若延燒到木桶內部，整個木桶已經付之一炬，假若只燒焦外表，即便使用，酒液

也無法接觸到炭化層。至於農莊蒸餾者利用裝運過醃菜、肉、魚等易腐爛食物，或是鹽、鐵、器皿等雜物的木桶，清洗後稍微刨除內層再加火烤、火燒，或許比較合理，不過由於這些木桶原本的用途不需要水密性，所以除非經過拆裝整修，否則無法儲存液體而保持不漏。無論如何，流傳的故事雖然具有傳奇性，卻十分牽強，只是從創造出來後一直流傳到今天，居然鮮少有人質疑。

不過克萊格真有其人，他是一位具有爭議性的牧師，原本居住在維吉尼亞州，曾因為狂熱的傳道方式惹怒當政而下獄。在獄中他依舊不改其性，以煽動性的言詞吸引了大批追隨者。美國獨立後不久，他決定往西部尋求新樂園，組成 600 人的龐大驛馬車隊來到今日的肯塔基州，自稱為「流浪教堂」（Traveling church）。

❧ 肯塔基的玉米與探險家 ❧

當時的肯塔基尚未獨立建州，也沒有正式名稱，不同的印地安族對這片土地有不同的稱呼和代表的意義，如 Iroquois 族稱之為 Kanta-ke，意思是「草原」；Wyandote 族則期許她是「明日之地」；Shawnee 的族語為「大河之源」；但 Cherokee 族又認為這是「暗黑血腥之地」。

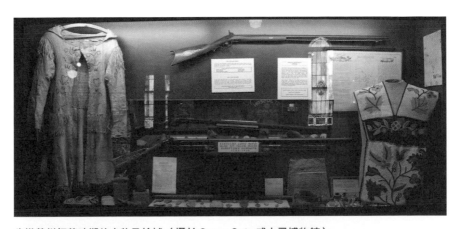

肯塔基州拓荒時期的衣物及槍械（攝於 Oscar Getz 威士忌博物館）

　　湯姆士・傑佛遜在擔任維吉尼亞州州長的時候，為了鼓勵人民往西部拓荒，於 1776 年頒布了《玉米與小屋法案》（Corn patch and cabin rights），宣布拓荒者只要建立小屋並種植玉米，便可獲贈 400 英畝的土地。藉此移居該地的白人，大多是來自蘇格蘭、愛爾蘭的移民，雖然在美國獨立戰爭中出了很大的力氣，不過也十分草莽強悍，為了搶占耕地而殺戮印地安人，「流浪教堂」的出現有助於重整秩序。

西部拓荒者的「奶與蜜之地」

　　克萊格群眾抵達的城鎮稱為「黎巴嫩」（Lebanon），也就是今日的喬治城（Georgetown）。這個名稱來自《舊約聖經》中「流著奶與蜜之地」，恰可形容肯塔基州的土地如何得天獨厚：低緩的山丘、肥沃的土壤，特別適合種植玉米。印地安人對外誇口，這裡的玉米稈長得比大樹還要高、玉米穗足足有 2 英尺長，而玉米粒則比葡萄還要大顆。

　　即便誇張，來到此地的拓荒者確實不需要費心耕耘，就能獲得極大的報酬，每公頃玉米的收成可達 2.5 公噸，大約是東岸馬里蘭州的 4 倍。這麼高的收成，就算是人口眾多的家族也吃不完，怎麼辦？蒸餾做酒啊！不過除了穀物，啟動蒸餾事業還需要水，而肯塔基州在這一點上也占了便宜，因為在肥沃的土壤被覆下，是一層厚厚的石灰岩層，地下水滲流通過石灰岩，可過濾鐵離子，並飽含鈣鎂離子，對於酵母菌的生長繁殖有極大助益。

　　根據 Richard Collins 於 1868 年所著的《肯塔基州歷史》（History of Kentucky），克萊格在 Royal Spring 擁有一座磨坊，而第一款波本是在 1789 年誕生於 Royal Spring（並無佐證），所以克萊格便成為「波本之父」。這個傳聞在 1827 年某一份報紙中間接被推翻了，記者在這篇追悼克萊格的文章中，提及克萊格對肯塔基州的諸多貢獻，包括創建了喬治城、興建第一座成衣磨坊、紙漿磨坊等等，就是沒有蒸餾廠，甚至連碾磨穀物的磨坊也沒有，顯然蒸餾只是克萊格許多事業中微不足道的一項，不值一提，當然也和波本的「發明」無關。

第一位蒸餾者是伊凡・威廉斯（Evan Williams）？

由於肯塔基州擁有得天獨厚的土地和水源條件，早期的拓荒者在「威士忌暴動」之前，已經善加利用這些優勢製作品質優良的蒸餾烈酒，主要的穀物原料當然是澱粉含量豐富、酒精產出率高的玉米，另外也會加入一些裸麥來增添風味，以及糖化所需的麥芽，不過並沒有固定的比例，端看收成情況而定。今天許多酒廠大力宣揚所謂的「遵古」或「家傳」配方，包括前面提到華盛頓的原始配方裸麥威士忌，其實絕大部分都是行銷語言，因為以農民而言，做酒只是秋收冬藏農作後，將報酬極大化的方式，有什麼多餘穀物便使用什麼，不太可能固定各種穀物的比例。

無論如何，肯塔基州的蒸餾事業在進入十九世紀之前已經欣欣向榮，許多我們耳熟能詳的名字如 Jacob Boehm（Beam）、伊凡・威廉斯（Evan Williams）、巴素・海頓（Basil Hayden）以及前述的伊利亞・克萊格，都在當時移居到肯塔基州墾荒而落地生根。不過講起誰是第一位在肯塔基州進行商業蒸餾事業，又不得不提天山酒廠，因為在 1957 年的時候，酒廠裝出「伊凡威廉」這個品牌，把此人推舉為第一位蒸餾者（first distiller）。

天山不是憑空杜撰，根據的是歷史作家 Reuben Durrett（1824-1913）的文章，他提到伊凡・威廉斯在 1783 年讓「whiskey had been distilled from corn」，不過這種未曾詳加考證的傳言其實很容易被打臉。從時間上來講，歷史學家挖出一張威廉斯從倫敦到費城的船票收據，日期是 1784年 5 月 1 日，可見 1783 年威廉斯根本就還沒來到美國。再者，假設上述船票的證據不夠充分，仍有更多早於 1783 年的蒸餾證據，譬如 Jacob Myers 於 1779 年已經在 Dick's 河邊興建蒸餾廠，而 Davis 兄弟也在同一年帶著 40 公升容量的蒸餾器抵達肯塔基州，更何況還有前一章提到的喬治・索普，早在 1620 年便以玉米為原料來釀製威士忌。只不過在「威士忌暴動」以前，由於缺乏稅收資料，就算是歷史學家盡力挖掘，仍很難提出證據來證明這些早期的蒸餾者，因此我們永遠無法得知誰是「第一人」。

✢ 波本誕生之謎 ✢

由於波本威士忌的兩大要素，即玉米穀物原料和燒烤木桶的使用，其開始時期均不可考，因此不如將問題拆解為兩大部分：① 什麼時候出現波本威士忌？以及 ② 為什麼這種蒸餾烈酒會被稱為波本？

「波本」之名出現的時間

為了尋求「波本」名稱的誕生時間，作家 Crowgey 在寫作《Kentucky Bourbon: The Early Years of Whiskey Making》時，曾上窮碧落下黃泉的搜尋 1830 年以前的文獻資料，最後在一份波本郡 1821 年發行的報紙上，發現最早有關肯塔基州特殊產品的廣告，其中便包括「BOURBON WHISKEY」。不過根據其他文獻記載，法國的拉法葉侯爵（Marquis de Lafayatte）於 1824 年來到美國並造訪肯塔基州時，主人招待他喝的是一種稱為「wiski」的烈酒，並未稱呼它為波本。拉法葉是個傳奇的軍事家和政治人物，美國獨立戰爭期間曾協助美國爭取金援，並且在波本郡的命名上出過大力，如果當時波本威士忌之名已經流行，肯塔基人不可能沒告知他。

另外還可以從「威士忌稅」的徵收時代去思考。前面提到，美國獨立戰後的 1791 年開始課徵酒稅，稅額是以產製的新酒為基準來計算，對酒商來說，新酒放入木桶後將因「天使的分享」而逐漸減少，如果已經繳交酒稅，此後的蒸發量全都是損失，因此酒商完全不會有熟陳觀念，能盡快賣出就盡快賣出。另一方面，波本威士忌之所以造成風潮，便是因為在燒烤木桶中熟陳一段時間，據此推論，波本的流行應該是在「威士忌稅」廢止的 1801 年以後，甚至由於 1814 年又重新開徵，1817 年再度廢止，更可能是 1817 年之後。

時間快轉到十九世紀中，美國最偉大的小說之一《白鯨記》（Moby-Dick）在 1851 年出版，作者梅爾維爾將補鯨人刺殺鯨魚噴灑出來的血液比擬為血

紅色的陳年威士忌，如「Old Oleans」、「Old Ohio」或者是「Old Monongahela」，但書中找不到「波本」這個名詞。「Old Monongahela」是流行於賓州 Monongahela 流域的裸麥威士忌，而「Old Oleans」或「Old Ohio」顯然就是沿俄亥俄河、密西西比河順流而下送到紐奧爾良的肯塔基威士忌。

《白鯨記》作者梅爾維爾將鯨魚噴灑出來的血液比擬為血紅色的陳年威士忌，如「Old Oleans」。（圖片／Shutterstock）

再 10 年後，拿破崙親王（Prince Napoleon，即我們熟知的拿破崙一世的姪子）於 1861 年造訪紐約史丹頓島（Staten Island）的軍營時，從一個士兵手中接過一杯酒，發現美味之至，所以詢問大兵「這是什麼酒？」大兵回答「old bourbon」。身為破壞「波旁王朝復辟」（Restauration, 1814-1830）

拿破崙親王乘坐訪美的帆船（圖片取自美國國會圖書館館藏）

的拿破崙家族成員，對於「bourbon」十分敏感，但對於杯中美酒也不得不讚嘆：「我不相信我居然會喜歡擁有這個名稱的東西」（I did not think I would like anything with that name so well）。

從以上的敘述可知，「波本」的名稱由來眾說紛紜而難以考證，但可大致確定的是，在美國南北戰爭之前，「波本」之名已經廣為流傳了。

為什麼是「波本」？

接下來必須探討的是，為什麼這種本土烈酒會被稱為波本。同樣的，流傳至今的說法有許多種，最常見到的就落在波本郡。傳說中製作於波本郡 Limestone 小鎮的烈酒，裝在木桶沿著大河花幾個月時間一路運送到紐奧爾良，結果大受歡迎，酒客指定要喝木桶上印有「Limestone, Bourbon County, Kentucky」的威士忌，久而久之，簡稱為波本威士忌。不過歷史作家 Michael R. Veach 指出兩個疑點：

① 一桶一桶的酒從波本郡利用馬車拉到路易維爾，再船運到紐奧爾良，可說是長路迢迢，一趟來回大概就得花上一整年，可想而知早年藉此運送的威士忌數量一定不多，也就很難形成風潮。

② 位在俄亥俄河上游的 Limestone（即今日的 Maysville）只短暫的屬於波本郡，當肯塔基於 1792 年獨立建州之後，原本範圍極廣的波本郡被拆分為好幾個郡，而 Limestone 這個河岸港口則被劃分在梅森（Mason）郡，雖然在接下來的 20 年仍習慣被稱做「Old Bourbon」，但從時間序算來，與紐奧爾良的貿易往來仍不算興盛。

俄亥俄河周邊谷地是威士忌的生產重地，在 1810 年代，這個地區所生產的威士忌超過全美的半數，但相對人口少之又少，而且移入的人口多半都攜帶著蒸餾器。根據統計，從 1810 到 1830 的蒸餾者數量翻倍成長，如何消化這麼大量的威士忌是個棘手的問題。由於產區位在內陸，若想銷往東岸，除了翻越阿帕拉契山脈（Appalachian Mountains）、一路向東的陸路運輸，另外則是搭平板船順著俄亥

肯塔基州波本郡巴黎市的鳥瞰圖（圖片取自美國國會圖書館館藏）

俄河、密西西比河運送到紐奧爾良集散，再送上大船出海繞過墨西哥灣運往費城、紐約等大城市。以時效和運量而言，後者顯然效益大得多。

肯塔基以農立州，但任何一個國家的興起絕不可能單靠農業，隨著拓荒者在政府鼓勵下持續湧入，肯塔基州人口在 1790 年約 7 萬 3 千多人，1830 年暴漲到接近 70 萬，大部分人民依舊從事農業，但人口增長之後小城鎮逐漸成形，商業貿易越來越興盛，也因此貿易商的角色也越來越吃重，其中與波本威士忌關聯最大的，莫過於法裔商人。

肯塔基州與法國有著緊密的關係，譬如第一大城也是首府的 Louisville，若以英式發音會唸成路易「斯」維爾，但正確發音需省略「s」而唸做路易維爾（Lou-ee-ville）。不過筆者造訪當地時，發現大多數居民發音為 Lou-uh-vul，好像嘴裡含了顆滷蛋似的，據說這才是正確的法語發音。至於遠在千里之遙、位在路易斯安那州的紐奧爾良，為密西西比河的出海口，法國於 1682 年把墨西哥灣到加拿大的這一大片土地全都納為殖民地，並以法王路易十四命名為路易斯安那，一直到 1803 年才被美國以約 1,500 萬美金買回來，分割成好幾個州。

就因為與法國淵源如此之深，所以法國白蘭地產業已使用數百年的烘烤木桶方式也隨之傳習到美國，而非某一個人（如伊利亞・克萊格）所獨創發明。針對木桶的使用，歷史上最早的文獻紀錄是一封萊星頓商人的木桶訂單，上面押的日期是 1826 年 7 月 15 日。在這封信件中，除了要求製作商每星期須提交 8 ～ 10 個木桶之外，還詳細敘述「假如木桶內部經過燒烤，約 1/16 英寸的話，便能夠大幅改善酒質，而這一點，你應該比我更專業」。就因為敘述得如此清楚，顯然這種技藝發生在更早之前。

紐奧爾良是個貨運大港，各種商品齊全，美國土產的威士忌必須和來自歐陸的干邑、白蘭地競爭，在這種態勢下，那些沒有經過燒烤木桶熟陳的酒基本上無法賣得好價錢。事實上，遠從肯塔基州大費周章運的把酒運到紐奧爾良，需時約 3 個月，熟陳時間根本不長，其售價大概只能提高到 43 美元／40 加侖（根據波本郡蒸餾商 John Colis 的帳本），與肯塔基州的售價相比差異不大，算上運費則根本不符成本。

紐奧爾良的法國商人

　　根據以上的論述，Veach 大膽假設紐奧爾良的酒客之所以將這種烈酒稱為波本，應該是因為「波本街上的威士忌」（Bourbon street whiskey）。波本街是紐奧爾良在 1720 年代進行城市規劃時，同樣以法國「波旁王朝」來命名，並保留至今，位在市中最古老的「法國區」內。

　　那麼，誰是最可能創造出「波本威士忌」的歷史人物？Veach 舉出兩位來自法國的商人：Louis 和 John Tarascon 兄弟。他們的出生地距干邑區不遠，分別在 1797、1798 年來到美國費城，而後移居到匹茲堡並成立了一間船廠，原本計畫建造可同時在內陸河流及大海航行的船隻，但因後來在路易維爾鄰近的俄亥俄河峽谷（Fall of the Ohio）損失一艘船，決定將船廠搬遷到下游以避開天險。只是這個構想最後並未實現，取而代之的是在峽谷附近興建了一座磨坊和酒窖倉庫，從此開通了與紐奧爾良之間的酒類貿易往來。

　　他們雇用了大批法國移民到酒窖倉庫工作，除了蒐購農民產製的威士忌，更利用法國慣用的烘烤方式來訂作木桶，再花上幾個月的時間載運到紐奧爾良，只要熟陳的時間夠長（6 ～ 24 個月），便能夠賺取超過 60% 的利益。這些運送木桶的平板船抵達目的地後，因難擋海浪的顛簸而無法航行出海，再者缺乏動力也無法逆流返回肯塔基州，只能以木材的殘值賣掉，換取的金錢在當地買馬，再花幾個月翻山越嶺的騎回原地。至於拆解平板船後的木材則用來建造窄長形的小屋，稱為 shotgun house，這種極受歡迎的房屋型式據信便是發源於紐奧爾良，南北戰爭之後遍布美國南方。

在紐奧爾良流行的 shotgun house （圖片取自美國國會圖書館館藏）

　　題外話，由於肯塔基州的水質流

經石灰岩，生長在肥沃土地上的青草（bluregrass）含富鈣質，把從紐奧爾良騎回的馬匹餵養得特別健壯，也因此造就了養馬和賽馬兩大產業。每年 5 月第一個星期六，在邱吉爾園馬場（Churchill Downs）舉辦的「Kentucky Derby」賽馬比賽是年度盛事，所有的參加者打扮得花枝招展，啜飲著大會提供的專用調酒 Mint Julep，在湛藍的天空下觀看連續 2 個星期的賽事，而冠軍馬當然一舉天下知。

在鐵路運輸興起之前，紐奧爾良靠著水運之便成為酒類交易的最大市場，與大河另一端的路易維爾遙遙呼應。當時內陸 95% 的威士忌都集散至路易維爾之後，再送到紐奧爾良供國內消費，可想而知的是，居住在紐奧爾良的法國移民絕對歡迎「波本」一詞，而往來兩地的商人則是最重要推手。它代表的不是威士忌品牌，而是不同於他種酒類的製作型式，從此逐漸落地生根，並在南北戰爭之後成為美國的特色酒種。

只不過在崇尚個人英雄的美國，波本的誕生若只是商賈的話術，絕對會讓人失望，所以酒廠努力在傳說逸事中挖掘英雄人物，描播不可考的行銷故事。只是世事通常就是如此平淡無奇，各位讀者應有分辨真相的能力。基本上，品牌商透露的故事有九成以上都值得懷疑。

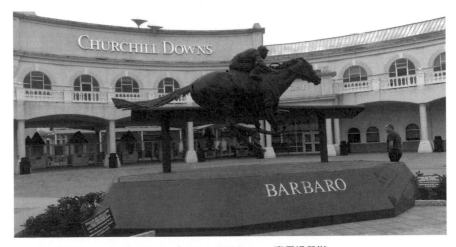

肯塔基州每年的 Kentucky Derby 在 Churchill Downs 賽馬場舉辦

工業革命與精餾者

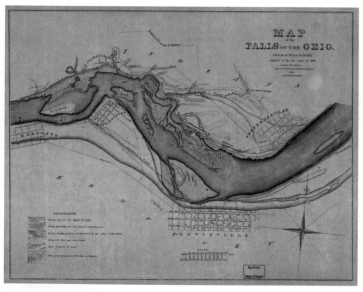

1819 年路易維爾市上游的 Ohio Fall 天險（圖片取自美國國會圖書館館藏）

　　國家的興盛不可能單純倚靠農業，而是繼之而起的商業和工業。今日的歷史學家大多承認，自 1769 年英國人瓦特改良蒸汽機之後，生產所需動力從原始的人力、畜力、水力、風力逐漸轉變為機械力，加上煤、鐵等礦業的興盛，衍生為人類文明發展史上的第一次工業革命，並且從英格蘭中部擴展到歐洲大陸，而後再傳播到北美。

❧ 鐵路時代，造就威士忌之鄉 ❧

　　工業革命對蒸餾事業的變革，可從幾個面向來探討，首先是蒸汽船和鐵路運輸的發明、興建和普及。美國的第一艘蒸汽船於 1787 年建造，但直到 1807 年才真正商業化，而後快速發展，1815 年「企業號」（Enterprise）成為第一艘往返於匹茲堡和紐奧爾良之間的商用船（各位讀者應該聯想到為什麼電視影集《星際爭霸戰》會把主艦命名為 Enterprise 了吧），其後的 5 年在大河上航行的船隻擴增為 69 艘。因為船運的需求增加，帶動了運河等土木工業的興盛，尤其是俄亥俄河上唯一的天險 Ohio Fall 鄰近的運河更是四通八達。不過大河運輸的榮景維持不久，自從 1827 年 Baltimore and Ohio 鐵路公司註冊、並在 1830 年開始營運後，開啟了美國的鐵路時代，1840 年鋪設了 3,000 英里總長度的鐵軌，到了 1860 年成長為 30,000 英里，乘客、貨運往西運行最遠可達密蘇里州。

鐵路交通帶動了蒸餾事業（圖片由 Sazerac 提供）

　　拜工業革命之賜，船運和鐵路運輸的交會站逐漸擴張為大城市，其中位於 Ohio Fall 下游的路易維爾，由於船運需求和地理位置，很快的成為人口和貨物集散中心，等到 1847 年鐵路開通並持續往西部前進，也逐步轉型成為鐵路運輸的樞紐。事實上，一直到今天路易維爾的交通運

輸地位仍然沒變，這也就是為什麼優比速公司（United Parcel Service, Inc., UPS）選擇這裡成立「全球空運轉運中心」的原因。在如此優渥的條件下，路易維爾很順理成章的成為威士忌的蒸餾者、批發商、精餾者（稍後再詳談）的辦公處所和銷售中心，且全集中在由十幾條街道所形成的街廓，稱之為 Whiskey Row。

　　但除此以外，更重要的是運輸的便利性讓原物料快速、大量的運送到酒廠，也讓酒廠生產的威士忌以同樣快速、大量的方式運送到轉運銷貨中心，而後再輸送到各地，拓展了銷售範圍，因此過去以農場為主的生產模式逐漸式微，大型蒸餾廠逐漸興起。另一方面，蒸餾廠內動力來源有了重大改革，往昔主要倚靠的人力、水力或獸力轉變為由蒸氣推動的機械力，而隨著酒廠的大型化和企業化，生產流程得以妥善規劃，加上設備裝置的發明和引入，產量大幅增加。

蒸餾技術提升，產業生態不變

　　在當時流行的雜誌上可看到各種蒸餾技術的發明，在 1802 到 1815 年間總共有 100 種以上的蒸餾設備取得專利，其中超過 5% 是在美國取得，譬如紐約的 Phares Bernard 便於 1810 年獲得蒸氣加熱的蒸餾器專利，減少了 1/3 的勞力和 1/2 的燃料支出。不過最大的進展還是來自大西洋彼岸，其中影響威士忌產業最重要的發明，莫過於從十九世紀初期開始便不斷演進，最終由愛爾蘭都柏林稅務官埃尼斯·科菲（Aeneas Coffey）於 1830 年取得專利的「科菲蒸餾器」（又稱為專利蒸餾器、柱式蒸餾器或連續式蒸餾器），大幅提高威士忌的產量，同時也大幅降低成本。

　　所以這一連串由工業革命帶動的技術提升，將產業整合，從傑佛遜式的農莊經濟轉變為漢

早期的柱式蒸餾器 （圖片由 Sazerac 提供）

彌爾頓式的企業經濟。根據統計，美國在 1810 到 1830 年間，由於移民不斷增加，且攜帶著蒸餾器往西部拓荒，酒廠（應該說蒸餾器）數量從 14,000 座增加到 20,000 座，但從 1830 年以降快速減少，到了 1840 年則僅存一半，顯然大型蒸餾廠興起後，農莊酒廠的數量便開始縮減。雖然大型企業消滅小型企業並不是一件好事，失業人數上可能因而上升，但也代表著社會型態從農村社會轉變為工業社會，越來越多的勞動人口脫離農業改而從事鐵路、運河、造船等基礎建設，農場不必再自製威士忌來販賣，只需要將農作物賣給酒廠即可。在這種時代轉變的氛圍裡，詹姆斯·克羅（James Crow）應時而生，扮演了「時代創造英雄，英雄創造時代」的重要角色。

波本界的賈伯斯──詹姆斯·克羅（James Crow）

克羅出生於蘇格蘭的因弗尼斯（Inverness），1822 年在愛丁堡大學取得化學和醫學學位，隔年渡海先抵達費城，而後定居在肯塔基州，除了免費幫居民看病，同時也花時間研習蒸餾技術，最後投入奧斯卡·沛博（Oscar Pepper）在 Glenns Creek 的蒸餾廠工作。

奧斯卡·沛博也是美國威士忌歷史上一個重要人物。沛博家族早在十八世紀晚期便開始農莊式蒸餾，奧斯卡繼承了父親於 1812 年興建的酒廠，在 1838 ～ 1840 年間大興土木建造了許多棟石砌建築，稱為 Old Oscar Pepper，其中部分建築保留至今持續使用，廠址即為今日的渥福酒廠（Woodford Reserve）。假如讀者造訪渥福的官網，將會注意到酒廠將歷史上溯到奧斯卡的父親伊利亞，不過很可能他的父親只負責建造磨坊，奧斯卡才是實際的蒸餾者。

克羅在 1840 年左右加入團隊，擁有完整的科學訓練背景，所以極度重視數字管理。過去的蒸餾廠只是土法煉鋼，完全沿襲前人的製作方式，只知其然而不知其所以然。克羅開始詳細記錄生產製作中每一個環節的數據資料，包括碾磨、糖化、發酵、蒸餾、溫度和衛生環境，時時詢問工人有關製作上發生的問題，並將成功和失敗的案例拿來分析，做為改進的依據，用最新潮時尚的詞彙來說，他在一百多年前所做的功課便是

大數據的蒐集和分析。這些紮實的基礎工作從來沒有人做過,但是對產業而言卻是無比重要,因此他雖然沒有傳世的發明,但針對製作的流程、方法做了詳盡的研究後,讓蒸餾不再只是傳統經驗的複製,而是納入效率、品質等數字管理的工業式經營,也因為這些貢獻,克羅被業界比擬為「波本界的賈伯斯」(但筆者對於這個稱號頗感疑惑,賈伯斯應該更注重開創性,而不是處理細節)。

　為了蒐集數據,克羅善用各種以 -ometer 為字尾的工具,譬如用來測定糖分的糖度計(saccharometer)、量測酒精含量的比重計(hydrometer)、記錄溫度的溫度計(thermometer)等等,當然還包括測定 pH 質的石蕊試紙。這些儀器讓他跳脫了傳統產業的「知其然」,更進一步的「知其所以然」,舉其犖犖大者如下:

◎ 第一位發現地下水經石灰岩過濾後,可移除水中的鐵鹽分子(鐵鹽分子會嚴重破壞新酒的品質)。這個特點成為肯塔基威士忌業者持續宣傳的重點,今天每一間蒸餾廠都會提及石灰岩地質對水質的重要影響。

◎ 記錄溫度對發酵的影響,以及這種影響可能產生的特定風味。利用控制溫度的方式,可讓蒸餾者製作出具有不同化學物質的新酒。更進一步的了解,假如這些化學物質適量的話,則風味美妙無比;但如果過多,則慘不忍入口。

◎ 克羅解析各種作用因子之間的關係,指出「平衡」的重要性,各項製程及各種因素之間並不是線性關係,而是互相影響互相關聯,稍微移動其中一個因子,產生的結果便可能大異其趣。譬如在發酵時期所產生、具有奶油風味的雙乙醯(diacetyl),因為揮發性與酒精相近,蒸餾者必須利用去除酒頭的方式來移除大部分的物質,讓新酒擁有微妙的奶油糖風味,而不是像爆玉米花一樣強烈。

◎ 農莊式經營的酒廠其最大特點,便是除了農作和蒸餾之外,也連帶飼養牲畜,因為糟粕剛好可作為牲畜的飼料,但隨意丟置餵養的情

況，導致酒廠周遭環境衛生條件不佳，成為各種病菌、野生酵母和微生物的生長溫床。克羅運用其醫學知識，入主酒廠後立即將豬圈和牛欄遷移到遠離酒廠的他處，改善衛生環境，讓影響酒廠的變因單純化，以取得穩定的蒸餾結果。

◎ 早年威士忌的發酵是在穀物漿中加入酵母，稱之為「甜醪」（sweet mash）製程，但常因雜菌干擾而導致品質不一，甚或完全破壞，因此酒廠莫不將酵母菌視為重要的資產，必須好好的保護。至於目前美國威士忌特殊的「酸醪」（sour mash）製程，大約在 1820 年便有少數酒廠開始進行，將蒸餾後的廢粕（spent mash）加入穀物漿中一起發酵。由於廢粕的 pH 值約為 4，屬於中度酸性，可有效抑制雜菌感染，維持酵母菌的活性和發酵品質。許多文章或書籍推舉克羅為「酸醪技術的發明者」，雖然實際上他並沒有「發明」，而是有系統的研究改良後大力推廣，從這個角度看，把酸醪技術歸功於他也算公允。

　　從以上的事蹟，可以清楚的發現克羅是個技術本位主義者，他甚至不顧商業利益，讓每 1 蒲式耳（bushel）的穀物最多只產出 2.5 加侖的酒精（約相當於 370 公升／噸玉米）。以當時而言，這種產量其實不算低，不過因為威士忌僅在冬季製作，酒廠的實際產量每年僅約 1,000 桶。由於克羅的堅持，酒的品質倍受讚譽，而且可以 2 倍於其他酒廠的價格賣出，雖然當時以品牌做為行銷的方式十分罕見，卻也建立起 Crow 或 Old Crow 的品牌名聲。

1870 年代的 Old Crow 廣告（圖片取自美國國會圖書館館藏）

早期的 Old Crow 裝瓶（攝於 Oscar Getz 威士忌博物館）

詹姆斯・克羅在 1856 年去世，他的老闆 Oscar Pepper 將酒廠和 Old Crow 的品牌賣給了 Gaines, Berry and Company，公司成員還包括 E.H. Taylor 這位在美國威士忌發展史上占有一席之地的重量級人物，他在十九世紀末協助推動了《保稅倉庫法》（Bottled-in-Bond Act），進一步終結了精餾亂象，不過這是美國內戰之後的議題，後續會再詳加說明。

✿ 精餾者的興起 ✿

我們必須了解，在南北戰爭之前的酒廠，便如同大西洋彼岸的英國一樣，絕大部分的「酒廠」型態都非常小，可能只是農場秋收冬藏的蒸餾，除了自家飲用及分售給鄰近親友之外，因缺乏管道而不可能直接面對消費者，他們面對的客戶主要是批發商，所以當然也沒有品牌觀念。批發商向這些酒廠取得未熟陳的新酒後，運送到各地轉售給客棧、旅館、酒吧、雜貨鋪等，再由他們來做第一線的銷售，有如今日的代理商──經銷商──菸酒專賣店的關係。

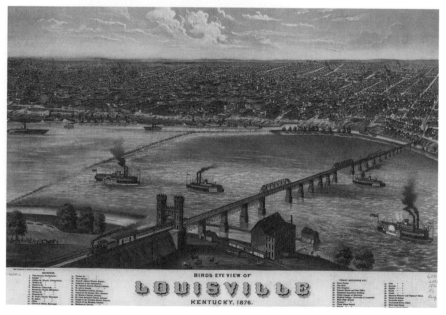

1876 年的路易維爾 （圖片取自美國國會圖書館館藏）

　　這時候在路易維爾 Whiskey Row 聚集的商賈大部分是批發商，他們的新酒則來自大大小小的農莊酒廠，彼此間製作方式差異極大，不論是酒精度或是風味品質都難以控制。所以買進新酒之後，須時常利用木炭來濾除不討喜的雜醇油，或是換用自己的桶子，又或者重新蒸餾。等到柱式蒸餾器開始流行，更可以將這些混合的酒送進去再蒸餾，製作出品質一致，但幾乎毫無風味的中性酒精，因此把他們稱為「精餾者」（Rectifiers）其來有自，因為所謂的精餾，便是將產製完成的酒，利用各種過濾、蒸餾手法來進行精製。

千奇百怪的假酒配方

　　在利益驅使下，批發商或銷售商將買來的酒添加風味是無法避免的，尤其是未經熟陳或熟成度不足的酒，如果不加入乾果、香料等添加物根本就難以入口，這種情況不僅發生在美國，同時也發生在十九世紀中葉以前的英國。只个過當經由橡木桶熟陳的波本威士忌名聲逐漸響亮之後，這些批發商開始動起歪腦筋，將低價取得、毫無顏色風味的中性酒精加入各種添加物來偽裝高級酒販賣，這些不肖商人雖也被稱為「精餾者」（rectifier），但已經與精餾毫不相干。他們使用的添加物有許多種，最常見的包括可增加甜味和色澤的黑糖（burnt sugar）、李子汁或櫻桃汁；較不常見的則包括用來保養木質家具的雜酚油（creosote），或是將乾掉的雌性胭脂蟲（cochineal）壓碎後製成的紅色染劑。後者在今日依舊是常見的紅色食用色素，果醬、番茄醬、化妝品、口紅等常常都會添加這種「胭脂蟲萃取液」（Cochineal extract），讀者可在上述食品的標籤裡仔細找找。

　　隨著波本威士忌的暢銷，精餾商機越來越大，如何調製出暢銷酒款的添加劑配方也越來越搶手。紐約的 Pierre Lacour 於 1853 年（或 1860、1863 或 1868 年，時間有點錯亂）出版了《The Manufacture of Liquors, Wines and Cordials without the Aid of Distillation: Also the Manufacture of Effervescing Beverages and Syrups, Vinegar, and Bitters. Prepared and Arranged Expressly for the Trade》，從書名便可得知，這是一本教導人不需要透過蒸餾、釀造技術，便可製作出任何烈酒，包括愛爾蘭、蘇格蘭或

美國的波本、裸麥威士忌，以及紅酒、白酒或甚至雪莉酒、波特酒、馬德拉酒等各式各樣酒類的神奇之書。這些酒全利用中性酒精為基酒來加以調製，舉例而言：

◎ 老波本威士忌：4 加侖中性酒精，3 磅精糖溶在 3 夸脫清水，1 品脫的茶湯，3 滴冬青精油先溶解在 1 盎司的酒精中，2 盎司的胭脂蟲萃取液，3 盎司的紅糖。

◎ Monongahela 裸麥威士忌：4 加侖中性酒精，3 品脫蜂蜜溶在 1 加侖清水，半加侖的蘭姆酒，半盎司的硝酸乙醚（nitric ether），顏色深淺自訂。

◎ 蘇格蘭威士忌：4 加侖中性酒精，1 加侖的酒精和澱粉混合液，5 滴雜酚油，4 酒杯的胭脂蟲萃取液，1/4 品脫的紅糖。

　　這本古書堪稱彌足珍貴，不僅讓今天的我們瞭解百多年前假酒的調配方法，也讓我們一窺當時各類酒種的製作方式。譬如書上記載，Monongahela 可以依據顧客的喜好，調配出從清清如水到暗紅的酒色，因此我們知道，這種裸麥威士忌基本上是不做木桶陳年的；相對的，老波本威士忌或蘇格蘭威士忌一定要加入調色劑，顯然在十九世紀中，大眾已經熟知「入桶熟陳」是這兩種威士忌不可或缺的工藝，而且還必須加入精糖或蜂蜜來提高甜味。

　　美國是全世界最嗜酒的國家，即便到今天依舊如是。在百多年前許多來到美國的知名訪客，如《雙城記》的作者狄更斯（Charles Dickens），都留下手札記錄美國人的嗜酒印象。從殖民時期開始，蒸餾烈酒便深植在美國人的血脈裡，再歷經西部拓荒與獨立戰爭，量大、便宜又代表愛國主義的威士忌更成為生活中不可或缺的一部分，何況在十九世紀的前半，約 1/7 的人民居住在廣漠、疏離且自給自足的區域，除了工作和飲酒，生命中其他的樂趣實在不多。在這種情形下，如果能以低廉的價錢取得看起來、喝起來都和流行的威士忌相仿的烈酒，何樂而不為？

大西洋對岸的調和風潮與法規

　　越過大西洋看看十九世紀中葉的英國，調和式威士忌開始風行，調製的配方是來自不同酒廠的麥芽威士忌和穀物威士忌，或加入些私釀酒來增添風味，以及白蘭地、雪莉酒、蘭姆酒、糖、藥草和辛香料等等，似乎還不像美國一樣的肆無忌憚，但已受到麥芽威士忌業者的大力抨擊，他們認為這種調和烈酒除了破壞市場，也損及消費者對威士忌的認知。另一方面，英國的法規較為嚴謹，在 1853 年國會便通過了《富比士—麥肯錫法案》（Forbes-Mackenzie Act），不僅限制烈酒的販售時間以達到減少飲酒的目的，更允許烈酒商在繳稅之前，將不同酒齡的酒進行調和，愛丁堡的烈酒商 Andrew Usher 創造的「老調格蘭利威」（Usher's Old Vatted Glenlivet, OVG），可說是第一個調和威士忌品牌。等到 1860 年《烈酒法》（Spirit Act）公告實施後，更允許麥芽及穀物威士忌在倉庫內熟陳及調和。

　　不過除了這些守規矩的調和商，同時期也出現了許多和美國作法相似的摻假歪風，或添加雪莉酒、醋酸、糖、綠茶、藥草、鳳梨或其他濃縮果汁，又或加入些酒石酸、醋酸乙酯、亞硝酸酯、甘油等種種化學物質，只要這些添加物喝不死人，基本上仍屬合法。但英國的立法機構終究較為嚴謹，早在 1860 年便公布實施了《食品與飲料摻料法》（Adulteration of Food and Drugs Act），所針對者便是這些精餾業者，而美國則必須等到 1906 年才通過《潔淨食物及藥物法》（Pure Food and Drug Act）。

　　因此雖然在大西洋兩岸幾乎同時出現摻假歪風，不過英國基於長遠的法治背景，法規很快的做出反應，阻止了假酒流行，也順勢讓調和式威士忌成為最暢銷的品項。反觀美國，人民繼續往西部拓荒，位在東部的聯邦政府天高皇帝遠，法律規範很難管到仍屬於蠻荒的中西部。此外，烈酒稅在南北戰爭前雖然曾短期課徵，但大部分時間都完全免稅，加上產業由批發商控制，以致無法遏止假酒的盛行，必須等到二十世紀初才發展出較嚴謹的法規。

　　無論如何，美國威士忌產業在十九世紀中以前，由於生產技術、運輸、銷售等各種管道搭配得宜，景氣似乎一片大好。但情況很快反轉，南北戰爭爆發，產業重重的摔了一跤。

內戰及戰後

✕ 南北戰爭的影響 ✕

　　二八年華的郝思嘉居住在喬治亞州塔拉莊園的大宅邸內，她遺傳了母親法國貴族血統，以及父親粗獷而略顯浮誇的愛爾蘭五官特徵，雖然不太協調，也不算漂亮，但尖尖的下巴和四方的牙床，一雙純淨的淡綠色眼眸，配上烏黑的睫毛、微微上翹的眼角，以及漆黑的濃眉斜倚在如木蘭花般白皙的肌膚上，年輕的男士很難不被她的外貌吸引。1861 年 4月 15 日，一個晴朗的下午，郝思嘉和一對孿生兄弟坐在莊園陰涼的走廊，男人們所有的話題都圍繞在即將到來的戰爭……

　　瑪格麗特·米契爾（Margaret M. Mitchell）於 1936 年出版的《飄》（Gone with the wind），是美國文學史上最暢銷的小說之一，原著改編的電影《亂世佳人》於 1939年上映，同樣成為好萊塢影史的經典之作。猜想大部分的讀者對小說或電影都非常陌生，但如果看過這部高齡已經 80 好幾高齡

亂世佳人的男女主角：白瑞德和郝思嘉。（圖片來自 Wiki Common, A Pictorial History of the Movies）

的老電影，絕不會忘記最後一幕，由費雯‧麗（Vivien Leigh）飾演的郝思嘉站在台階上，望著克拉克蓋博（William Clark Gable）飾演的白瑞德轉頭離去，絕望之餘，臉上重新燃起堅毅的神色：「總有一天我會讓他回來的，畢竟，明天又是新的一天！」當時南方的美利堅聯盟國敗象已露，所屬的各州殘破凋零，耗時 4 年的南北戰爭即將結束，聯邦政府準備收拾殘局。

死傷慘烈的 4 年內戰

亞伯拉罕‧林肯（Abraham Lincoln）於 1860 年 11 月的總統大選中，獲得北方和西方各州的支持，當選為美國第十六任總統，而且是第一位共和黨總統。但是在當時美國 34 個州中，15 個州屬於以棉花為經濟主體的南方州，需要大量的黑奴來耕種及採摘棉花，所以林肯丟掉了其中 10 個。這些南方州認為，共和黨意圖廢除奴隸制度，除了侵犯憲法權利，也將扼殺他們的經濟力，因此在林肯就職之前，7 個州立即宣布獨立，組成邦聯政府（Confederacy），另外 8 個州暫時拒絕分裂，不過 4 個州也在隔年加入邦聯陣營。

為了維持統一，林肯在就職演說中宣稱他的政府不會發動內戰，並直接向「南方國家」喊話，試圖平息他們對於廢除奴隸制度的恐懼。只是接下來聯邦軍隊在南部邦聯領土內占領了許多堡壘，導致南方軍隊於 1861 年 4 月 12 日向薩姆特堡（Fort Sumter）開火，揭開了美國內戰的序幕。

所以當情竇初開的郝思嘉在安逸的南方家園中逗弄著兩位男士時，遠處的戰火已經點燃。一開始聯邦軍在西方戰線取得顯著的勝果，但在東方持續膠著，因此開戰後的第一年勝負難料。林肯總統在 1862 年 9 月發布了黑奴解放宣言，將戰事定調為終結奴隸制度之戰，隨後聯邦軍摧毀了南部邦聯的海軍，掃蕩了西方戰線並占領紐奧爾良。

著名的南方將領李將軍（Robert E. Lee）隔年揮軍第二次討北，於蓋茲堡與聯邦軍纏鬥 3 日，雙方共計投入 16 萬兵力，超過 5 萬人陣亡，為南北戰爭中最為慘烈的戰役。經此一役，北方軍獲得決定性的勝利，終結了李將軍再度北伐的意圖。到了 1864 年，聯邦軍總司令格蘭特將軍（Ulysses S.

（上）內戰前 1861 年的美國地圖／（左下）1863 年在田納西州發生的桑德斯堡戰役（Fort Sanders）／（右下）李將軍簽署戰敗聲明（以上圖片均取自美國國會圖書館館藏）

Grant，1868 年當選為美國第十八任總統，他的頭像如今印製在 50 美元紙鈔上）展開越來越嚴厲的海上封鎖，並調集資源從各方向攻擊南方軍，占領了亞特蘭大而進逼到海邊。最終的戰役是 1865 年 4 月 9 日的 Appomattox Court House 之戰，李將軍向格蘭特將軍投降，內戰結束，兩方死亡的兵員約 62 ～ 75 萬人，超過美國軍隊在所有其他戰爭中死亡人數的總和。

肯塔基的選擇與田納西的心結

在這場戰爭中，夾在南北陣營中間的肯塔基州因支持蓄奴，加上南方

各州原本就是銷售威士忌的主要市場，所以一開始採觀望態度，甚至因同時可賣酒給敵對的兩方，部分蒸餾業者大賺戰爭財。不過出生於肯塔基的林肯總統認為這個中間州十分重要，假如丟失的話，很可能會陸續失去密蘇里或馬里蘭州的支持，因此極力拉攏。果然，開戰的次年，大部分州屬地都倒向北方聯盟，但仍有部分民心偏向南方，如出生在 1864 年的金賓家族第四代 James "Jim" B. Beam，他的中間名 Beauregard 便是用來紀念薩姆特堡戰役中南方軍的指揮官 Beauregard 將軍；另外像 Samuels 家族，在尚未創辦美格酒廠（Maker's Mark）之前，一直暗中支持地下游擊隊 Quantrill's Raiders，而這支游擊隊便是南方邦聯最後投降的軍伍。

至於位在肯塔基州南方的田納西州，並不屬於最早分裂的 7 個州之一，而且原本傾向聯邦政府，不過薩姆特堡戰後，田納西人認為這是對「南方兄弟」的威脅，因此投票決定分裂，成為最後加入南方邦聯的一州。由於位處南北邊界，是整場戰事中僅次於維吉尼亞州的主要戰場，而且還是每個郡都曾發生戰鬥的唯一一州，李將軍兵敗投降的 Appomattox Court House 之役也是發生在田納西州。就因為如此，以及對南方邦聯的同情，田納西人長期不諒解肯塔基人，認為他們從搖擺中立改旗易幟的倒向北方根本就是背叛，這個歷史緣故，成為他們不認同波本威士忌的名稱，自創「田納西威士忌」的理由之一。

戰爭勢必重創產業，無論是農工商業或是交通運輸，當然也包括威士忌產業。就後者而言，原本因農業而打下的基礎，一旦戰事發生，糧草成為首要的後勤補給，雖然蒸餾烈酒在戰爭中用途極大，除了可以振奮士兵精神、麻痺目睹同袍傷亡的痛苦，還可以用來替代藥物，從古至今都是必要的軍用物資，但無論是農地或農耕人口都大幅減少，且收成的穀物必須先作為糧食使用，能挪來生產威士忌的穀物越來越少。

不過南北雙方的情況還是有別。北方聯邦在戰前本來就比較富裕，尤其是東岸各州商業發達，軍隊多駐紮靠近都市的軍營裡，等控制海運港口之後，可以進口糖蜜來製作蘭姆酒，況且聯邦所屬的賓州、馬里蘭州、俄亥俄州和伊利諾州等，都是傳統的蒸餾州，加上格蘭特將軍在 1862 年控制了大部分的肯塔基州之後，更確保了威士忌的供應無虞。

格蘭特將軍愛喝哪一款酒？

　　格蘭特將軍是個眾所周知的重度酒精飲者，不過後世也有傳記作者指出，所謂的「重度」只是傳聞，因為從來沒有人曾目睹格蘭特的酗酒行為，甚至可能是其他北方將領因忌妒他的戰功，進而編造出類似的耳語。這些耳語確實也傳入林肯總統的耳中，所以下令「請告訴我格蘭特喜愛的是哪一種酒，每位將軍我都致贈一桶」[1]。到底格蘭特最喜愛的威士忌是什麼？答案是當時最重要的波本威士忌研究者詹姆斯‧克羅所生產的 Old Crow。

　　相對於北方聯邦，南方邦聯所屬各州的農產以棉花為主，本來就缺少穀物製酒的傳統。戰爭爆發後，烈酒作為軍需藥物而被禁止飲用，蒸餾器也被強制徵收，熔解後用來鑄造武器。既缺乏穀物，又得不到來自肯塔基州的供應，威士忌嚴重不足而導致價格飛漲。根據記載，南方威士忌在 1860 年的售價為每加侖 25 美分，到了 1863 年飆高到 35 美元，而且就算買得到，品質也是糟到不行，時常只能以清潔溶劑來代替，所以被稱為「棺材板漆」（coffin varnish）或是「除鏽劑」（chain-lightning）。

格蘭特將軍 （圖片取自美國國會圖書館館藏）

　　這些所謂的「酒」大多來自私釀，透過士兵私下販售，由於缺乏裝酒的容器，士兵可能得利用槍管當成吸管，直接從木桶裡吸取酒液。在這種惡劣的環境下，蒸餾業被邦聯政府嚴格管制，但每個州也各自盤算，盡可能將產製完成的威士忌掌握在自己手中，不願接受邦聯政府的箝制，譬如維吉尼亞州便規定蒸餾業者不得與邦聯政府訂定契約，否則將遭受嚴厲處分。

註 1　"Tell me what brand of whiskey that Grant drinks, I would like to send of it to my other generals."

✿ 內戰之後：酒稅與私釀 ✿

　　肯塔基州在戰爭之前已經打開「波本威士忌」的名號，不僅州內的產量大，還是最大的集散地，但是戰爭進行 3 年之後，州內的蒸餾廠數量銳減一半，僅存約 150 間左右。穀物不足的排擠效應下，小廠紛紛不支倒地，而熬過戰爭的大廠也不好過，因為得應付不斷增加的酒稅。

酒稅開徵

　　讀者還記得十八世紀末因課稅問題而引發的威士忌暴動嗎？美國的酒稅在 1791～1802 年以及 1813～1817 年間曾短期課徵，其他時間則是完全免稅。林肯政府為了支付戰爭開銷，自 1862 年起重新徵收酒稅，稅率原本為 20 美分／酒度－加侖註 2，雖然不算高，但隨著戰事的緊迫而逐漸增加，到 1865 年已經提高到 2 美金／酒度－加侖。

　　酒稅計算方式原本針對新酒，1864 年之後則允許在木桶內保存 3 個月免稅，讓木桶有足夠的時間吸收部分酒液。到了 1868 年，酒稅降低為 50 美分／酒度－加侖，且在保稅倉庫內可儲存 1 年，1 年之後，政府的稽查員到倉庫內一桶桶的量測酒精度，作為課稅依據。為了徵收酒稅，聯邦政府成立了擁有 4,000 名雇員的稅務局（Internal Revenue Service, IRS），而且很令人訝異的，酒稅立即成為政府最大的稅收來源，得等到 1913 年開始徵收所得稅之後才扭轉這種情形。

私釀者與月光酒

　　戰爭尚未結束時，部分位於聯邦－邦聯邊界的州無法可管，包括肯塔基州和田納西州，但是當戰爭結束後，南方各州全部重回聯邦政府的懷抱，也被課徵同樣的稅率。可想而知的是，在過去無需繳稅的長時間裡，

註 2　proof-gallon，以 100 酒度－加侖為基礎，也就是 0.5 加侖的純酒精，假若為 80 酒度－加侖則為 0.4 加侖的純酒精

「私釀」一詞並不存在，等到政府派出稅務官四處查稅時，不願繳稅的蒸餾者只剩下一個選擇，便是「遵古風」的躲在山林裡做酒，而且為了躲避查緝，時常選在夜裡藉著月光進行，因此產製的酒美其名曰「月光酒」（moonshine），私釀者自然也就成為 moonshiner。

這種酒多半採用甜醪方式發酵（請參考〈第三篇、製作解密〉），以小型蒸餾器做批次蒸餾，而且幾乎完全不使用橡木桶熟陳，因此品質十分不穩定。不過因為產量小，僅供親朋好友享用，與早年農莊製酒銷售予批發商，而後運送他處轉售的情況不同。但查稅時間一久，小型蒸餾廠逐漸消失，私釀者則越來越多，為了追逐利益，許多私釀者使用較便宜的非銅質金屬蒸餾器，在蒸餾新酒裡加入木炭，或放入裝有鋸木屑的菸草袋來模仿熟陳效果，或從原料上就改用廉價的糖精、動物飼料等，不一而足。

當然私釀者製作月光酒的原因各有不同，有些屬於繳不起稅的貧困農民，有些則是直接反抗、蔑視政府的稅制。對後者而言，他們的父執長輩許多都是被愛爾蘭、蘇格蘭嚴苛的酒稅逼迫到走投無路，冒險渡海跨洋來到新大陸尋求生機，也曾抓起槍桿支持美國獨立，因此認為政府毫無權力去限制他們將多餘的穀物轉換成酒精。尤其是南方州民，不僅農莊裡的黑奴被解放而失去了勞動力，還被迫繳納屬於自己的私產，心態上與「威士忌暴動」並無二致，某一部分也與戰後興起的 3K 黨理念差不多。

1870 年初，北卡羅來納州的 3K 黨支部和仇視政府的私釀者

月光酒私釀者　（圖片取自美國國會圖書館館藏）

聯合起來威嚇稅務官員；喬治亞州 Pickens 郡的私釀業者組成「誠實人民的朋友和保護者」（the Honest Men's Friend and Protector）組織，穿戴上與 3K 黨相同的斗篷和面罩（不過是全黑的，以利辨識），在鄰居家燃燒十字架，被稱為「喬治亞州的私釀戰爭」（Georgia Moonshine Wars），這種種情形都反映了戰後民心、社會的混亂。

今天美國的酒類專賣店架上，時常可見標榜著 Moonshine 的白色烈酒，我們當然知道這些酒不是來自私釀，而是合乎今日法規標準所製作出來的白色威士忌，不過這些酒搭配著南方邦聯旗幟，利用百多年前的爭戰作為行銷手段，就如同印著古巴革命家切·格拉瓦頭像的 T 恤一樣，只是用以激發現代人思古之幽情，與反骨、革命毫不相干。更弔詭的是，由於產製這些白色烈酒的新興酒廠必須快速的將投資成本轉換成現金，售價通常比一般熟成後的波本威士忌高，賺取的利潤正好用以等待未來的威士忌熟成。

✖ 最大美威酒廠──傑克丹尼的興起 ✖

對美國 200 多年的歷史而言，南北戰爭的影響無遠弗屆，在威士忌產業，除了以上的簡單敘述，也催生了目前全球市占率第一的美國威士忌酒廠──傑克丹尼（Jack Daniel's）。

男孩蒸餾者──傑克·丹尼爾

傑克·丹尼爾（Jasper N. "Jack" Daniel ）生於 1850 年（這一點眾說紛紜），成長在田納西州林區堡附近的小鎮，是家中 10 個小孩裡的老么。他的祖父母分別來自威爾斯和蘇格蘭，幼年失怙，個子極為瘦小，長大成人後身高僅約 5 英尺（150 公分），因此後來被稱為「男孩蒸餾者」（boy distiller）。心高氣傲的他終身穿著矮子樂高跟鞋，頭上則戴著寬邊高頂帽，也被尊稱「傑克先生」（Mr. Jack）。

　　雖然酒廠宣稱丹尼爾在 1866
年興建了蒸餾廠，但推估他只
是開始學習蒸餾技藝，因為根
據考證，酒廠是在 1875 年才真
正成立。無論如何，當時南北
戰爭結束不久，整個田納西州
民生凋敝、滿目瘡痍，對於北
方州的仇恨也來到最高點，其
中又以肯塔基州為最。波本威
士忌此時已經名聞全美，但名
稱來自高傲的法國波旁王朝，
在田納西州州民眼中「自視過
高近乎傲慢」，響亮的名聲聽

傑克‧丹尼爾（圖片由百富門提供）

來不僅刺耳，心態上更混合著鄙視與羨慕。在這種敵視的情況下，包括丹
尼爾在內的田納西州蒸餾者，立誓要作出與波本齊名，但絕對不是波本的
威士忌，其中關鍵，便是酒廠在 1950 年代創造出來的名詞「林肯郡製程」
（Lincoln County Process）。

　　新酒利用楓木炭過濾後，可濾除部分不討喜的風味化合物，如雜醇油，
並且能中和脂肪酸，同時又添加楓木的甜味，對某些人而言或許有些過
甜、單調，也失去了部分油脂豐厚的酒體；但相對的，酒質確實輕盈細緻
許多，最重要的是容易入口。這種過濾方法早在十九世紀初便已經存在，
並非丹尼爾的獨創，但是被命名為「林肯郡製程」自然與地名脫不了關係。
傑克丹尼酒廠的廠址位在林區堡（Lynchburg），原本屬於林肯郡，不過林
肯郡在 1871 年把穆爾郡（Moore）分割出來，林區堡從此便歸屬於穆爾
郡。目前林肯郡內僅存 Prichard's 一間酒廠，而且有點諷刺意味的是，這
間酒廠是唯一經 2013 年通過的州法核可，以「祖父法則」[註3]（grandfather
clause）為由，不使用「林肯郡製程」但依舊可稱田納西威士忌的酒廠。

到 21 世紀依然維持禁酒令的小郡

　　穆爾郡是全州人口倒數第三的小郡，至今依舊延續著禁酒令，導致全美最大的威士忌酒廠所製作的酒無法在產地零售。不過目前的州法稍稍放寬，遊客可以在酒廠所屬的 White Rabbit Bottle Shop 購買傑克丹尼的酒款，也可以在參觀酒廠時試喝（筆者註：這不是所有酒廠參觀行程必備的嗎？），或是在其他生產葡萄酒、蘭姆酒、伏特加或威士忌的酒廠試飲，而在餐廳裡也允許搭配餐點飲用啤酒（但不得單獨喝啤酒）。這種種叫人嘖嘖稱奇的狀況，正說明了田納西州與美國威士忌法規之間的多重矛盾。

　　丹尼爾 55 歲時，身體還很硬朗，不過某天進入辦公室後，突然忘記保險箱密碼，氣得用力踢踹保險箱。這一腳不得了，不僅讓他嚴重受傷，最終還惡化成組織壞死進而截肢，而後在 1911 年因傷口感染去世，那個罪孽深重的保險箱仍保留在酒廠中供人憑悼。他去世之後，品牌名聲不算響亮，無法滿足他的企圖，而且因為投入的行銷費用不足，一直到 1950 年代以前，只在田納西州和少數名人之間流行，如意識流小說家、諾貝爾文學獎得主威廉‧福克納（William Faulkner），以及英國首相邱吉爾（Winston Churchill，他的母親是美國人，據傳喜好威士忌的他因厭惡蘇格蘭人，所以轉而投向美威）。

傳說中的保險箱（圖片由百富門提供）

　　這種慘澹的情況到了 1956 年有了反轉，酒廠被肯塔基州的波本巨人百富門（Brown-Forman）公司買下，當時《納什維爾日報》報導這則新聞時，憤怒且語帶不屑的宣稱「當酒廠落入肯塔基人手中，就如同注入了壞血，傑克丹尼將永遠不再是以前的傑克丹尼了」。只是後續的發展出乎預料，

註 3　祖父法則：允許在舊有建制下已存的事物不受新通過條例約束的特例

百富門挹注了大筆行銷費用，而且雇用的行銷公司與綽號「瘦皮猴」的巨星法蘭克‧辛納屈（Frank Sinatra）關係良好，持續供酒給表演舞台，加上以辛納屈為首的「鼠黨」（Rat Pack）與美國總統甘迺迪建立起親如兄弟的友誼關係，竟讓傑克丹尼在接下來的 20 年每年成長 10%，更在 20 年後的下一個 10 年成長 3 倍，搖身成為今天全球銷量最大的美國威士忌品牌！

衷心喜愛傑克丹尼的法蘭克‧辛納屈（圖片由百富門提供）

　　這項成就，遠遠超過百多年前「男孩蒸餾者」的期望，也遠遠超過產量占肯塔基波本威士忌 95% 的金賓（Jim Beam），即便歷史充滿諷刺。

黑人的蒸餾血淚史

　　傑克‧丹尼爾的故事有個後續。百富門集團於 2016 年，也就是酒廠的150 週年慶，公開了一段隱晦的歷史，承認丹尼爾的蒸餾技藝並不是如同過去的歷史紀錄，由傳教士丹‧考爾（Dan Call）所傳授，而是習自一位黑人奴隸尼爾李思‧格林（Nearis Green），因此稱格林為酒廠的「第一位蒸餾大師」（First Master Distiller），《紐約時報》為此撰述了一篇文章〈Jack Daniel's Embraces a Hidden Ingredient: Help From a Slave〉。

　　非裔女作家法恩・韋弗（Fawn Weaver）深入挖掘這一則舊事，發現擁有黑奴格林的 Landis & Green 公司，以租賃的方式把格林先後租給林區堡多位地主耕作，其中也包括富有的傳教士考爾。考爾另外還雇用了少年丹尼爾，而由於格林曾習得威士忌的製作技術，因此丹尼爾便在他的教導下學習製酒。內戰結束後，奴隸制度也跟著廢除，丹尼爾回過頭雇用了格林和他的兩個兒子，在 1875 年成立了丹尼與卡爾（Daniel & Call）酒廠，開啟了自己的蒸餾事業。

　　回顧到目前所述的美國威士忌歷史，所有的紀錄都圍繞著歐洲移民，也都是白人，甚至如前文所述，在美國建國之初，為了計算各州的人口數以分配眾議院議員的席位和各州所需繳納的聯邦稅，最終達成的協議是將奴隸的人口數乘以 3/5 計算，稱為「五分之三妥協」，一直到內戰後的 1868 年才通過美國憲法第十四條修正案廢除。可以想見，在流行蓄奴的南方，類似格林這種懂得蒸餾的黑奴不會只有一位。

　　早期的蒸餾廠屬勞力密集產業。玉米、裸麥、大麥等穀物農作需要人力種植、照顧、採收和去殼，曬乾脫水後運送到穀倉儲存；實際蒸餾時則需要將穀物運送到廠內，操作水車和碾磨機把穀物磨碎；糖化時必須先砍柴燒煮開水，再一桶一桶的把開水倒入木桶槽內，而後仰賴人力不斷攪拌；等發酵完成，則一桶一桶的把發酵啤酒倒入蒸餾器，同樣以木柴生火作為加熱燃料來進行蒸餾；新酒需要填裝木桶，並滾動到倉庫陳放，剩下的糟粕從蒸餾器清出後，運送到農場去餵養牛豬家畜。無論從上游到下游，一旦缺乏人力便無法運作，因此黑奴成為補充人力的最大來源，也因此在販賣奴隸的廣告中，便常常提到熟練製酒的黑奴。

教導傑克・丹尼爾蒸餾技術的尼爾李恩・格林（圖中坐於居中者，圖片由百富門提供）

　　根據統計，肯塔基州的黑奴數量高達全州人口的 1/4，且超過

1/4 的白人家庭都在蓄奴，其中一半的家庭擁有超過 20 位奴隸。渥福郡（Woodford）在 1850 年代是威士忌產量最高的郡之一，擁有的黑奴人口甚至比自由公民還要多，其中最大的酒廠為老克羅（Old Crow），即今日的渥福（Woodford Reserve），創辦人奧斯卡‧沛博（Oscar Pepper）擁有 350 英畝的農田，必須靠 12 位男性黑奴和 11 位女性黑奴來維持農場、酒廠的營運，同時也訓練了其中一位奴隸成為助理蒸餾師。怪不得肯塔基州在南北戰爭初期採中立立場，除了顧及南方市場之外，廢除奴隸制度對於酒廠經營是一大損傷。

雖然林肯總統在 1863 年便發佈了著名的《解放奴隸宣言》（The Emancipation Proclamation），但等內戰後通過美國憲法第十三條修正案才真正廢除奴隸制度，不過肯塔基州的州議會在當年否決了這項修正案，並且超級讓人驚訝的，遲到 1976 年 3 月才讓這條修正案通過。

黑人時常出現在威士忌產業中，但是被卡通化成厚嘴唇的嘲弄對象，譬如一則老克羅的廣告中，黑人被畫成在酒瓶上跳舞的猴子，而另一則裸麥威士忌廣告中，只看見一個黑人雙手抱著偷來的雞和西瓜，望著地上的一瓶酒，猶豫著不知該放棄哪一樣。保羅瓊斯（Paul Jones）酒廠也有類似的廣告：南方貧窮的農場裡，一臉困惑的黑人小孩望著他抱著大西瓜的媽媽和拎著一瓶酒的爸爸，不知如何取捨。諸如此類的畫，在在都顯示白人至上的高傲和對黑人的蔑視。

✕ 威士忌產業的中興之父——泰勒上校 ✕

美國內戰後的威士忌產業，可以用狄更斯《雙城記》的開頭來比喻：「這是最好的時代，這是最壞的時代；這是智慧的時代，這是愚蠢的時代；這是信仰的時期，這是懷疑的時期；這是光明的季節，這是黑暗的季節；這是希望的春天，這是絕望的冬天；我們擁有一切，我們一無所有」。南北戰爭造成威士忌產業混亂，但也埋下復甦的因子，而承先啟後最重要的人物，非「泰勒上校」莫屬。

（左）「泰勒上校」E.H. Taylor 和（右）O.F.C 酒廠金主 George T. Stagg（圖片由 Sazerac 提供）

泰勒上校其人其事

艾德蒙‧泰勒（Edmund H. Taylor）從未參軍，所以「上校」當然不是軍階，而是如同我們熟悉的 KFC 炸雞創辦人「肯德基上校」一樣，是由肯塔基州政府獎勵某些有成就的個人所頒予的榮銜。他出生於富裕家庭，父親以販賣奴隸致富，叔公 Zachary Taylor 則是短命的美國第十二任總統（1849～1850 年）。早年跟著叔叔從事金融業，為了拓展營業據點而遊遍整個肯塔基州。

1850 年代南北戰爭隱而未發，正是美國威士忌成長的黎明時分，許多未來的大廠、大品牌正努力取得銀行融資來擴張，泰勒因而結識了「波本界的賈伯斯」詹姆斯‧克羅，以及老克羅酒廠的創辦人奧斯卡‧沛博，種下與威士忌產業的不解之緣。

身為金融業者，當他注意到老克羅越做越大而力求擴廠時，立即於 1860 年組成 Gaines, Berry, and Co. 蒸餾公司，提供酒廠金援並協助行銷。沛博在 1867 去世，酒廠也因南北戰爭結束而有待重整，泰勒的 Gaines 公司順理成章的接收老克羅以及酒窖裡的存酒，而泰勒的身分也從財務管理轉變為蒸餾事業業主。

擁有極佳理財天分的泰勒並未因此縮手，他在這筆交易中發現商機，所以開始尋找各地的酒廠，經接管、整修後再賣出謀利，行為就像今日的「地產禿鷹」一樣，其實並不光彩。不過在他經手的許多酒廠中，有一間是坐落在今天野牛仙蹤酒廠（Buffalo Trace）上的 O.F.C. 酒廠（Old Fire Copper），當時背後的金主是喬治‧史戴格（George T. Stagg），兩人見面後一拍即合，共組 Colonel E.H. Taylor Jr. 蒸餾公司，開始合作投資生意。O.F.C. 酒廠在 1904 年改名為「George T. Stagg」，而後於 1992

年再度更名為「野牛仙蹤」（台灣可以找到稱為「水牛城」的酒款，但與酒廠命名的由來毫無關係）。有趣的是，波本威士忌歷史上最重要的兩個品牌 Colonel E.H. Taylor Jr. 和 George T. Stagg，其創辦人都出身金融業，而這兩個品牌目前都由野牛仙蹤酒廠經營。

O.F.C 酒廠的內部及外觀（圖片由 Sazerac 提供），以及（右下）Oscar Getz 威士忌博物館展示的 O.F.C.裝瓶（圖片由 Alex Chang 提供）

開創穀倉型的木桶儲存層架

其實當泰勒認識史戴格時，剛好發生財務危機，因此 Colonel E.H. Taylor Jr. 蒸餾公司 9 成以上的股份是由史戴格擁有。史戴格的生意手腕極

高，商場上一向以投機取巧著稱，為了獲取最大利益，他慢慢的把股份釋出給紐約商人。在這種情形下，泰勒一方面想退出合股生意，一方面也想保留品牌名稱，便在 1887 年興建了「老泰勒」（Old Taylor）蒸餾廠，把過去習得的所有蒸餾知識灌注在這座酒廠，包括採用波紋狀的軸式碾磨機來取代石磨，以取得顆粒一致的碾磨效果來幫助發酵，他也揚棄過去的木製發酵槽以便清潔，甚至還自製橡木桶。

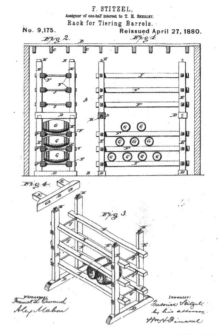

F. Stitzel 於 1880 年獲得專利的木桶層架（圖片提供／USRE 9175）

此外，過去的酒廠倉庫都以傳統鋪地方式來堆疊橡木桶，頂多 4 層，最底層的木桶因承受最大荷重而容易裂損，而且還有取酒不易、桶與桶之間接觸緊密導致通風不良等缺點。泰勒上校針對倉儲最重要的貢獻，便是採用 Frederick Stitzel 於 1880 年發明並獲得專利的木桶層架，興建高達 5、6 層如穀倉一樣的酒窖（rickhouse 或 rackhouse），每一層利用木桶層架放置 3 層的橡木桶。這種木桶儲存型式和管理模式擴展到整個波本威士忌產業，並一直延用到今天。

十九世紀末正是商標法萌芽的階段，酒廠逐漸了解品牌的重要性，因此當老泰勒酒廠穩定生產之後，泰勒決定告上法院，訴請從史戴格手中取回品牌所有權。法院最終判定泰勒勝訴，但史戴格仍可使用品牌名稱到 1904 年，而且由於「老泰勒」的招牌響亮，導致許多精餾者紛紛偽造，讓泰勒疲於奔命。為了解決市場亂象，商標法規定假若與品牌所有人毫無關係，便禁止使用品牌名稱，而且酒標也不能誤導消費者。只是規定是死的，精餾者繼續游走在灰色地帶，消費者對於魚目混珠的酒款依舊無法辨清。

保稅倉庫法和 Bottled-in-Bond 裝瓶

　　前面提到，泰勒是個擁有遊說能力的商人，為了解決這個問題，他聯合了肯塔基州的參議員在 1897 年通過了《保稅倉庫法》（Bottled-in-Bond Act）。這個重要的法案要求：

◎ 所有的烈酒必須在某一間蒸餾廠由某一位蒸餾者，於上半年（1 ～ 6 月）或下半年（7 ～ 12 月）生產製作；

◎ 橡木桶在受到聯邦政府監看的保稅倉庫內熟陳至少 4 年；

◎ 以 100 proof（50%）的酒度裝瓶，酒標上必須註明製作的蒸餾廠或是裝瓶廠。

　　符合以上所有規定的話，瓶身上可蓋上猶如正字標記的綠色印章，偽造印章便觸犯了聯邦罪。這個法案也和稅法連結，放置在保稅倉庫內的酒液暫免課稅，因天使分享而損失的酒液無需納稅，可據此激勵酒商遵守法令。

　　於今觀之，這個法案的要求事項有些繁瑣，上下半年的製作規定也不甚合理，不過直到今天，仍有少數品牌標註 Bottled-in-Bond 來向歷史致敬，假若讀者們看到酒標上明顯標註的 BIB，就該清楚標示的來龍去脈。

　　不過泰勒的戰爭還未結束。譬如他曾經的合夥人史戴格仍繼續採用過往的生意模式，其中最惡名昭彰的是與 Walter Duffy 合作，製作 Duffy's Pure Malt Whiskey。為什麼說惡名昭彰？因為這款威士忌是標準的「鍍金年代」（詳下一節）產物，不僅酒液來源不明，還調入各種亂七八糟的化合物。為了行

天山的 BIB 裝瓶 （圖片由橡木桶洋酒提供）

銷，Duffy 找來一個號稱 148 歲的人瑞，用以宣傳其延年益壽的療效，更宣稱全美凡年紀超過 100 歲的人瑞都經常飲用這款酒！即便廣告手法粗糙可笑，酒公司卻越做越大，最讓泰勒光火的是，仍繼續使用 Taylor 的名號，只能走向法律途徑去解決。

當然泰勒並非孤軍奮戰，《保稅倉庫法》將當時的美國威士忌區分為兩大塊：一塊絕對堅持品質，但因價錢昂貴，只能提供給較高的社會階層；另一塊則量大又便宜，針對的是低階消費者，但不保證喝了以後不會發生問題。

這個牽連到社會階級的大課題不容易解決，得一直等到老羅斯福總統（Theodore Roosevelt Jr，美國第二十六任總統，暱稱 Teddy，也就是泰迪熊的由來）在 1906 年簽署公佈《潔淨食物及藥物法》（Pure Food and Drug Act），以及繼任的塔夫總統（William Howard Taft）在 1909 年為 American Whiskey 所訂定的定義，威士忌產業才有可遵循的法令依歸，不過這些都是後話，暫且按下不表。

故事的最後：老泰勒的倒閉與再生

「老泰勒」蒸餾廠在 1917 年關門，導因當然是從十九世紀末越來越興盛的禁酒浪潮，接下的歷史大家都知道，1919 年國會通過憲法第十八條修正案，於 1920 年開始禁止生產、販售或運送、進口或外銷任何酒精性飲料，這個禁令一直到 13 年後的 1933 年才廢止，讓美國的威士忌產業元氣大傷，同時也壯大了加拿大的產業。

由於禁酒令時期仍允許醫療用酒的生產，因此包括 American Medicinal Spirits（後來更名為 National Distillers）、Schenley Distilleries、James Thompson and Brother（後來更名為 Glenmore Distillery）、Frankfort Distillery、Brown-Forman 以及 Ph. Stitzel Distillery 等 6 間蒸餾廠仍繼續運作，老泰勒在此期間不支倒地，賣給了 National Distillers，同時被買走的還包括泰勒上校收購的第一間酒廠，位在老泰勒鄰近的老克羅。

美國憲法第二十一條修正案將禁令解除後，老泰勒在 1935 年恢復生產，隨著威士忌產業的大爆發，National Distillers 在 50、60 年代的極盛時期擁有超過 1,000 名員工，分別在兩間酒廠日以繼夜的生產。可惜好景不常，棕色烈酒慢慢的不受青睞，加上隱然未發的第一次石油危機，導致老泰勒在 1972 年第二次關廠，並從此一蹶不振，具有歷史意義的古堡式建築逐漸頹傾、湮沒在荒煙蔓草中，產權也在 1987 年賣給了金賓，2005 年再賣給亞特蘭大的投資公司。

投資公司其實不安好心，因為他們對製酒毫無興趣，看中的只是酒廠的殘餘價值，所以打算拆解廠房，把當初建築使用的、擁有歷史記憶的一磚一瓦零散的出售。但也許是泰勒上校的鬼魂作祟，美國房市在 2008 年的金融海嘯中泡沫化，這個拆解計畫只能休止，讓酒廠繼續荒蕪。2014 年投資公司將產權賣給了另一間名為 Peristyle 的投資公司，而後再以 950,000 美金售予 Will Arvin 和 Wesley Murry，酒廠的悲慘命運有了轉機。這兩人原本與威士忌產業毫無關係，前者是律師，後者為土地開發商，但合股買下這塊資產後，重新整修打造成 Castle & Key 蒸餾廠，並在 2015 年邀請了肯塔基州第一位女性首席蒸餾師合夥，轟轟烈烈的迎向近年來工藝酒廠的挑戰。

故事至此告一段落，不過正如我們所熟知，美國威士忌持續挖掘歷史故事來行銷品牌。由於泰勒上校在 1870 年買下的 O.F.C. 便是野牛仙蹤的前身，所以酒廠在 2009 年從金賓（即今日的賓三得利）手中買下「老泰勒」品牌，而後裝出一系列以 Colonel E.H. Taylor 為名的波本、裸麥及其他威士忌，也包括以 BIB ——也就是 Bottled-in-Bond 的方式製作的小批次裝瓶，還將橡木桶放在泰勒上校百多年前興建的倉庫內熟陳，一切的一切，都是為了引燃消費者的思古情懷。

☙ 墮落的溫床──威士忌圈 ☙

　　南北戰爭結束後，美國社會開始重整，政府組織從戰前的無為而治轉變為強而有力，各行各業很快的呈現欣欣向榮的景象。但表面的繁華卻遮掩不了政經交錯後的腐朽糜爛：鐵路大亨 Collis Huntington 向每一個新科國會議員展示裝滿現金的提袋，說客毫不掩飾的在參眾議院裡販售未上市股條，銀行家 Jay Gould 更伸手從投資客口袋裡掠奪錢財來謀取暴利。上行下效或風吹草偃，內戰時用生命捍衛聯邦政府的世代，也許是看慣了戰爭裡無情殺戮的殘酷，或是今朝有酒今朝醉的麻木，前仆後繼的向利益靠攏。

巧取豪奪的唯物盛宴

　　從內戰後到進入二十世紀的這段時間，

深陷醜聞泥沼的山姆大叔（1885 年繪，取自美國國會圖書館館藏）

堪稱是美國歷史上最腐敗的時期，後世將 1870 ～ 1900 年左右的美國類比為「烤肉盛宴」（the Great Barbecue），但最常用的還是「鍍金年代」（The Gilded Age），語出馬克・吐溫（Mark Twain）和查爾斯・華納（Charles D. Warner）於 1873 年合著的一部小說《The Gilded Age：A Tale of Today》，用來諷刺美國社會在內戰後的貪婪和腐敗，而這個名詞也很快成為貪污、唯物主義和墮落的代表。

　　威士忌產業在這段時期的腐敗完全不落人後，或者說，由於美國稅收的一半以上都來自酒稅，所以威士忌產業提供了大量助長腐化的材料。在前面的章節中，提及好幾位影響產業非常深遠的人物或品牌，不過同一時間也存在大量利用添加物來作偽的精餾者，似乎正能量與負能量相互拉扯，並在市場上分庭抗禮。但實際情況是，在這段混亂的時期，由於缺乏製作規範和品牌意識，更無任何行銷、標示、包裝等規定來保障消費者，而消費者又偏向便宜的產品，導致如老克羅這類製作嚴謹的威士忌，因價錢昂貴，僅占市場的 5% 左右，其餘 95% 都是利用便宜的中性酒精調製而成的廉價酒。

　　但重點還是稅。威士忌稅在 1868 年降為 0.5 美元／酒度－加侖，而且剛蒸餾出來的新酒暫予免稅，等一年後稅務人員（稱為 gauger）進入倉庫量測桶內酒液的酒精度、對照查看木桶上的標記和蒸餾紀錄，作為課稅的基準，只要量測人員與酒廠互相誠實以對，這種方式堪稱雙贏。不過任何想動歪腦筋的人都想得到，只要有辦法買通這些稅務人員，在紀錄簿和會計帳目上動手腳，可以輕易的破解制度，尤其是當稅率在 1872 年提高到 0.7 美元之後，作假帳的動機更是強烈。

　　官商勾結的執行方法如下：酒廠先記錄不實的產量，譬如僅記載半天的產量，但實際上運作一整天，而後將未登記的半天產品直接賣給批發商。這些酒因為沒放入保稅倉庫，所以完全免稅，獲取的利益以一定比例與稅務稽查人員均分。對蒸餾者來說另有額外產業優勢，由於非法獲利，可殺價賣出保稅倉庫內的酒，藉此搶占合法市場。

威士忌圈大審判

這種詐欺方式如滾雪球般越滾越大，當許多政府官員慢慢的注意到酒廠的產量和稅收出現差異時，不是立即舉發，而是紛紛要求分一杯羹，進而形成一個龐大的賄賂圈，後世稱為「威士忌圈」（Whiskey Ring），而圈子的中心是約翰‧麥當勞（John McDonald）。

麥當勞是內戰時期的陸軍准將，他的好友歐維爾‧巴布考克（Orville Babcock）為格蘭特總統（即為內戰時北軍總司令格蘭特將軍）的秘書，他說服總統將麥當勞安插在稅務局，並在密蘇里州聖路易斯市設立辦公室，負責大部分中西部的稅收工作。擔任稅務主管的麥當勞很快的發現職務上可介入的空間，所以在他的巧手安排下，與巴布考克每年約可拿 4.5 萬～6 萬美元。由於髒錢來得容易，聖路易斯辦公室成為共和黨的地下黨部，如果競選公職的黨員發現選務困難，便請他修改稅率來謀取更多的競選資金。附帶一提，格蘭特總統於 1872 年當選連任，很難說完全沒有關係。

「威士忌圈」每年平均獲利 150 萬美元（約合今日 2.5 ～ 5 億美元），圈中人持續擺闊、召妓、買票，終於在 1874 年引起財政部秘書班傑明‧布里斯托（Benjamin Bristow）的注意。布里斯托可說是當時罕見的正直官員，根據他的估算，2/3 的稅收都被這個圈子給污掉了，因此雇用了《聖路易斯報》的記者進入圈內臥底，暗中調查蒸餾廠買進的穀物和賣出的烈酒，經過長期的資料蒐集後展開搜捕，在全國主要的威士忌產區逮捕了與 32 間酒廠相關的 300 名蒸餾者、量測人員和其他政府官員。

當布里斯托將調查資料送給格蘭特總統過目時，總統向他保證：「至少有一個人是清白的，那就是麥當勞，因為他是我秘書的好朋友。」布里斯托嚴肅的回答：「報告總統，麥當勞就是貪污核心！」結果麥當勞鋃鐺下獄，其他相關牽連人士總共被判處了 100 多項罪名和 300 萬美金的罰款。在這椿政商勾結案件中，總統只保住了他的心腹巴布考克，但是逃過刑責的巴布考克另外又觸犯了偽證罪，格蘭特只得將他下放去管全國的燈塔，7 年後死於佛羅里達的一次船難事件中。

「威士忌圈」醜聞的爆發，曝露出酒廠產量和勾稽的漏洞，而為了填補這個漏洞，威士忌的生產管理也趨於嚴格。首先，必須檢查蒸餾廠是否藏匿暗管，避免產製的新酒偷偷流出，另外保稅倉庫的大門也上了兩道鎖，分別由稅務人員和蒸餾者保管。除此之外，所有的穀物、烈酒進出紀錄都必須完整登載，每個稅務人員手中

側繪威士忌圈審判（圖片取自美國國會圖書館館藏）

都有一本手冊，根據手冊中每單位穀物可製作的酒精量來進行查核，若有差異，酒廠必須提出說明。

各位試著回想一下大西洋彼岸的大英王國，在十九世紀中同樣也祭出嚴格的課稅辦法，今日每間酒廠必備的「保險箱」（safe），早年的鑰匙也是交給酒廠經理和稅務人員保管。因為人性本貪，這些辦法都是政府痛定思痛之後的作為，除了防止下一個醜聞發生之外，也不容放過任何一毛稅收。

✄ 八爪魚──威士忌信託 ✄

捲入「威士忌圈」醜聞的酒廠都是大酒商，對於為數眾多的小型農莊酒廠而言，一直以來的生存方式便是利用壺式蒸餾器將多餘的穀物轉換成酒，而後賣給這些大酒商，大酒商將來源不同、品質差異極大的新酒混合之後，送入連續式蒸餾器重新蒸餾成高酒精度、品質均一、但幾乎毫無風

味的酒精，再根據不同的配方調入添加劑「精餾」成各式酒種，這種製酒方式幾乎成為「鍍金年代」的代表。

保稅年限延長——民主黨的國民飲料？

醜聞爆發後，聯邦政府採取的種種補救措施，似乎限制了酒商可能上下其手的機會，不過大型酒商並不完全反對較嚴格的規範，因為可藉此淘汰一些競爭對手。同時為了籌謀利益，這些大酒商在 1879 年遊說國會，將保稅年限從 1 年增加到 3 年，1894 年再延長到 8 年，比今日「純」（straight）威士忌所需要的 2 年還要長非常多。

在這段時期內，政府與酒商共同摸索雙贏的方式，只是時常產生漏洞和偏差。兩黨政治的互相干涉也造成影響，偏保守的共和黨在內戰後逐漸受到禁酒團體的支持，而民主黨則針對威士忌稅持續遊說立法，保稅年限的提高便是民主黨議員的成就，因此共和黨人把威士忌稱為「民主黨的國民飲料」。由於酒稅並未溯及既往，所以每一次國會提出增稅法案，與國會議員交好的酒商馬上加足馬力生產，而後快速的存入保稅倉庫內，以符合較低的舊稅率。這種完全不顧供需的生產模式風險極大，因為當保稅期限一到而必須繳稅時，假若市場環境不佳，酒商仍得忍痛出售，但如果價格看漲，又趕緊拚命生產，形成一種產銷不均衡的循環。

便因為製酒的風險極高，威士忌的價格幾乎成為全國各大報紙每日緊盯的報導，《華爾街日報》更將威士忌與煤、鐵等重要物資並列，如同今日的藍籌股。對酒廠來說，一旦財務發生危機，只得將保稅倉庫的存酒抵押給銀行變現，導致在 1883 年，肯塔基州半數以上的蒸餾廠幾乎都屬於銀行擁有。又由於抵押的酒越多，可換得的現金也越多，酒商更努力加速生產，讓倉庫裡的威士忌存量從 1879 年的 1,400 萬加侖暴增到 1882 年的 9,000 萬加侖，幾乎是需求量的 6 倍。

　　為了解決生產過剩的供需問題，銀行只得遊說國會再度延長保稅年限，1883年雖然通過了籌款委員會的審核，但被參議院打回票。氣急敗壞的銀行只好提出「大到不能倒」（too big to fail）的訴訟，因為確實，當時的威士忌產業猶如火車頭，每當一家大型酒廠成立，便能帶動鄰近如畜牧等產業的興盛，一旦關門大吉，許多產業也跟著蕭條。

全球威士忌首府

　　截至目前為止，筆者似乎將威士忌的產製焦點都集中在肯塔基州，但事實上，從內戰到禁酒令的這一大段時期，全美最大的生產中心是位在伊利諾州的皮奧里亞（Peoria）。由於這個地區是全美最大的玉米集散地，又擁有充沛的水源和足夠的燃煤、木材以及方便的鐵路運輸，因此每天可產出185,000加侖的新酒（以100 proof計算，相當於每天35萬公升，或每年1.3億公升的純酒精），十分驚人，也因此皮奧里亞被稱為「全球威士忌首府」（Whiskey Capital of the World），每年繳納的酒稅為全美的95%，也占聯邦稅收的50%。

　　市內絕大部分的酒廠都集中在伊利諾河兩側的 Distillery Row，想當然爾的，全美最大的蒸餾廠也在其中，就是由約瑟夫・格林哈特（Joseph B. Greenhut）所成立的「大西部」（Great Western）。此人長得高大威猛，蓄著一部大鬍子，堪稱是富豪中的富豪，他所居住的豪

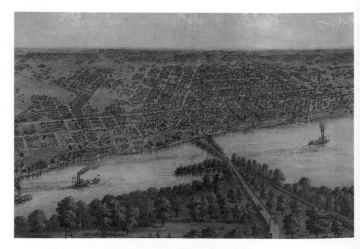

1867 年的 Peoria （圖片取自美國國會圖書館館藏）

宅曾接待過美國第二十五任總統威廉·麥金利（William Mckinley），另外在紐澤西的華邸也曾借給第二十八任總統伍德羅·威爾遜（Woodrow Wilson）使用，長袖善舞、政商關係極佳。

在威士忌產業呼風喚雨的格林哈特，為了一統江湖，於 1887 年仿效石油大亨洛克斐勒（John D. Rockefeller）的「標準石油信託」（Standard Oil Trust），聯合了 65 間蒸餾廠和 80 間酒精生產廠──主要是生產中性酒精供精餾者使用──創立「威士忌信託」（Whiskey Trust，正式名稱為 Distillers and Cattle Feeders Trust），很快的，媒體將這個龐然大物稱為「八爪魚」（The Octopus）。為了對付不願加入信託的蒸餾廠，他們將市場價格壓低，逼迫這些蒸餾廠或屈服加入陣營，或關門倒閉，等勢力強大後，聯合抬高價錢，共享共榮。

製作品質優異的波本、裸麥威士忌的蒸餾廠，被格林哈特視為不懂賺錢的蠢蛋，因此也被屏除於「威士忌信託」之外。基本上，格林哈特的策略就是順我者昌、逆我者亡，即便加入信託陣營，仍得看是否支持格林哈特打擊異己的策略，以及是否能提供最便宜的銷售價格，以致加入信託的酒廠最終僅存 12 家，許多酒廠甚至是被縱火燒毀（酒廠失火是常見的意外，也因此成為犯罪的簡單方法）。

堅持品質的酒廠也不是沒有反制之道，他們聯合 59 間蒸餾廠成立自己的信託「肯塔基及倉儲公司」（The Kentucky and Warehouse Company），控制了 135 個品牌，賓州、紐約州的酒廠也仿效肯塔基州，紛紛成立屬於自己的同業聯盟，目的同樣是利用控制價格方式攫取利益。只不過信託公司越來越多之後，發現自己並無法像「標準石油信託」一樣長期壟斷市場，原因是跨入石油產業的門檻極高，而威士忌則相對為低，尤其是獲利模式更讓人眼紅，進而吸引更多的信託公司出現。

這些酒商無法預料的是，社會（或市場）改變的巨輪正無情的向前滾

動，過去依附他們而生的批發商越來越傾向整合上下游產業，擁有蒸餾廠，同時建立起自己的品牌。聯邦政府緊盯著這些同業聯盟，檢查是否有壟斷嫌疑，而且媒體更喜歡掀開信託公司的神秘面紗，以英雄方式報導懷抱美國夢的獨立酒廠。簡而言之，整個氛圍慢慢脫離「鍍金年代」，開啟了品質、品牌主導的新紀元。

✥ 品牌的興起 ✥

歐佛斯特──150 年前首創以玻璃裝瓶

電影《金牌特務 2：機密對決》創造了一間虛擬酒廠「仕特曼」（Statesman），美國百富門酒業集團於 2017 年也順勢在現實世界推出「歐佛斯特美國密使」（Old Forester Statesman）特殊裝瓶，全球限量 24,000 瓶。但回顧歷史，歐佛斯特（Old Forester）是百富門創辦人之一喬治·布朗（George G. Brown）於 1870 年推出的品牌，當時威士忌的銷售方式都是以桶為單位，而歐佛斯特卻破天荒的把酒裝在玻璃瓶裡，密封後簽名畫押再上市販售。

這種開先例的銷售方式不僅大膽，而且所費不貲，因為當時玻璃瓶都是手工吹製，價錢昂貴，甚至可能比瓶內的酒液還要貴。但是根據喬治的構想，其目的是確保瓶中酒液絕不摻假，作為品牌的最佳保證，也因此其他品牌開始仿效，並逐漸流行。等到 1903 年 Michael J. Owens 發明快速製作玻璃瓶的機械裝置後，肯塔基州裝瓶的波本威士忌越來越多，從 40 萬加侖，增加到 1913 年的 900 萬加侖。

早年的百富門公司（圖片由百富門公司提供）

喬治原本是藥品銷售員，威廉‧佛斯特醫師（Dr. William Forrester）則是他的朋友。由於當時的威士忌仍有部分作為藥品使用，因此喬治時常聽到醫生抱怨威士忌的品質不一，尤其是容易買到摻了一堆亂七八糟化合物的酒。喬治看到了商機，於是和同父異母的兄弟約翰‧布朗（J. T. S. Brown）推出瓶裝威士忌，並且以「Nothing Better in the Market」作為宣傳口號。便因為這個朗朗上口、一目了然的口號，讓歐佛斯特在美威歷史上又樹立另一個重要貢獻：廣告。

美國內戰後，越來越便捷的交通擴大了威士忌的市場，而在雜誌上刊登廣告更可推廣品牌、增加銷售。美國的《商標法》（Trademark Act）在1870 年通過時，一開始僅有 121 家廠商註冊，等到廣告方式隨著品牌的興起而逐漸普遍後，許多至今依舊流行的品牌，如李維牛仔褲（1873）、桂格燕麥片（1878）和象牙肥皂（1879）等，也陸陸續續的完成商標註冊。

但是以當時的威士忌品牌而言，絕大部分都不是酒商或批發商自行產製，而是買入其他酒廠的酒再調製，因此產業的發語權並非掌握在生產端，而是銷售端。等到品牌建立起名聲之後，這些酒商或批發商擔心上游供應問題，或不願受到酒廠的箝制，開始買進酒廠，一手包辦從生產到調製的所有過程。

創造歐佛斯特品牌的布朗兄弟也不例外，他們以投資者和調製者的身分進入酒業，最早的公司名稱為「J.T.S. 布朗兄弟」，1890 年改組為「百富門」。合夥人喬治‧福曼（George Forman）原本是公司會計，因此由布朗兄弟主導銷售業務，福曼則掌管財務。到了1902 年，布朗兄弟從油、

1905 年時期的百富門（攝於 Oscar Getz 威士忌博物館）

鐵、啤酒等產業得到啟示，更進一步的了解垂直整合才是企業經營之道，所以大舉買進蒸餾廠，身分頭銜和事業名單上又增加了蒸餾者一項。

歐佛斯特在美國威士忌歷史上占有重要地位，因為這是唯一一個創立在禁酒令前、持續在禁酒令期間裝出、並且一直到今天依舊存在的品牌，毫無間斷的延續超過 150 年，更重要的是，從頭到尾都出自百富門，這在公司、品牌不斷換手的美威產業可說絕無僅有。不過歐佛斯特並不是最早揚名的波本品牌，而是約瑟夫・裴頓（Joseph Peyton）於 1814 ～ 1840 年間所製作的「老喬」（Old Joe）。這個品牌中斷了幾十年，於進入二十世紀後重新被擦亮，而且又和百富門有著血緣關係。但筆者暫時擱置這個話題，先談談另一個讀者耳熟能詳的品牌。

懸疑的「四玫瑰」

原本在亞特蘭大經營雜貨生意的小保羅・瓊斯（Paul Jones Jr.），於 1884 年移居到路易維爾的「威士忌街」從事酒類生意，4 年後推出「四玫瑰」（Four Roses）。善於行銷的瓊斯將品牌包裝成好幾則浪漫愛情故事，其中之一是某人（可能就是瓊斯）迷戀一位南方佳麗，害羞的他不敢當面訴說，因此寫了一封求婚信，希望她如果答應的話，那麼便在舞會時配戴著玫瑰胸花……這一則故事有兩個結局，其一，美女沒有答應，失意的瓊斯終身未娶，將所有的熱情投注在讓他失魂落魄的「四玫瑰」；另一個屬於快樂結局，本來瓊斯只請她配上 1 朵，卻驚喜的發現她配上由 4 朵玫瑰織成的胸花，因此便將他的酒命名為「四玫瑰」，以傳遞他永誌無悔的愛意……

後面的快樂結局可以在酒廠的官方網站上讀到，是目前酒廠宣傳的主流故事。但歷史證明，其實瓊斯終身未娶，因此我們可以猜測，也許舞會後發生什麼變故讓有情人無法終成眷屬，但更可能的是這一則故全屬虛構，瓊斯顯然是早期的故事行銷大師。

四朵玫瑰 （圖片由四玫瑰提供）

　　說故事行銷不為過，因為四玫瑰中的 Rose 可能指的不是花，而是姓氏，包括 1860 年代在亞特蘭大創立「R.M. 羅斯蒸餾公司」的拉法斯·羅斯（Rufus Rose），以及他的弟弟和下一代，共計 4 位羅斯先生。「四羅斯」的公司後來因禁酒聲浪搬遷到田納西州，但是在搬家以前，根據亞特蘭大的市政資料，於 1906 年註冊了「四玫瑰」。

　　這個毫不浪漫的品牌緣由，與目前四玫瑰酒廠官網上所宣稱的故事完全不同，不禁叫人狐疑有沒有比較好的解釋？有的，最好的解釋是兩個相同名稱的品牌分別在不同的時間、不同的地點誕生，事實上，歷史學者找不出四羅斯與四玫瑰之間的血緣關係，似乎確定了瓊斯的創始者地位。不過，為了增加故事的懸疑性，瓊斯從來就沒有實際製酒，他和絕大多數「威士忌街」上的商人一樣，主要是批發銷售，而且在非常長的一段時間內（可能長達 24 年），他販售的酒一部分是來自 R.M. 羅斯蒸餾公司，所以和羅斯家族關係十分密切。

　　這種糾纏關係很複雜吧？但接下來的故事更為複雜。按照目前的官方說法，瓊斯在路易維爾創立的保羅瓊斯公司（Paul Jones & Company），在1922年買下了法蘭克福蒸餾者公司（Frankfort Distillers Corporation），並且將幾千桶存貨（包括四玫瑰）集中存放供醫藥使用，成為禁酒令時期6家可持續販售烈酒的酒廠之一。這些存酒量無法撐過禁酒令，因此從1928年以後轉向Ph. Stitzel酒廠要求供酒，並且在禁酒令結束的當年（1933）將Stitzel酒廠買下，開始生產包括四玫瑰等不同品牌。

　　此後，藉禁酒令而壯大的加拿大施格蘭集團（Joseph E. Seagram & Sons），於1942年（一說1943）併購了法蘭克福蒸餾者公司，四玫瑰也就落入加拿大人手中。但，且慢，如果按照羅斯的故事線，四羅斯是在1913年賣給了施格蘭集團，然後施格蘭賣給法蘭克福，法蘭克福售予保羅瓊斯，保羅瓊斯再賣回給施格蘭，呼～有沒有一種小狗追著尾巴兜圈子的感覺？（老實說，筆者寫完這一段之後，連自己在寫些什麼也搞不清楚了。）

與 3K 黨掛勾的話術

　　為了不玩繞口令，讓我們將圈子兜回歐佛斯特和布朗家族。前面提到「老喬」是最早的波本威士忌品牌，約翰布朗的兒子克里・布朗（Creel Brown）於1910年，在他父親擁有的酒廠對面打造了一間模仿南加州葡萄酒莊園、充滿拱門、紅瓦斜頂和鐘樓等西班牙式建築風格的「老學徒」（Old Prentice）蒸餾廠，重新製作「老喬」波本威士忌，因此酒廠也被稱作「老喬蒸餾廠」。只不過這個品牌重生後壽命不長，因為無法守成的克里・布朗將酒廠建築和品牌通通賣給了法蘭克福蒸餾者公司，不久之後老喬品牌便被放棄了，開始推廣四玫瑰。就是這個因緣，讓布朗家族和保羅瓊斯沾上了關係。

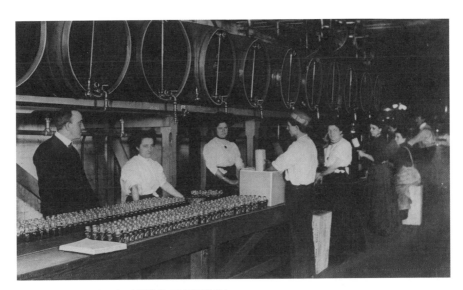

歐佛斯特早年的裝瓶廠　（圖片由百富門提供）

　　歐佛斯特是全美最長壽而且生存至今的品牌，從 1870 年起算已經超過
150 年，不過為什麼最早的 Old Forrester 會改名為 Old Forester（少了一個
r）？原因有很多種說法，其一是歐佛斯特醫師退休了，不願自己的姓氏再
被使用，或者是其他醫師不願使用掛上佛斯特醫師的醫藥用酒，又或者是
禁酒聲浪逐漸擴大，歐佛斯特醫師不想見到酒瓶上印著自己的姓氏……但
以上都無損品牌名聲，最糟糕的是曾謠傳歐佛斯特來自歷史人物內森・福
雷斯特（Nathan B. Forrest）。

　　福雷斯特何許人也？原來是內戰時南方邦聯的騎兵團將領，以販賣奴隸
致富，戰爭中屠殺投降的北方黑人士兵，戰敗後成為 3K 黨的創始人之一。
以政治正確來說，百富門集團不可能利用如此惡名昭彰的人物來宣傳，錯
就錯在 1960 年代，整個美國社會氛圍圍繞在「內戰百年」的懷舊情緒中，
「黃色反叛波本」（Rebel Yellow bourbon）藉著復活南方精神而賣得嚇嚇
叫，牽動著百富門也加入宣傳，但含混籠統的宣稱歐佛斯特來自「某具有

爭議性的邦聯人物」，讓人直接聯想到內森・福雷斯特。這一則故事行銷並沒有如預期般激起銷售熱潮，卻讓百富門揹上與 3K 黨掛勾的惡名，行銷話術的使用確實需要非常謹慎小心。

玫瑰於美國再度綻放

施格蘭集團在 1950 年代停止在國內銷售四玫瑰，轉投向歐洲及亞洲市場並獲得極大的成功，美國國內在接下來的 40 年幾乎都看不到這個品牌。1999 年施格蘭集團被法國的 Vivendi 集團併購，不過 Vivendi 只對娛樂事業感興趣，絕大部分的烈酒事業均售予帝亞吉歐，但帝亞吉歐又對四玫瑰興趣缺缺，因此在 2002 年將品牌和蒸餾廠賣給了亞洲市場的代銷公司「麒麟啤酒株式會社」，從此四玫瑰便落入日本人手中。

這樁交易對所有人都是美事，四玫瑰再度於美國上架，位在肯塔基州羅倫斯堡（Lawrenceburg）、古色古香的西班牙式建築「老學徒」，也成了四玫瑰酒廠的象徵和當地地標。

何謂威士忌

潔淨食物及藥物法

各樣的早期威士忌（攝於 Oscar Getz 威士忌博物館）

　　即便前面提到過的老泰勒、歐佛斯特或是四玫瑰等，都是二十世紀前創立的優良品牌，但一直到二十世紀初，全美 75% ～ 90% 的威士忌都屬於精餾產物，而無論是摻假作風的始作俑者或是「威士忌信託」，全都是「鍍金年代」的腐化象徵。經濟學家

亨利‧喬治（Henry George）在他 1879 年的著作《進步與窮困》（Progress and Poverty）中，便將「鍍金年代」描述為充滿機會、潛力的盛宴，但等候在前頭的卻是窮困和腐敗。因此消費者越來越看不慣那些藉此腰纏萬貫的商賈大亨，也對於缺乏法規保護的威士忌產品感到憤怒和憂心。

在泰勒上校的遊說下，美國國會終於在 1896 年針對市面上的威士忌品項展開深入調查，企圖瞭解到底有多少威士忌是屬於亨利‧喬治所形容的「盛宴」供酒。不查不知道、一查嚇一跳，全美僅有約 200 萬加侖的酒是以「原始且誠實」（original and integrity）的方式販售，相對的，1.05 億加侖的酒則是摻上多種化合物調製而成，其中還包含許多對人體有害的物質，導致只有少數上流階層能享用威士忌的美好，但絕大部分的消費者幾乎都在慢性自殺。只是調查歸調查，礙於大酒商及背後銀行家的財經勢力過於龐大，短期內並無任何行動。

老羅斯福總統的努力

1900 年美國總統大選時，老羅斯福被共和黨推舉為副總統候選人，而後順利的進入白宮，但 1901 年 9 月總統威廉‧麥金萊（William McKinley）被刺身亡，老羅斯福補位，成為美國第二十六任、也是有史以來最年輕的總統。在他第一次向國會進行施政報告時，便發表了 2 萬多字的長篇演說，要求國會針對信託活動給予合理的限制以保護消費者。雖然國會並未採取行動，但老羅斯福立即針對 44 個大企業發起反托拉斯訴訟，成為企業家的眼中釘。但與其稱他為「信託剋星」（trust-buster），更貼切的應該是「信託規範者」，因為出身富裕家庭

老羅斯福總統 Theodore Roosevelt Jr.（圖片取自美國國會圖書館館藏）

的他認為商業是美國立國的根本，唯有打擊壞信託，才能保障良好、有信譽的企業成長。

　　老羅斯福總統並不嗜酒，對於如何規範威士忌添加物，以及界定政府責任，其實是來自切身之痛。原來他曾擔任美國海軍部副部長，在1898年爆發的美西戰爭中，指揮美國的主力艦隊包圍古巴，摧毀了西班牙遠洋艦隊而獲得勝利。不過在包圍期間，士兵因食用被污染的罐裝肉類導致中毒生病，最終死亡的人數甚至比戰死者還要多！這個慘痛的經驗讓老羅斯福警覺食品衛生的重要性，繼任總統之後，他的責任便是扭轉過去不重視食品污染的情況，致力於立法規範。

　　和他一起為法規奮鬥的是農業部的哈維・威利博士（Dr. Harvey Wiley），他是一位化學專家，也是波本威士忌的愛好者和收藏家，還私下在華盛頓特區經營一間俱樂部酒吧，顯然是個離經叛道之徒，也因此和老羅斯福沒有太多交集。事實上，老羅斯福曾批評他是一個「嘮叨、無理取鬧的笨蛋」，不過兩人還是取得相處的共識，甚至還短暫的讓威利博士在白宮內閣房間內製酒。

把食物當作食物，為誠實標示而戰！

　　威利博士和泰勒上校熟識，兩人共同努力推動《潔淨食物及藥物法》的立法。這個法案基本上只是用來規範商標的標示，在國會進行辯論時，威利博士強烈主張威士忌和其他食品應該誠實標示。當然，長期把持威士忌產業的精餾業者不會坐以待斃，他們跟使用硼酸的麻州鱈魚產業、把緬因州鯡魚包裝為法國沙丁魚的鯡魚產業、使用苯甲酸鈉來保存食品的紐澤西州罐裝產業等不誠實業者聯合起來，持續遊說國會延遲辯論，以便阻撓法案的通過和實施。除此之外，他們也採取各種扒糞、抹黑的骯髒手法來削減、詆毀威利博士的人格和信用。

　　針對各方攻訐，威利博士毫不示弱，公開宣稱攻擊自己的報紙、期刊、雜誌等媒體，都已經被加工污染食品業者買動，但是他永遠站在「視食物為食物」的一方，而且認為自己正進行一場等同於南北戰爭的人權奮戰，

誓言奪回「人生而健康」的基本權利！這些口水戰和文青語言對現在的我們來說似乎見怪不怪，不過在 100 多年前還真的能發揮文字功效，只不過針對「標示」的爭議，拖延了法案的實施至少 2 年，尤其是威士忌背後的利益和遊說團體勢力龐大，許多改革者認為如果拿掉法案中的威士忌項目，應該有利於法案通過。

威利博士 Dr. Harvey Wiley（圖片取自美國國會圖書館館藏）

威利博士很清楚這一點，但依舊堅持，最大的理由是當時禁酒聲浪越來越大，如果公告的法案缺少威士忌，政府的威信立即破產。但為什麼威士忌的爭議最大？主要原因在於缺乏「威士忌的定義」，實際生產商如泰勒上校認為只有純波本或純裸麥才能稱為威士忌，並且認為摻料調和的精餾業者必須在酒標加上識別標示，例如「仿製威士忌」（imitation whiskey）。可想而知的，精餾業者不可能同意，他們反而指稱純威士忌應該標示為「雜醇油威士忌」（fusel oil whiskey），暗示這些沒經過再次蒸餾的威士忌其實充滿各種化學物質，量少或許無害，但量一多便有害身體健康，所以相較之下，中性酒精反而更加的純淨。

當然，明眼人都能看出精餾業者的狡辯計謀，在某次聽證會中，精餾者的律師再度提出類似的辯詞，泰勒上校當時也在座，馬上抨擊對方一心想毀掉誠實生產威士忌的傳統美德。對於威利博士而言，倒也不完全偏袒純威士忌業者，他反對摻料威士忌的原因很簡單：這種威士忌喝起來風味不佳，遠遠不如純威士忌。為了證明這一點，他曾經當場調製「14 年」的波本讓委員們試喝，而喝過的委員都露出嫌惡的表情。

在爭議聲中，《潔淨食物及藥物法》還是在 1906 年被強制通過了，通過的理由不是威士忌的名稱獲得共識，而是剛好肉品包裝引發醜聞，社會大眾對於翻來覆去的說詞已經不耐煩，因此與《聯邦肉品檢視法》（Federal Meat Inspection Act）在同一天拍案。根據法案，只有使用穀物蒸餾、利用橡木桶熟陳並僅僅添加純水的酒才能稱為威士忌；而相對的，精餾業者調製的產品必須在標籤上標明「仿製」、「複合」（compound）或「調和」（blended）等字樣。

純威士忌業者得意的稱自己的威士忌為 "Pure Food"，但由於法案也要求從蘇格蘭、愛爾蘭或加拿大進口的威士忌作相同的標示，讓進口商大為跳腳，馬上向農業部遊說修正。農業部有意妥協，但威利博士強烈反對，在獲得老羅斯福總統的同意下，他在白宮示範了跟國會聽證會中相同的調製，老羅斯福總統一嚐之下，立即與威利站在同一戰線，從此拍板定案，精餾業者再抗議也沒用。

❧ 威士忌的定義 ❧

威廉‧塔夫（William H. Taft）出身律師家族，自己也是律師，曾任最高法院的首席法官，於 1909 年 3 月繼任老羅斯福為美國第二十七任總統。雖然他跟老羅斯福總統同樣都是共和黨人，作風卻大不相同，偏向資本家而處處維護他們的利益，也因此自認受到《潔淨食物及藥物法》打壓的精餾業者有了一線生機，尤其

塔夫總統 William H. Taft（圖片取自美國國會圖書館館藏）

是法案中並沒有對「純」（pure）威士忌的配方有所著墨，留下解釋空間。塔夫總統接受了他們的請託，決定自己擔任「何謂威士忌」的裁判者，為《潔淨食物及藥物法》做最終的判決。

塔夫總統花了 6 個月的時間來傾聽雙方說法，針對以下的議題召開公聽會，泰勒上校和喬治‧布朗都在列：

① 什麼是威士忌，這個名詞對製造商、經銷商和消費者分別代表什麼意義？

②「威士忌」一詞包含了哪些酒？

③ 作為威士忌的穀物配方 中，最多和最少的穀物原料是什麼？

④「威士忌」一詞是否可分別適用於藥品及飲料？若是，又在什麼情況下？

為了回答公聽會的議題，報告厚達 1,200 頁，而根據報告結論，塔夫總統簽署了一份 9 頁的公報，後世稱為《塔夫裁判》（Taft Decision），規定美國威士忌的定義如下：

◎ 波本威士忌：穀物配方須包含 51% 以上的玉米

◎ 玉米威士忌：穀物配方須包含 80% 以上的玉米

◎ 麥芽威士忌：穀物配方須包含 51% 以上的大麥芽

◎ 裸麥威士忌：穀物配方須包含 51% 以上的裸麥

◎ 裸麥芽威士忌：穀物配方須包含 51% 以上的裸麥芽

◎ 小麥威士忌：穀物配方須包含 51% 以上的小麥

　　這是一份雙方都不滿意，但都可接受的文件，除了以上的定義，另外也規定了以上各種不同的威士忌於裝瓶時只能添加水來降低酒精度，假如添加其他物質，便必須稱為「調和威士忌」。此外，凡是使用穀物釀製的中性酒精都可稱為威士忌，但若是利用糖蜜為原料，則只可稱為蘭姆酒。精餾業者不需要再標上「仿製威士忌」的名稱，但也不准再使用「純」（pure）這個形容詞，而以另一個「純」（straight）取代。

　　百餘年後的我們所讀到的規範，主要就是根據《塔夫裁判》，但多少有些修訂，如波本威士忌的最高蒸餾酒精度不得超過 160 proof，必須在全新燒烤的橡木桶中熟陳，以及必須在美國境內製作等等，但核心依舊是 1909 年的這份重要文件。

　　無獨有偶的，大西洋彼岸的英國在相同的時間點也在進行一場「何謂威士忌」的大辯論，爭執的雙方分別為使用麥芽為原料的壺式蒸餾業者，以及使用穀物威士忌為基酒的調和威士忌業者。這個爭議從 1905 年延伸到 1909 年，皇家委員會（Royal Commission）認知到調和式威士忌的銷售量遠高於所有單一種類的威士忌，因此對威士忌做出定義：「使用麥芽澱粉酶糖化糊狀穀物（不限於麥芽的任何穀物）後蒸餾所得的烈酒，而『蘇格蘭威士忌』則如同字面意思，必須是在蘇格蘭蒸餾的威士忌」。這個定義在 100 多年後的今天依然適用。

牆上張貼的禁酒令布告（圖片由 Alex Chang 提供）

✄ 節制飲酒運動 ✄

1920 年 1 月 16 日，禁酒令生效的前一天，舊金山市的交通幾乎癱瘓了，汽車、卡車、貨車和其他所有可使用的交通工具通通塞在道路上，兩旁房屋的門廳、走廊、樓梯和人行道上堆滿了裝著酒瓶的箱子，趕在最後一天運送出去；沙龍、酒吧和飯店的門前則擺著木箱或柳條筐，裡面同樣是一瓶瓶的酒，上面插了面牌子，歪歪斜斜的寫著「拋售：每瓶 1 元」。

隔天，1920 年 1 月 17 日，老顧客習慣性的走進酒吧，發現架子上空空如也，只能呆滯著眼神瞪著眼前的……一杯茶？聯邦官員忙著從沙龍、酒吧的秘密儲藏室裡搬出一箱一箱的酒，敲破酒瓶把酒倒進路邊的水溝，然後笑容滿面的請記者們拍照；

當晚，警察在底特律關閉了兩間酒廠，在大門貼上封條（未來幾年這幅景象變得十分普遍），並向上級報告酒廠意圖賄賂執法人員（同樣也越來越普遍）；幾名歹徒敲破芝加哥某間酒吧倉庫的後門，將封存的烈酒全數搬空，再加足馬力揚長而去；緬因州與加拿大的邊界，一卡車一卡車的烈酒藏匿在森林裡，再以汽車、雪橇、冰船或甚至滑雪板溜過邊境分送到全美各地。

到底這一切是如何發生的？自從100多年前歐洲移民抵達新大陸以來，這些當年抵抗壓迫、愛好自由的子孫後裔，為什麼甘願放棄好不容易流血抗爭得到的權利？當酒類產業繳納的稅金超過聯邦政府總稅收的40%，政府又為什麼拒絕如流水般滾滾而來的現金？是誰消滅了全美第五大產業？又如何在最神聖的憲法中，附加條文來限制公民的權利？

乾涸十字軍：內戰前後的禁酒聲浪

美國與酒無法分開，這是不爭的事實。馬克‧吐溫於1883年發表的自傳體遊記《密西西比河上的生活》（Life on the Mississippi）中寫道：「最早的文明先鋒從來就不是蒸氣船，不是火車，不是新聞報紙，不是主日學校（Sabbath-school）或傳道人，永遠都是威士忌」。窮困的移民、商販、賭徒、亡命之徒和攔路劫匪，跟隨著烈酒足跡往西部拓荒，緊跟在後的則是律師和殯葬業者。

馬克‧吐溫的觀察雖然誇張，但具體而微的描繪了美國社會底層的酗酒行為，直接、間接的導致家庭暴力和政治腐敗。因此美國的禁酒聲浪，絕不是從二十世紀才開始，早在「波本威士忌」這個名詞還未廣為人知的1826年，就已經出現了「美國節制飲酒」團體（The American Temperance Society，ATS）。到了1835年，加入ATS的人數已經擴增到150萬，其中又以女性占了大半。

以虔誠新教徒——主要為衛斯理教徒（Methodists）——為首的禁慾主義者不斷鼓吹下，被稱為「乾涸十字軍」（dry crusader）的禁酒運動逐漸

盛行，十九世紀中更把矛頭擴大到與腐敗的政治相關聯的私人俱樂部、沙龍等場所，並逐漸取得一些成果。清教徒眾多的田納西州於 1838 年通過全美第一個禁酒法案，禁止在客棧、商店銷售「spirituous liquors」，違者將被課以罰款，而罰款則被用來支持公立學校，但最後似乎不了了之。緬因州於 1851 年立法通過了後世所稱的《緬因法》（Maine Laws），禁止製作、販賣烈酒。這個法案在 1855 年前總共有 12 個州跟進，但是引起勞工階級和移民大為不滿，所以在 1856 年廢除，而後因進入南北戰爭，整個禁酒運動戛然而止。

　戰後的「乾涸十字軍」死灰復燃，聲量最大的團體包括成立於 1869 年的「禁酒黨」（Prohibition Party），以及 1873 年的「婦女基督節制飲酒聯盟」（Woman's Christian Temperance Union, WCTU），其中又以家庭婦女為主的 WCTU 用力最深。她們受夠了丈夫喝酒後的暴力行為，希望能教育女性同胞一起反抗，因此第二任主席法蘭西斯・韋勒（Frances Willard）將組織的目標訂定為「聯合各教派的婦女並教育年輕人以形成公共情感，透過神聖恩典的力量救贖被酒精奴役的酒徒，並透過立法將酒店從街道移除」。雖然當時的婦女沒有投票權，不過 WCTU 依循著「盡力而為」（Do Everything）的原則，呼籲將節制飲酒納入公共政策，並與推動獄政改革和勞動法等進步法案相互連結。

　經由這些禁酒團體的倡議，堪薩斯州在 1881 年成為內戰過後第一個立法禁止販售酒精飲料的地區，文獻紀錄顯示總共超過 30 人次因觸法而被捕、罰款和監禁。凱利・內遜（Carrie

伊利諾州的 WCTU 組織 （圖片取自美國國會圖書館館藏）

Nation）是激進派婦女的代表
性人物，她的丈夫是個酒精成
癮患者，導致她對酒類產業深
惡痛絕，帶領著婦女們高舉
禁令標語，成群結隊的走進沙
龍，大聲斥責顧客，並拿出斧
頭棍棒砸爛酒瓶，號稱「堪薩
斯沙龍破壞者」（Kansas Saloon
Smashers）。內遜於 1901 年首
次因破壞私產而被捕，10 年間
進出監獄不下 30 次，不過這種
激烈的抗爭手段較為少見，其
他較溫和的團體常齊聚在沙龍

凱利・內遜（Carrie Nation）（圖片取自美國
國會圖書館館藏）

外，以唱歌、祈禱方式來勸導顧客，懇求沙龍老闆停售酒類。類似的禁酒
風潮逐漸擴展到其他各州，或是州內的部分郡縣，尤其以南方州最多，也
跟進頒布不同的禁令。

抵制沙龍，拯救家庭

　　為什麼沙龍（saloon）成為抗爭的焦點？在南北戰爭後，美國逐步邁入
工業化社會，藍領、白領階級普遍增多，街道上的沙龍便成為男性往返於
工作和家庭之間最受歡迎的社交場所。看準了這些消費族群，酒商積極在
各地展店成立沙龍，因此沙龍往往與特定的酒商綁在一起。這些地點時常
提供免費午餐，餐點通常是培根、醃黃瓜等重鹹的食物，顧客吃了之後難
免口渴，自然想購買酒精飲料喝一杯。沙龍無所不在，男性在返家前習慣
先去喝一杯，回到家後，工作上的不快隨酒意上湧，動輒對家中妻小飽以
老拳，怪不得家庭婦女對沙龍這等飲酒場所充滿敵意。

　　婦女團體厭惡酒精所匯聚出的政治影響力逐漸擴大，1893 年的「反沙
龍聯盟」（Anti-Saloon League, ASL）取代了「禁酒黨」和 WCTU，成為

婦女團體的禁酒標語「碰了酒的嘴唇休想碰我」（攝於 Oscar Getz 威士忌博物館）

最具行動力的禁酒組織。至於後兩者則將禁酒議題擴大，分散到其他社會改革層面，如婦女的選舉權等等，但也因此逐漸失去禁酒運動的主導權。

支持禁酒的主要成員是由虔誠的新教教徒所組成，包括衛理公會、北浸信會、南方浸信會、新長老會、公理會、貴格會、基督門徒和路德派等，其他活躍的組織還包括婦女教會聯合會、婦女節制十字軍（Women's Temperance Crusade）和科學節制教育機構（Department of Scientific Temperance Instruction）。

這些團體不僅認為飲酒是一種罪惡，更認為勾引人飲酒欲望的沙龍是政治腐敗的淵藪。即便是支持飲酒的紐約，也存在積極提倡禁令的團體，尤其是一些有錢有勢的實業企業家，他們認為如果勞工少喝酒，不僅能讓他們多生產，同時也可以減少工作中的錯誤或工安問題。至於其他產業，如茶商和汽水製造商，他們認為禁酒可提升自己產品的銷售量，當然也普遍支持。

在這些支持聲浪中，少數反對聲音顯得微弱，如聖公會和羅馬天主教徒認為政府應先釐清所謂的道德問題後，再談飲酒責任；而德國路德教會更認為這是針對德裔移民的歧視，以及對德國傳統啤酒文化的破壞。至於前幾章中所提到的烈酒商們，由於專注在辯證、解決特殊法案，反而忽視了全美禁酒聲浪可能造成的影響。

✢ 禁酒的政治烽火 ✢

在眾多支持禁令的個
人和團體中，來自俄亥俄
州的韋恩・惠勒（Wayne
Wheeler）特別值得關
注，事實上，禁酒令最
終能夠落實為憲法修正
案，惠勒是關鍵人物。

惠勒於 1869 年出生在
俄亥俄州 Youngstown 小
鎮附近的農場，童年時
曾因一個酒醉的工人不

（左）ASL 的創立者霍華德・羅素，以及（右）禁酒令的舵
手韋恩・惠勒（圖片取自美國國會圖書館館藏）

小心拿乾草叉刺傷他的腿，心理陰影讓他對酒精從此深惡痛絕。長大後的
惠勒身材普通，戴著一副眼鏡、留著整齊的小鬍子，當他在 1920 年代權力
達到最高峰時，穿著整齊的三件式西裝一派斯文，但看起來仍只像是一名
保險公司職員，而不是如同敵手對他的形容——「操弄傀儡」的可怕男人。

1893 年在俄亥俄州一間公理會教堂裡，惠勒獲得啟發，當時他正聽取
霍華德・羅素（Howard H. Russell）有關節制飲酒的講座，這位牧師在不
久前剛成立了「反沙龍聯盟」（ASL）。聽完演講，惠勒心中潛藏的熱情大
爆發，立即與 ASL 簽約，成為首批全職僱員之一，並且在未來成為全國最
有效率的政治壓力團體。事實上，「壓力團體」（pressure group）這個名詞
便是由惠勒所創。

把酒精從美國人的生活中趕出去！

當他剛開始 ASL 的事業時，如同前面所述，全美已經存在許多節制飲
酒運動的信徒，但缺乏有效率的領導。WCTU 和「禁酒黨」雖然成員眾多、
組織龐大，但訴求發散到其他社會改革議題，反而弱化了在禁酒議題上的

領導能力，唯有 ASL 只針對一件事感興趣：將酒精從美國人的日常生活中趕出去！

為了完成這個艱鉅的使命，他們設定的短期目標是促使每個州立法禁止製造、銷售酒類產品，採取的方法不再針對沙龍，而是集中精力去影響地方政治人物，選舉時全力護送支持禁酒法的議員當選，同時也盡全力擋下反禁酒法的參選人。簡單說，ASL 的策略便是讓政治權力重新分配。

受到利他理想主義感召的惠勒，成為 ASL 的急先鋒，時常騎著腳踏車從一個城鎮趕到另一個城鎮，造訪各地的教堂以招募更多的支持者。當他在 1898 年取得法律學位並接掌俄亥俄州 ASL 的法律事務後，更代表聯盟四處演講，組織各項請願和示威活動，並發起多起法律爭訟。

在俄亥俄州的選舉，ASL 將敵對的 70 名在位議員（幾乎占議會成員的一半）全數擊敗，除了有效控制立法機構，也直接將禁不禁酒的選擇權放在選民手中。只不過州長梅朗·赫里克（Myron Herrick）並不完全買單，衡量立法機構不同版本的建議案之後，他說服委員進行部分修改，讓法案較為公平可行。

俄亥俄州的寬鬆法案在 1905 選舉前簽署通過，讓一味衝衝衝的 ASL 無法接受；而惠勒簡直怒不可遏，決定直接挑戰赫里克，除了在全州贊助 300 多場抗議集會，並動員教會的支持者把赫里克扣上支持酒類利益的大帽子。選舉投票前，惠勒收到一份啤酒協會寄給赫里克的密信副本，信中敦促協會成員提供物資支持州長連任，惠勒馬上拷貝了數千份寄給各地的教堂，坐實赫里克和酒商勾結的罪名，簡直像台灣地方選舉常見的手法。

這一場選舉創下俄亥俄州州長選舉最高的投票率，赫里克的政治生涯從此結束，而立下大功的惠勒吹噓：「經此一役，再也沒有任何政黨敢忽視教會的道德力量了！」

進軍國會，反酒組織的策略結盟

ASL 一州一腳印的將「酒精水龍頭」關掉的策略相當有效，喬治亞州（1907）、密西西比州和北卡羅萊納州（1908）、田納西州（1910）、西維吉尼亞州（1912）等相繼乾涸。到了 1913 年，兩件重大事件讓 ASL 組織改旗易幟，決定採用新的戰略。

首先，原本塔夫總統同意一項將酒精飲料運送到禁酒州的法案，但是國會以 246 對 95 的大幅比例否決，顯示禁酒風潮已深入政府高層；其次，酒精稅收原本占聯邦政府總稅收的 40%，但憲法第十六條修正案授權國家徵收所得稅，讓聯邦政府的施政擺脫酒精遊說團體的羈絆。就是因為這兩件大事件，ASL 眼見機不可失，重新擬訂策略將目標鎖定憲法修正案，發動「下一步也是最後一步」的攻擊。

惠勒為主攻擊手，ASL 花了 3 年工夫，將他從俄亥俄州送進國會。在這 3 年期間，惠勒成為 ASL 的最高領導階層，往來穿梭在俄亥俄州和華盛頓特區的辦公室之間，展示無與倫比的戰略頭腦和遊說魅力，報紙把他稱為「參議員乞求於前的霸凌者」。當他終於踏上國會舞台時，早已掌握嫻熟的斡旋技巧。

不過憲法修正案的門檻極高，必須在國會的每個委員會以三分之二多數通過，以及在 36 個州中超過半數同意。為了達到這個目的，惠勒採用操作弱勢團體的策略，因為他觀察到，假若選票上的選擇只是簡單的「是」或「否」，將無法讓弱勢團體發揮功能，但如果可藉由議題將候選人區分為敵我，那麼這些弱勢團體就可能在小選區中擁有決定力量。哪些弱勢團體可以收編利用？最佳解答是：婦女！

還記得早期倡議節制飲酒的婦女團體 WCTU 嗎？他們同時積極爭取婦女選舉權，卻因此分散了力量。此外，著名的女權運動領袖蘇珊・安東

尼（Susan B. Anthony）在 1850
年代便創立了第一個婦女禁酒
組　織（Women's State Temperance
Society），歷經半個世紀的奮鬥後，
她告訴 ASL：「反對沙龍聯盟成功
的唯一希望，便是將投票權交給女
性。」ASL 的名義領袖波里・貝克
（Purley A. Baker）也同意這一點，
他在 1911 年宣稱婦女的選舉權是
酒類既得利益者的「解毒劑」。兩
個團體結合運動能量，美國女性的
選舉權繼憲法第十八條修正案（即
禁酒令）之後，成為憲法第十九條
修正案，但是比禁酒令晚了一年半
通過（1920 年 8 月 18 日）。

蘇珊・安東尼 Susan B. Anthony（圖片取
自美國國會圖書館館藏）

　　當然，婦女團體不是 ASL 唯一的聯盟，惠勒為了達成「讓美國乾涸」
的目的，拉攏了許多叫人不以為然的盟友。他們早先與西方民粹主義
（Western populists）合作，確保所得稅修正案的通過；另外在南方州與種
族主義者站在一起，因為後者最大的惡夢便是一手拿著酒瓶、一手拿著選
票的黑人。除此以外，其他禁酒團體也紛紛放下對立情結尋求合作：福音
派神職人員因信仰而支持禁酒，他們認為酗酒給貧民帶來毀滅性的影響，
因此與社會改革者簽署協議；3K 黨也有反酒情結，他們仇恨產製酒精的
移民族群，因而與左派「世界產業工人組織」（Industrial Workers of the
World, IWW）握手言和，而 IWW 認為酒精是一種資本主義武器，讓勞
動階級陷入糜爛而不自知。

　　阿拉巴馬州的代表里奇蒙・霍布森（Richmond Hobson）於 1914 年向

眾議院提出《霍布森決議》（Hobson resolution），禁止在美國生產、銷售、運輸和進口任何酒類飲料，從條文來看，正是憲法第十八條修正案的前身。經過上述「乾涸部隊」互相結盟的努力，表決時獲得半數以上眾議員的支持，雖然未超過三分之二多數，卻已取得灘頭堡的勝利，先是阿肯薩斯和南卡羅來納州（1915）宣布禁酒，風頭逐漸轉向，讓原本有些搖擺不定的政治人物紛紛倒戈。

　　1916 年的大選等同決戰，ASL 派出大量公關人員及講師全國巡迴演講，等到選舉日當天，「我們知道已經贏了，」惠勒在 10 年後回憶這一場戰役：「（聯盟）為國會候選人制定了一個前所未有的掩護炮火」。全國每一個州的反對聲音都被打敗，密西根、蒙大拿、南達科他、內布拉斯加和猶他州等幾個北方州直接投票禁酒，另外 23 個州剛當選的國會議員也遞交禁酒提案，風吹草偃下，就只差臨門一腳。

✂ 愛酒 VS 愛國？入憲的臨門一腳 ✂

喝啤酒就是賣國？一戰時期的反德風潮

　　德克薩斯州的參議員莫里斯・薛帕德（Morris Sheppard），畢業於耶魯大學，研究莎士比亞文學，進入參議院之後與惠勒並肩作戰，成為進步領導人物之一。他認為酒精對窮困和未受過教育的族群最是危險，因此在國會宣誓就職後不久，便提出了後續成為憲法第十八條修正案的提案。可惜這個提案在參眾兩院都沒被表決通過，惠勒因而轉向大多數政治人物認為更為艱難的方式：贏得全國四分之三州的支持來通過憲法修正案，也就是至少 36 個州。

　　令許多人驚訝的是，這個策略以驚人的速度前進，展現了 ASL 多年來龐大的組織動員力量。但除此之外，1913 年通過的所得稅法，讓聯邦財政擺脫了酒稅的羈絆，而女權主義者所推動的社會改革又具有政治合理

性，但真正的臨門一腳，卻與政治無關——或是說與美國的政治無關，而是在歐陸發生的第一次世界大戰。

ASL 如何利用第一次世界大戰來實現其終極目標？答案是為數眾多的德裔美人。在 1910 年的人口普查中，超過 900 萬的受訪者將德語作為他們的第一語言，這個比例相當高，占了全美人口總數的 10%。

當 1914 年一次世界大戰爆發時，由於戰場遠在歐陸，美國政府採中立立場，大眾也普遍容忍德國移民對德國的支持。但是美國在 1915 年對德宣戰後，民心轉向不再支持德國移民，進而仇視德裔啤酒商，認為這些釀酒商暗中顛覆盟軍。前威斯康辛州副州長約翰・斯特蘭奇（John Strange）在 1918 年 2 月的演講中，為這種仇視和恐懼做了個簡要總結：「我們在大西洋彼岸有德國敵人，國家內部也有，我們最危險、最奸巧的德國敵人，便是居住在我們國家中的 Pabst，Schlitz，Blatz 和 Miller（德國普遍姓氏）」。

德裔美人由於與啤酒產業關係深厚，一直以來便是反對禁酒的一方，其中成立在 1901 年的「全國德美聯盟」（National German-American Alliance, NGAA），主要的力氣都在反對禁酒運動，因此在一片反德聲浪下，參議院對 NGAA 展開調查。不過在調查結果尚未公佈前，德國移民已經被視為人民公敵，除了 14 個州禁止在學校教授德語之外，愛荷華州直接宣布在公開場合使用德語為違法行為，波士頓地區更禁止公開演奏貝多芬的音樂，而

一次大戰節約糧食的宣傳海報（圖片取自美國國會圖書館館藏）

著名的德國泡菜只能被改稱為「自由捲心菜」（liberty cabbage），激進盲目的民眾連德國品種臘腸犬（dachshunds）也不放過，許多報紙都刊登臘腸犬被槍殺或被石頭砸死的消息。至於國會的初步調查結果顯示，NGAA 的資金大部分來自大啤酒商，且啤酒產業正秘密在幾個城市收購主要報紙媒體，因此喝啤酒也成為不愛國的象徵。

除了針對德裔的種種惡行，糧食的限制也造成重大影響。戰爭期間歐陸各國的穀物生產下降，必須仰賴美國和加拿大供應，因此美國在 1917 年 8 月制定《食品和燃料管制法》（Food and Fuel Control Act），禁止使用任何穀物來生產蒸餾烈酒。1917 年 12 月總統簽署了另一項公報，禁止啤酒商製作超過 2.75% 酒精度的啤酒，軍營四周為禁酒區，另外根據《選擇性服務法》（Selective Service Act），禁止販賣酒類給穿著制服的軍人。

上述這些法案的實施時間雖然已經接近一次世界大戰的尾聲，但是從後知後覺的觀點來看，卻是為禁酒令做準備，因為即使是停戰後的 1918 年 11 月，仍為了儲存穀物而通過臨時性的《戰爭禁酒法》（Wartime Prohibition Act），禁止銷售超過 1.28% 的酒類飲料，這個法令在 1919 年 7 月 1 日生效後被稱為《乾涸優先法》（Thirsty-First）。

禁酒大勢底定

從以上的態勢來看，全美禁酒的民心向背已經十分清楚了，因此參眾兩院於 1917 年 12 月 18 日提出了第十八條修正案，聽證會也在 1918 年 9 月 27 日展開。等到內布拉斯加州於 1919 年 1 月 16 日以 96 票對 0 票壓倒性的通過了禁酒提案，全美的禁酒州已達 36 個，正式超過 48 個州中的四分之三門檻，憲法修正案於焉成立，並於隔年的 1 月 17 日生效。

以下是乾涸州的正式批准日，按時間先後順序排列，最終僅有康涅狄格和羅德島州抵死不從：

順序	州	時間	順序	州	時間
1	Mississippi	1/7/1918	24	Washington	1/13/1919
2	Virginia	1/11/1918	25	Arkansas	1/14/1919
3	Kentucky	1/14/1918	26	Illinois	1/14/1919
4	North Dakota	1/25/1918	27	Indiana	1/14/1919
5	South Carolina	1/29/1918	28	Kansas	1/14/1919
6	Maryland	2/13/1918	29	Alabama	1/15/1919
7	Montana	2/19/1918	30	Colorado	1/15/1919
8	Texas	3/4/1918	31	Iowa	1/15/1919
9	Delaware	3/18/1918	32	New Hampshire	1/15/1919
10	South Dakota	3/20/1918	33	Oregon	1/15/1919
11	Massachusetts	4/2/1918	34	North Carolina	1/16/1919
12	Arizona	5/24/1918	35	Utah	1/16/1919
13	Georgia	6/26/1918	36	Nebraska	1/16/1919
14	Louisiana	8/3/1918	37	Missouri	1/16/1919
15	Florida	9/27/1918	38	Wyoming	1/16/1919
16	Michigan	1/2/1919	39	Minnesota	1/17/1919
17	Ohio	1/7/1919	40	Wisconsin	1/17/1919
18	Oklahoma	1/7/1919	41	New Mexico	1/20/1919
19	Idaho	1/8/1919	42	Nevada	1/21/1919
20	Maine	1/8/1919	43	New York	1/29/1919
21	West Virginia	1/9/1919	44	Vermont	1/29/1919
22	California	1/13/1919	45	Pennsylvania	2/25/1919
23	Tennessee	1/13/1919	46	New Jersey	3/9/1922

第十八條修正案因受到明尼蘇達州眾議員，也是國會司法委員會主席安德魯‧福斯德（Andrew Volstead）的強烈支持，因此又稱《福斯德法案》（Volstead Act）。條文很長，但主要為：

① 在本條款核准 1 年後，禁止在美國及其管轄的所有領土內製造、銷售、運輸、進口或出口酒精類飲料。（After one year from the ratification of this article the manufacture, sale, or transportation of intoxicating liquors within, the importation thereof into, or the exportation thereof from the United States and all the territory subject to the jurisdiction thereof for beverage purposes is hereby prohibited.）

② 國會和州政府有權通過適當的立法來執行本條款。（The Congress and the several States shall have concurrent power to enforce this article by appropriate legislation.）

③ 國會提交本法條予各州政府之日起 7 年內，州立法機構必須依憲法規定批准本法條為憲法修正案，否則本法條無效。（This article shall be inoperative unless it shall have been ratified as an amendment to the Constitution by the legislatures of the several States, as provided in the Constitution, within seven years from the date of the submission hereof to the States by the Congress.）

✄ 麻木的酒界大佬們 ✄

讀到這裡的讀者應該會感覺奇怪，那些威士忌巨頭們，無論泰勒上校或是布朗‧福曼，不是號稱政商關係良好、動輒可遊說國會通過自己想要的法案嗎？為什麼在這一場禁酒戰役中居然無聲無息的打不還手、罵不還口呢？

1919 年禁酒令前擠滿顧客的紐約某間酒吧 （圖片取自美國國會圖書館館藏）

你為什麼沒感覺？

確實，這些烈酒大佬們似乎末梢神經麻痺了，不僅反應遲鈍，連出擊的力道也非常軟弱。當禁酒聲浪已經達到沛然莫不可禦的 1910 年，喬治‧布朗——歐佛斯特品牌的創造者，才以個人名義出版了一本《聖經否認禁酒》（The Holy Bible Repudiates "Prohibition"'）的小冊子。在這本小冊的第 104 頁，布朗列舉了所有《聖經》中有關葡萄酒和飲酒的章節，並加上自我的詮釋，指出適量飲酒是一件上帝的恩寵，而且他還觀察到在《聖經》裡，吃豬肉比飲酒更罪不可赦，所以，為什麼不禁食豬肉？

其實「禁酒」從頭到尾都不受普羅大眾歡迎，畢竟美國仍是一個超級嗜酒的國家，但作為一場運動，從前面章節可知，透過嚴密的組織、堅定的決心、單一目標和政治計算，居然化不可能為可能，應該是所有烈酒商始料所未及的。便以喬治‧布朗自費出版的小冊子而言，禁酒團體發行的刊物和動員的媒體何止千千萬萬，那本小冊丟入書海猶如滄海之一粟，幾乎掀不起一絲波瀾。

商業競爭兩敗俱傷

但最主要的原因還是烈酒商們內鬥內行、外鬥外行，彼此間的商業競爭從「鍍金年代」開始便一路纏鬥，直到 1909 年塔夫總統公告了威士忌的定義方告止歇，無暇他顧下錯過了第一時間的反擊。除此之外，烈酒商與啤酒商在面臨外敵時也出現問題。在南北戰爭之後，為酒稅問題原本齊心協力一起奮鬥，但節制飲酒運動逐漸轉變為禁酒運動之後，彼此的合作關係開始分裂。對啤酒業者而言，他們自認生產的飲料酒精度較低，所以只需「節制」即可，無須被禁，美國最大的啤酒釀造公司 Anheuser-Busch 創辦人之一阿道夫・布希（Adolphus Busch）便揚言烈酒是「最糟糕也是最廉價的調和物」，相較之下，啤酒是「輕淡且健康的飲品」。布希最終死於肝硬化，顯然這番話對他本人或禁酒團體都毫無說服力。

絕大多數的烈酒商對禁酒運動都嗤之以鼻，他們認為既然最大宗的聯邦稅收來自酒稅，政府絕不可能放諸水流，所以一方面有恃無恐，一方面掉以輕心，完全不顧因烈酒衍生的諸多社會問題。沒想到聯邦政府在 1913 年通過所得稅法後，從此擺脫了酒稅的牽制，而在社會議題上，WCTU 或 ASL 之所以拿沙龍為抗爭對象，就是因為沙龍不僅與賭博、毒品、性交易脫離不了關係，背後的黑道和暴力更是層出不窮，根本就是都市毒瘤。

這一點其實酒商也心知肚明，由於外界觀感不佳，部分烈酒商刻意隱藏起來，不打名號不做品牌，甚至某肯塔基州的酒商在 1911 年寫信給國會，建議為了改良形象，蒸餾者願意提供資金作為改革學校教育、稅務以及公共工程建設之用。這些建議雖然可發揮正面助益，卻是跟和喬治・布朗的那本小冊子一樣，晚了 10 年，禁酒運動早已席捲全美、勢不可擋。

✕ 走私與黑幫：私酒之王雷穆斯 ✕

弔詭的是，美國憲法第十八條修正案只限制生產銷售端的行為，包括製造、銷售、運輸、進口或出口酒精類飲料，但並未禁止飲用，導致民眾在禁令生效之前，早已想盡辦法囤積酒精飲料。為了執行禁令，美國政府

1923 年公開銷毀私酒（圖片取自美國國會圖書館館藏）

指派海岸巡防署（U.S. Coast Guard Office of Law Enforcement）、財政部賦稅署（U.S. Treasury's IRS Bureau）以及法務部（U.S. Department of Justice Bureau）等三大單位共同負責，但從一開始，公眾便普遍存在貧富差異的質疑，因為禁令僅對窮困的勞工階級有效，至於富裕的上流階級，他們直接將酒類專賣店、沙龍或批發商所有的酒全數搬空，存放在自家闢建的儲酒室，幾乎不受禁令的困擾。

舉例而言，簽署修正案的第二十八任威爾遜總統（Woodrow Wilson），在 1921 年卸任時，將放在白宮的酒全數搬回華盛頓州家中，而繼任的哈定總統（Warren G. Harding）則很有默契的把他家藏酒搬進白宮。所謂上行下效，「想辦法取得」以及「如何儲藏酒精」這兩件事自然蓬勃的往地下發展。

便因為如此，禁酒令成為好萊塢樂此不疲的題材，如歷年來的百大黑幫史詩電影《教父 II》（1974），充滿柔情、背叛、悔恨、贖罪的兄弟電影《四海兄弟》（1984），描繪芝加哥惡名昭彰的卡彭老大的《鐵面無私》（1987），講述 1930 年代聞名的超級罪犯 John Dilinger 的《頭號公敵》（2009）等；近年的影集，則有 2010 ～ 2014 年間播放的《海濱帝國》。這些影片，都以 1920 至 1930 年代為時間背景，黑幫、走私者、政治人物和執法人員交錯成一篇一篇精彩的故事。據說費茲傑羅（F. Scott Fitzgerald）著名的小說《大亨小傳》中，神秘的百萬富蓋茨比便是以號稱「私酒之王」（King of the Bootleggers）的喬治·雷穆斯（George Remus）為靈感來塑造。

雷穆斯的崛起

什麼是 Bootleggers？這個字來自私釀猖獗的英王喬治三世（1738～1820）統治時期，當時的走私者習慣將走私物品藏在掩蓋到腿部的大靴子（boot）裡，從此成為私酒販者的代名詞。以販賣私酒著稱的雷穆斯，其快速發跡和殞落的故事比好萊塢還要戲劇化，更可以當成禁酒令下美國社會的縮影。

在禁酒令生效前，雷穆斯是一位在芝加哥執業的律師，專門為包括走私販等刑事罪犯辯護，平均每年可賺進 5 萬美元，相當於今天的 60 萬美元，收入著實不差。只不過他生性貪婪，每每在法庭上看到那些不入流的客戶們從口袋

走私長靴　（左：取自美國國會圖書館館藏）（右：攝於 Oscar Getz 威士忌博物館，由 Alex Chang 提供）

裡掏出一捆一捆的鈔票當庭付清保釋金，讓他猛吞口水之餘，也立下「有為者亦若是」的鴻高大志，當禁酒令生效後，他發現機會來了！

依私有財產制，過去酒商所生產的烈酒仍屬於酒商所有，政府不得沒收，但酒商也不得販賣，導致約 2,900 萬加侖的存酒散落在郊區的倉庫裡，不過很快的政府將這些酒桶集中並派人看守。雷穆斯打的主意不是偷酒（雖然後續因存酒不足確實也偷了傑克丹尼酒廠的酒），而是鑽漏洞，根據修正案，醫療用酒並未被禁止，任何人只要拿著醫師（包括牙醫、獸醫）處方簽就有權利購買酒精，每個人每 10 天可取得 1 品脫（約 568 毫升）100 proof（50%）的酒，如果醫生夠力，還可以買到和禁酒令前一模一樣的優質波本，只是酒標上會註明「醫療用」。

合法販售醫藥用酒的公司總共只有 6 間，包括百樂門、法蘭克福、軒利、

A Ph. 史迪佐（A Ph. Stitzel Distillery）、美國醫藥烈酒（American Medicinal Spirits，後來更名為國民蒸餾 National Distillers），以及詹姆湯普森及兄弟（James Thompson and Brother，後來更名為格蘭摩爾 Glenmore Distillery）。由於在禁酒令下，其他所有酒商的蒸餾執照都被取消，也不得對外販售，為了生計，只能將存酒出售給上述 6 家公司。在這種情況下，這 6 家公司除了廉價取得其他酒商的存酒之外，也藉機買下知名品牌，譬如以「威士忌信託」起家的美國醫藥烈酒公司便一口氣買下了 58 個品牌。

這 6 家公司只准許販售，同樣不得生產，但這項規定執行到 1928 年之後，由於所有的存酒幾乎耗盡，政府同意他們先試生產 300 萬加侖的酒，而後逐漸放寬。顯然這 6 間公司在禁酒令期間已經取得先機，也準備充分的製酒能量，等禁酒令一廢止，立即成為新紀元的大酒商。

雷穆斯年輕時曾在叔叔經營的藥局打工，擁有藥劑師執照，因此醫療用酒在他眼中根本就是一扇方便門，法條中的大漏洞。他先搬到辛辛那提居住，因為這座城市的方圓 300 英里內就集中儲存了全美 80% 的酒，然後一口氣花錢買下包括傑克丹尼等 10 間酒廠和品牌，同時也在肯塔基州買下一間藥店，從此大大方方以核准的文件從政府的倉庫提領幾千箱的酒，再賣給各式各樣的「病人」。

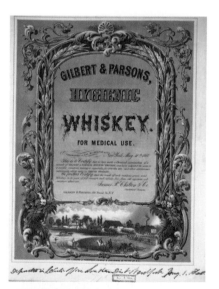

醫藥用酒廣告（取自美國國會圖書館館藏）

上述方式尚屬合法，但如果提領文件不夠充分，那麼賄賂亦是常事，他也曾利用虹吸管原理偷取傑克丹尼倉庫裡的酒（如同電影《天使威士忌》的劇情）。為了獲取更大的利益，他還自導自演暗中派人「搶劫」自己的運酒車，高價賣到黑市，面對執法人員的詢問則一問三不知。利用這種模式，短短 3 年內便賺進了 4,000 萬

美金元，在禁酒令初期根本無人能比。相對之下，電影喜愛描述的芝加哥黑幫大佬艾爾・卡彭（Al Capone）在禁酒令初期，還只是犯罪集團頭目強尼・托里奧（Johnny Torrio）手下的保鏢和雜工。

此外，為了經營政商關係，雷穆斯透過律師朋友接近美國司法部長，以及時常與美國總統哈定一起打牌喝酒的政治人物，包括他的禁酒令執行長。哈定總統是一個眾所皆知的嗜酒之徒，謠傳雷穆斯便是他源源不絕的波本供應商。

買了這麼多重保險之後，被稱為「私酒之王」的雷穆斯自恃安全無慮，時常在他的「大理石宮殿」（Marble Palace）豪宅舉辦盛大的派對，怪不得成為《大亨小傳》的人物原型。1921 年的除夕夜，他邀請一百對具有聲望的夫婦來到豪宅，徹夜狂歡後，醉醺醺的賓客不願離開，集體向雷穆斯索討新年禮物。雷穆斯叫他的僕人們收拾賓客的衣物，帶領所有人來到大門前，閃耀著露珠晨光的草坪上，停放著 100 輛嶄新的汽車！

私酒之王雷穆斯的奢華報導（取自美國國會圖書館館藏）

入獄、爭產、殺妻，大亨末路

雷穆斯的保護傘並沒有完全發揮功效，樹大招風又夜路走多下，從 1922 年開始被司法部盯上，經調查後判刑 2 年。此時的雷穆斯並不太在

意，以為他的政商關係仍足以發揮保護功效，所以好整以暇的將事業交給妻子伊莫珍‧霍姆斯（Imogene Holmes）掌管，並打點好監獄，笑稱將趁著入獄期間減肥。

雷穆斯在監獄裡結識了好友佛蘭克林‧道奇（Franklin Dolge），竟然推心置腹的吐露他所有的財產都在老婆手中，但萬萬沒想到，這位道奇先生是司法部的臥底，取得珍貴的消息後，馬上出獄並藉機接近伊莫珍。出乎預料的是，兩人居然一見鍾情，上了床滾了床單，如膠似漆打得火熱。狠心的伊莫珍不僅將雷穆斯申請的假釋案丟在一邊不管，更在他服刑期滿的前 2 天訴請離婚。火大的雷穆斯一出獄，還沒來得及去興師問罪，又因舊案被抓回去多關一年，就在這一年期間，道奇辭去司法部的公職，利用雷穆斯先前的核准文件，與伊莫珍一起幹起了私酒生意。

戴了綠帽又被擺道的雷穆斯，在監獄裡便聽說道奇和伊莫珍買通殺手打算把他除掉，假釋出獄後，一狀告上伊莫珍，檢舉她用虹吸管手法偷竊傑克丹尼的存酒，同時也設法先下手為強的暗殺姦夫淫婦。只不過在離婚協議時，雙方都擺出大陣仗人馬，找不到下手良機，好不容易發現伊莫珍和女兒搭計程車外出，逮到機會的雷穆斯趕緊開車攔阻，伊莫珍被擋下後棄車逃逸，雷穆斯追了上去，掏出槍緊緊抵住伊莫珍的腹部，不顧伊莫珍的苦苦哀求開了一槍，伊莫珍送醫急救無效，香消玉殞。

眾目睽睽犯下殺人案的雷穆斯立即投案自首，可想而知的，他的律師以「暫時性的精神異常」來進行辯護，而陪審團居然買單，讓雷穆斯無

'BOOTLEG' KING KILLS WIFE

George Remus, millionaire Cincinnati "bootleg king," shot his wife to death in a Cincinnati park a few hours before their divorce suit was to have been heard in court. After the shooting Remus surrendered to police. Remus and Mrs. Remus are shown above.

雷穆斯殺妻案（取自美國國會圖書館館藏）

罪釋放。步出法庭後，雷穆斯打算重操舊業，但發現已經時不我與了，不僅儲酒倉庫被看守得更為嚴謹，醫藥用酒的市場被軒利公司的羅森斯泰爾等人壟斷，連黑道生意也被卡彭等後起之秀霸占，只得黯然遷居到肯塔基州，度過他往後 20 年的生活。

✄ 道高一尺、魔高一丈 ✄

禁酒令從開始就注定要失敗，因為純粹是政治算計而非民眾的自主行為，所以百年來的飲酒習慣不可能因一紙命令就從此戒斷。美國人有多嗜酒？從統計數字來看，平均每人每年消耗的酒類（含威士忌、啤酒、蘭姆酒、琴酒和葡萄酒）如下：

◎ 1870 年：7.7 加侖

◎ 1880 年：8.79 加侖

◎ 1890 年：13.21 加侖

◎ 1900 年：17.76 加侖

◎ 1914 年：22.5 加侖

22.5 加侖有多少？約相當於 85 公升，也就是每個人每天平均喝下超過 230 ml. 的酒精飲料。而且即便在節制飲酒運動甚囂塵上的二十世紀初，平均飲酒量依舊不斷上升，依照這種態勢，禁酒令施行前應該超過 90 公升（～ 250 ml./ 人 / 日），相當驚人。

養出「史詩級」的黑道大亨

由於酒精代表了龐大的利益，金賓酒廠的第六代掌門人布克・諾伊（Booker Noe）和野火雞酒廠的前一代掌門人吉米・羅素（Jimmy Russell）聊起往事，他們時常在夜黑風高的晚上看到掛著伊利諾州車牌的黑頭車，從芝加哥開到波本威士忌的重鎮巴茲敦（Bardstown），離開時，車體重了

俱樂部。1920 年代尾的《Foutune》雜誌便曾報導，某間 Speakeasy 的年營業額超過 50 萬美金，在當時已經是一所大型企業，當然，背後的黑白兩道都必須好好打點。

由於來源不同，Speakeasy 提供的酒類品質不一，端視老闆的後臺及手腕。劣質酒調和了大量甲醇、木精醇等有毒物質，喝多了可能喪命；如果老闆的後臺夠硬（通常表示黑道勢力夠大），可以弄到品質極佳且品牌名聲響亮的好酒，但普遍而言也充斥著混充好酒的偽造劣酒。

走私者的海岸線── Rum row

1924 年海岸巡防署查獲 Rum Runner 的私酒 （圖片取自美國國會圖書館館藏）

來自海外的走私酒為躲避查緝，先以大貨船運送到公海上停泊，再利用舢舨、小艇摸黑搶灘偷渡進入美國，停泊的位置稱為 Rum row 或 Rum line（也有一說是大貨船拋錨的位置稱為 Rum Line，而小船聚集等待接應之處則稱為 Rum Row），而利用這種方式的走私客則稱為 Rum runner。

顧名思義，一開始走私的酒類以蘭姆酒為主，Rum row 主要位在佛羅里達州外海或是墨西哥灣，但接下來來自歐洲和加拿大的私酒越來越多，

Rum row 擴大到全美海岸線，自然也包括了所有的酒種。其中從歐洲運送過來的威士忌、干邑、白蘭地、琴酒、香檳等酒類，先運到巴哈馬、百慕達、古巴、牙買加等加勒比海島集中，而後利用註冊的貨船駐錨在紐澤西、舊金山、維吉尼亞、紐奧爾良等地的外海，美國海軍也因而派出 20 艘驅逐艦加入海岸巡邏隊以遏制走私。

最有名的 Rum runner 非威廉·麥考伊（William " Bill " McCoy）莫屬，據說一開始他駕駛著快速帆船，將 1,500 箱烈酒從巴哈馬運到喬治亞州的薩凡納（Savannah），單趟便賺進了 15,000 美元。不久之後，麥考伊買了第二艘船，繼續從事走私生意，將裸麥、愛爾蘭和加拿大威士忌大量的送進美國。為了躲避官方查緝，麥考伊還發明了將 6 瓶酒綑綁成三角柱形，以方便堆疊在甲板下方空間的方法，稱為 ham 或是 burlock，有時候 ham 裡面塞滿粗鹽，一旦遇到查緝，馬上把這些 ham 丟進水裡沉下，等到查緝船離開，鹽慢慢溶解 ham 就浮了上來，便可以重新撈回上岸，這種手法也在電影《四海兄弟》中重現。

只不過夜路走多了遲早會遇上鬼，麥考伊終於在 1923 年遭逮捕，在監獄裡服刑 9 個月後，他金盆洗手退隱江湖，在佛羅里達州從事房地產的正當生意。電影《幸福綠皮書》（Green Book）中主角喜愛的蘇格蘭調和式威士忌品牌《順風》（Cutty Sark），據說也是由麥考伊接應，但時間有所不符，因為當 BBR 於 1923 年創造出這個品牌時，麥考伊已經銀鐺入獄。

另外一位著名的 Rum runner 是號稱「Rum Row 女王」或「巴哈馬女王」的葛楚德·利絲戈（Gertrude Lythgoe）。她在禁酒令之前原本為進口商工作，禁令發布後，雇主把她送到巴哈馬去安排烈酒的進口及轉運，銷售對象就是麥考伊等人。新聞報導喜歡將她推舉為名流，不過她總以為多行不義必自斃，而且擔心被黑道殺害，所以 1925 年便離開了這行業，而後安享往後的近 50 年餘生。

　　美國的公海範圍在 1924 年以前是 3 海里，而後修改為 12 海里，顯然就是為了 Rum row 而擴張，而美國海軍與海岸巡邏隊聯合緝查後，也立即發揮極大的嚇阻力量。根據一份 1926 年的報導，長島和紐澤西外海的 Rum row 船隻，從最盛時期超過 100 艘，減少到僅存 4、5 艘。

❊ 沒有酒精的明天不會變好——廢止禁酒令 ❊

失敗的實驗與經濟大蕭條

　　禁酒令被視作「高貴的試驗」（Noble Experiment），耗費社會及經濟資源去考驗、對抗人類最基本的欲望，結果除了讓黑幫、走私、政商勾結導致社會動盪不安之外，其他尚未探討的影響層面也十分廣，包括：

◎ 財政：若以 1920 年的烈酒稅 1.1 元／加侖來計算，聯邦政府每年短收 5 億美元的酒稅，另外還得花費 4,000 萬美元來執行禁令，州政府的損失也大略相同，形成一個財務大洞，必須另覓財源來填補。

◎ 農業：過去農民種植的大麥、小麥、玉米、裸麥等多餘農作，原本可供製酒，禁酒後則無處消化。堪薩斯州的參議員 Arthur Capper 本來是個堅定的禁酒人士，在禁酒令施行 5 年後告訴《紐約時報》，穀物農作價格大跌，每年損失超過 2,000 萬美元，農民被迫改種其他種農作物，有近 100 萬農民失業。

◎ 商業：製酒產業的影響最直接，包括啤酒和烈酒釀製商，另外還包括裝瓶包裝廠、酒標印製廠、卡車及火車運輸業、木桶製造商、行銷、廣告、經銷盤商和沙龍、酒吧、俱樂部、旅館、專賣店和銷售商等，數百萬人瞬間失業。

　　以上各層面影響導致眾多的失業人口，除了無法創造經濟產值之外，還造成經濟負擔和壓力。這股壓力逐漸擴大，到了 1929 年 10 月 29 日，走了 10 年牛市的華爾街終於大崩盤，紐約證券交易陷入瘋狂拋售的漩

渦中，道瓊工業指數在一天之內就暴跌 1/3，接下來的 2 年指數持續下探，最終跌到只剩下 1 成，成千上萬的股市投資人眼睜睜地看着他們一生的積蓄如泡沫般消失。

股市崩盤只是起點，經濟一開始也只是衰退，幾間銀行倒閉、失業人口增加，但逐漸的連街角小販也失去工作，銀行持續倒閉，聯合農工商業的失業大軍形成一股向下沉淪的漩渦，讓全國經濟一步步的走向大蕭條。為了挽救本土產業，胡佛總統簽署了《斯姆特－霍利關稅法案》（The Smoot-Hawley Tariff Act），針對進口商品課予重稅，但其他國家為了報復這種片面的貿易壁壘，同樣也提高關稅，國際貿易因而萎縮，進而讓全球捲入不景氣的循環中。

在這種情形下，非法酒吧生意反而越來越興隆，但是犯罪的型態改變了，拜工業進步和道路闢建之賜，開著車、拿著機關槍的歹徒應運而生，他們誕生於本土，不拉幫結派，與愛爾蘭裔或義大利裔的黑幫畫清界線，快速移動、飄忽不定的在各州各郡各鄉鎮搶劫銀行，得手後躲藏在鄉間，讓追捕的警方大為頭痛。這時候最著名的搶匪莫過於《我倆沒有明天》的邦妮和克萊德（Bonnie and Clyde），1967 年的電影中由英俊瀟傻的華倫・比提（Henry Warren Beatty）和美艷的費・唐娜薇（Faye Dunaway）主演，兩人把犯罪電影提升到浪漫悲劇層次。尤其是清瘦高挑的費・唐娜薇在片中穿著裙擺飄搖的迷地長裙，手持衝鋒槍毫不眨眼劫掠殺人，成為叫人難忘的經典畫面。而確實，在兩人橫行的當時，許多農民因無力償還貸款或利息導致農田被銀行沒收，在他們眼中，銀行根本就是恃強欺弱的惡霸，而這些搶劫銀行的搶匪搖身一變成為濟弱鋤強的俠盜羅賓漢。一般民眾則守著收音機，滴水不漏的收聽搶劫銀行的消息，成為許多家庭最大的娛樂，也讓這些搶匪更為知名。

總而言之，禁酒令與大蕭條形成骨牌效應，摧毀了經濟社會結構，得一直等到 1932 年小羅斯福總統（Franklin D. Roosevelt）推行新政，提供失業救濟並改革經濟和銀行體系，美國的經濟才慢慢復甦。

廢除禁酒令的推手

就由於負面影響如此巨大，禁酒令到了非改革不可的時候，而相對於推動禁酒令的舵手韋恩・惠勒（他於 1927 年去世，所以看不到一手催生的法案被廢除），廢除禁酒令也有一位重要的人物，而且叫人非常訝異的是一位女性：寶琳・沙賓（Pauline M. Sabin）。

沙賓女士於 1887 年出生在芝加哥一個富有的政商世家，父親為老羅斯福總統的海軍部長，埋下了她政治生涯的種籽，也因此日後在政治上非常活躍。她在 1919 年協助成立「共和黨全國女性俱樂部」（Women's National Republican Club）並擔任主席，招募了大量女性會員並發揮極強的募款能力，而後於 1923 年被選為「共和黨全國委員會」紐約州的第一位女性代表。

其實沙賓一開始贊同禁酒，因為她「為兩個年幼的兒子著想，期盼一個沒有酒精的世界會更為美好」。但是禁酒令實施後，她發現並沒有人真正在乎這個法案，政治人物表面上高喊禁酒，半小時後躲進小房間裡啜飲著波本閒聊，這種表裡不一的社會現實手法讓她大感衝擊。更何況禁酒之後的社會並不符合美好的想像，不僅黑道橫行、走私猖獗，而且酒精壓根到處都找得到。在這種情況下，她的小孩反而「成長於一個完全無視於法律和憲法的世界」，因此她的禁酒心態從 1926 年開始轉變，質疑政治人物的「偽禁酒」，兩年後更公開贊成廢除。

寶琳・沙賓 Pauline M. Sabin 與先生
（圖片取自美國國會圖書館館藏）

雖說如此，她依舊加入 1928 年赫伯特・胡佛（Herbert Hoover）的競

選陣營，胡佛當選美國第三十一任總統時的就職演說，誓言要更嚴厲的加強禁酒，果然在隔年立即通過提高罰則的法案。至此沙賓再也看不下去了，辭去黨代表，從此一心一意的推動憲法修正案。

沙賓在 1929 年於芝加哥成立「全國改革禁酒婦女組織」（Women's Organization for National Prohibition Reform, WONPR），核心成員都是產業界重要人物的妻子，包括杜邦企業創辦人的夫人。這些上流社會女性的形象具有指標意義，吸引大批媒體報導而形成時尚，進而吸引中產階級的婦女紛紛仿效加入 WONPR，短短 2 年內，會員人數爆炸性的成長為 150 萬人，幾乎是「婦女基督節制飲酒聯盟」（WCTU）的 3 倍。這一點其實有些諷刺，同樣是婦女，居然站在敵對的兩端，一方持續宣揚飲酒導致家暴以及力爭平權，另一方則要求廢除禁酒。但或許是因為在這數十年間，社會變革讓婦女的地位有了翻轉，沙賓等人所代表的新女性成為獨立象徵，而舊思維下的家庭婦女已經追不上時代腳步了。

沙賓後來回憶，當她在國會辦公室聽到 WCTU 的人員「謹代表全國女性同胞……」力陳酒精之惡時，感覺十分刺耳，決定全力推動廢除運動。

婦女組織的新任務：廢止禁酒令　（圖片取自美國國會圖書館館藏）

　　她深入研究 WCTU 的訴求，偷取 WCTU 的策略和行動步驟，盡可能的爭取其他聯盟的合作和支持，短時間內便讓 WONPR 成為全國最大的反禁酒團體。身為主席，沙賓認為有義務增加 WONPR 在媒體上的曝光度，所以她在 1932 年登上《時代》雜誌的封面，一舉將她反禁酒的形象推上高峰。事實上，媒體需要一個具有話題的公眾女性，她也因此成為媒體寵兒、鎂光燈的焦點。

憲法第二十一條修正案

　　對反禁酒運動來說，1929 年以降的經濟大蕭條可說是臨門一腳，沙賓努力宣揚廢除禁酒可帶來立即的財政好處，包括省下每年 4,000 萬美元的執行費用，遑論大筆稅收，這些金錢收益除了可用來支付新政的支出，也可用於打擊黑幫犯罪。國會以及各州議員逐漸被沙賓的言辭說服，來自威斯康辛州的參議員約翰・布萊恩（John J. Blaine）於 1932 年 12 月 6 日提案，經國會審議，修改及多次激烈的言辭辯論後，隔年的 2 月 20 日國會以 289 對 121 票表決通過，正式提出憲法第二十一條修正案。

　　這項提案的通過方式與禁酒令相同，都是以獲得四分之三多數州的同意做為門檻。從 2 月開始，歷經 9 個多月後，在 12 月 5 日猶他州投下同意票，憲法第二十一條修正案正式獲得通過。以下是同意修正案的各州，按時間先後順序排列：

順序	州	時間	順序	州	時間
1	Michigan	4/10/1933	19	Tennessee	8/11/1933
2	Wisconsin	4/25/1933	20	Missouri	8/29/1933
3	Rhode Island	5/8/1933	21	Arizona	9/5/1933
4	Wyoming	5/25/1933	22	Nevada	9/5/1933
5	New Jersey	6/1/1933	23	Vermont	9/23/1933
6	Delaware	6/24/1933	24	Colorado	9/26/1933
7	Indiana	6/26/1933	25	Washington	10/3/1933
8	Massachusetts	6/26/1933	26	Minnesota	10/10/1933
9	New York	6/27/1933	27	Idaho	10/17/1933
10	Illinois	7/10/1933	28	Maryland	10/18/1933
11	Iowa	7/10/1933	29	Virginia	10/25/1933
12	Connecticut	7/11/1933	30	New Mexico	11/2/1933
13	New Hampshire	7/11/1933	31	Florida	11/14/1933
14	California	7/24/1933	32	Texas	11/24/1933
15	West Virginia	7/25/1933	33	Ohio	11/27/1933
16	Arkansas	8/1/1933	34	Kentucky	12/5/1933
17	Oregon	8/7/1933	35	Pennsylvania	12/5/1933
18	Alabama	8/8/1933	36	Utah	12/5/1933

　　除了以上 36 州，緬因州（12/6/1933）及蒙大拿州（8/6/1934）也隨後同意，南卡羅來納州（12/4/1933）則投下反對票，北卡羅來納州（11/7/1933）拒絕保留考慮權，至於剩下的 8 個州（喬治亞、堪薩斯、路易斯安那、密西西比、內布拉斯加、北達科他、南達科他和奧克拉荷馬州）沒有任何表決行動。

　　美國至今為止一共通過了 33 條憲法修正案，第二十一條是唯一 1 條「廢除先前修正案」的修正案，因最早是由布萊恩參議員所提出，所以又稱為《布萊恩法案》（Blain Act），主要條文只有 3 條：

　　① 廢除憲法第十八條修正案。（Section ① The eighteenth article of amendment to the Constitution of the United States is hereby repealed.）

　　② 若違反當地法令，則禁止運輸或進口酒精類飲料到美國的任一州、領地或屬地。（Section ② The transportation or importation into any State, Territory, or possession of the United States for delivery or use therein of intoxicating liquors, in violation of the laws thereof, is hereby prohibited.）

　　③ 國會提交本法條予各州政府之日起 7 年內，州立法機構必須依憲法規定批准本法條為憲法修正案，否則本法條無效。（Section ③ This article shall be inoperative unless it shall have been ratified as an amendment to the Constitution by conventions in the several States, as provided in the Constitution, within seven years from the date of the submission hereof to the States by the Congress.）

Heaven Hill 的發展歷程（攝於 Oscar Getz 威士忌博物館）

✂ 解放新大陸？百廢待興的開放初期 ✂

　　不知讀者們是否記得電影《四海兄弟》中極經典的一幕？在現場演奏的
送葬曲中，4 名穿著黑色西服、神情肅穆的壯漢，抬著一具裝飾成棺木的
大蛋糕緩緩走入會場，側邊寫著 Prohibition。隨即樂風一轉，成為歡樂的

爵士樂，Fat Moe's speakeasy 的老闆拿刀剖開蛋糕分給大家，圍觀的紳士淑女們手舞足蹈的高聲大笑，舉起手中的香檳互相敬酒，而寫在棺木上的「禁酒令」便是被送葬的主角了。

進口酒搶占灘頭堡

1933 年 12 月 5 日下午 5 點 32 分又 30 秒，廢除禁酒令的法案正式通過，從開始到結束，禁酒令總共維持了 13 年 10 個月 18 天 7 小時又 27 分鐘。這個天大的好消息透過廣播、號外向全美大放送，所有在禁酒期間非法營業的 Speakeasy 早就準備好了，嗜酒之徒群聚在酒吧內，就等收到消息後大肆狂歡作樂，似乎一夕之間，任何民眾都可以上街買到想喝的酒，但，果真是如此嗎？

錯！如果讀者仔細審閱美國憲法第二十一條修正案的內容，將會發現聯邦政府並沒有權力要求州政府廢止禁酒令，而是將權限下放到每一州的郡／縣政府，也就是說，地方政府有權決定是否持續禁酒。就因為如此，波本的故鄉肯塔基州到了 1960 年代，全州 120 個郡／縣當中還有 86 個郡／縣維持「乾涸」；即使到了 2022 年的今天，依舊還有 19 個郡／縣不准販賣酒類。同樣情況也發生在田納西州，傑克丹尼酒廠所在的林奇堡不准販賣酒類也不足為奇。因此在 1933 年，雖然有 36 州同意廢除禁酒，但只有 20 個州完成立法，可立即販售酒類飲料，至於其他州並不急，因為如何規範酒廠、製作和販賣，如何重新發放執照和課徵酒稅等問題，都有待聯邦與地方政府協商。

酒稅的稅率是個大議題，因為聯邦政府心知肚明私酒販者在禁酒令廢除之前，已經秣兵厲馬了很長一段時間，他們大約有 4,000 萬到 5,000 萬加侖的烈酒可立即投入市場。相較之下，管制在聯邦政府手中的存酒並不充足，只有約 1,000 萬加侖的威士忌和 200 萬加侖的其他烈酒，兩方抗衡的實力十分懸殊。

　　為了解決這個問題，參議院的財政委員會和籌款委員會（House Ways and Means Committee）馬上召開聯合聽證會，但難以取得一致結論。假若稅率過高，勢必讓民眾投向私酒懷抱，但如果降低酒稅，又課徵不到合理稅收，而且依舊無法遏止私酒的傾銷。當然也有人提議讓私酒合法化，不過站在小羅斯福總統打擊非法的新政立場下，這項提議很快的被否決。吵吵鬧鬧了好幾天，最終定案的稅率為 2 美元／加侖（聯邦稅與州稅合計），相同的稅率維持 4 年。

　　啤酒、伏特加及琴酒因無需陳年，所以生產速度快，可暫解民眾之渴，但波本威士忌無法在短期內產製，與彈藥充足的私酒準備量比較，政府倉庫內的存酒僅為需求量的 1/4，唯一解決的辦法就是進口。新成立的聯邦酒精管制局（Federal Alcohol Control Administration, FACA）宣布從加拿大、義大利、法國、西班牙、英國、德國、日本、荷蘭、葡萄牙、希臘，甚至中國進口總共約 600 萬加侖的酒類，用來彌補合法酒精存量的不足，這些酒包括 3,314,400 加侖的威士忌、147,500 加侖白蘭地、40,600 加侖蘭姆酒、99,000 加侖琴酒，其他則是葡萄酒、香檳和甜酒等。

　　酒精出口國早已蠢蠢欲動，其中又以西班牙行動最快。馬德里的西班牙葡萄酒學院（Spanish Wine Institute）在禁酒令廢除前一個月，便先寄出大量的宣傳小冊，盼望能在乾涸的美國大地搶占灘頭堡。可惜美國人對葡萄酒的興趣不大，讓蘇格蘭和加拿大威士忌後發先至，在禁酒令廢除後的第一年，從這兩地進口的威士忌就超過 2,000 萬加侖。

製酒產業的洗牌與整併

　　小羅斯福總統在競選時，便將廢除禁酒令作為力挽經濟的良方，同時以加強對國際酒類的採購當作誘餌來吸引外資。當選之後，為了實踐競選承諾，他以美國的奶油、肉品等物資和英國交換蘇格蘭威士忌，同時降低關稅以打擊非法私酒，更不遺餘力的加強查緝。根據聯邦酒精菸草稅務局（Federal Alcohol and Tobacco Tax Division, FATTD）的統計，單單在 1935

年就查獲 15,712 座非法蒸餾器，而且
一直到 1942 年，每年平均都可查獲
11,000 座。

在美國釀製私酒的確是門大生意，無
論 FATTD 如何加緊查緝，民眾依舊躲
在山林裡製酒，而且隨著稅率的提高，
私酒的數量也越來越多。如果讀者們記
憶猶新，一定會記得 Discovery 頻道製作
的節目《私酒大鬥法》，顯然到了威士忌
風潮大盛的今天，釀製「月光酒」的風
氣也跟著提升。

當然，在 1920 年以前發出的蒸餾執照
全數作廢，等到 1933 年之後，有意重啟

被查獲的小型私釀蒸餾器　（圖片取自美國國會圖
書館館藏）

爐灶的蒸餾廠須重新申請，也因此無論是酒廠或品牌名稱都重新洗牌。不
過禁酒令時期的 6 大公司早早搶占先機，其中又以國民蒸餾公司（即早期
的美國醫藥烈酒公司）最是風光，不僅手中存酒占了全美的一半，而且品牌
眾多，股價瞬間從 17 美元／股，飆漲到 117 美元／股。擁有 25% 存酒的
軒利公司也不遑多讓，還取得蘇格蘭「帝王」（Dewar's）調和式威士忌的代
理進口權。

製酒集團儼然成為當時權值最重的藍籌股，而與美國接壤的加拿大可
能是最大獲利者。海倫‧沃克（Hiram Walker）在獲知伊利諾州通過了廢
除命令的 24 小時後，立即宣布在皮奧里亞興建大型蒸餾廠，此舉讓公司
的股價狂漲 27 倍，不久之後，全加拿大也是全球最大的酒業公司施格蘭
（Seagram）馬上跟進。經此整併後，禁酒令時期的六大製酒公司成為「四
巨頭」（Big Four），即國民、軒利、施格蘭以及海倫沃克，加上 2 家較小

的集團百樂門和 A Ph. 史迪佐，仍稱為六大酒廠，不過後兩者的實力和前四大有一段不小的差距。

肯塔基州在禁酒令前，原本擁有約 200 間合法酒廠，禁酒令後恢復生產者不到一半。今日的肯塔基是波本的故鄉，產量占全美波本的 95%，但是在禁酒令之前的產量，大概與賓夕法尼亞州或馬里蘭州相差無幾。只不過東部各州的土地太值錢了，在禁酒期間不可能任之荒廢，早進行土地開發而移作商業用途，因此等到禁酒令廢除，酒廠無法原址重建。相對之下，肯塔基州的酒廠大部分位在郊區，原來的設備蒙塵 14 年後依舊足堪使用，只要人員、技術仍在，復廠不是問題。

禁酒令也讓威士忌種類重新洗牌。由於賓夕法尼亞或馬里蘭等東部各州的酒廠以裸麥為主要原料，因此禁酒令以前全美的波本和裸麥威士忌產量比約為 7：3。等禁酒令廢除後，裸麥威士忌酒廠幾乎全數拆除，產業一蹶不振，加上經濟大蕭條時期實施的《農業補貼法案》（farm subsidy bill），只補償玉米但並未補償裸麥，導致裸麥威士忌從此式微，必須等到 2010 年以後才開始復甦。

野火雞（Wild Turkey）的蒸餾大師艾迪·羅素於 2019 年來台時便提到，2010 年前幾乎沒有人喝裸麥威士忌，因此酒廠每年只空出 2 天來製作，但是到了今天，裸麥鹹魚翻身成為威士忌復古運動中重要的一環，酒廠將產量提升到每個月做 2 天。有趣的是，這一股裸麥復興運動風潮下，不少人宣稱禁酒令前全美的威士忌以裸麥為主，這一點並不符實情。

總而言之，今日我們看到的所有美國威士忌品牌，無論自稱如何傳承歷史、可以追溯到幾個百年以前，又或者擁有多古老的穀物配方，基本上全都是禁酒令以後的產物。威士忌的基因也許深植在酒廠的血脈裡，所有的傳統都應給予尊重，不過卻無法複製禁酒令以前的風味，因為穀物不同、酵母菌株不同，製程設備或多或少也都不同。

✄ 酒商的共識 ✄

內規形成：約束酒類廣告

當老酒廠復廠、新酒廠成立，美國威士忌產業開始呈現欣欣向榮的景象。不過美國民眾歷經近 14 年的乾涸，口味喜好上有了改變，不再獨鍾需要長時間熟陳的威士忌，白色烈酒如伏特加、琴酒或棕色烈酒中的蘭姆酒，也侵入美國人民的生活。面對這種內憂外患的情況，威士忌產業除了改變穀物配方和製程，製作出較為清淡的威士忌之外，也痛定思痛的反省禁酒令的肇因和先前的亂象，共同商議制定內規，以扭轉大眾對烈酒的負面印象，更防止禁酒浪潮捲土重來。

這份內規稱為《責任飲酒實踐守則》（Code of Responsible Practices），在 1934 年初通過，主要包括以下 6 點：

① 禁止利用廣播方式進行酒類廣告，以避免酒類訊息入侵家庭、讓婦女或兒童能輕易的接收。

② 禁止使用婦女或兒童的形象作為酒類廣告。

③ 禁止於星期天的報紙刊登酒類廣告以避免導致反感。

④ 禁止提及酒類對人身物理上的影響，無論是直接或間接的方式。

⑤ 禁止使用武裝的軍警形象或武器圖片進行酒類廣告。

⑥ 禁止在廣告中提及專賣店或零售商的名稱。

上述內規很快的在全美施行，仔細審閱內容可以發現，這些約束已經很接近今天對酒類廣告的限制了。

外部限制：全新燒烤橡木桶

首先是販售容器問題。過去威士忌以整桶買賣為主，顧客到酒吧去購買

單杯或自備容器「打酒」，這一點與大西洋彼岸的英國類似，不過也讓不肖店家有了加水摻料等做假的機會，一些規矩作生意的波本業者對此大為抨擊。聯邦政府於 1933 年規定，禁止以「大容器」（in bulk）販賣酒類，必須裝在標準瓶裝容器內販售。所謂的標準容器容量，包括 1/10 品脫（1 品脫=473cc）、半品脫、1 品脫、4/5 夸脫（1 夸脫=2 品脫=946cc）和 1 夸脫，成為今日 50、250、500、750 和 1000 ml. 瓶裝容量的由來。部分州政府允許使用半加侖及 1 加侖的容器，不過大於 1 加侖則完全禁止，如此一來，可大幅減少不肖業者上下其手的機會。

接下來，政府在 1935 年成立了直接隸屬於財政部的「聯邦酒精管理局」（Federal Alcohol Administration, FAA），用以取代缺乏法源依據的聯邦酒精「管制局」，目的是管理禁酒令後的所有酒精類飲品。到了 1935 年，FAA 規定「純波本」（Straight Bourbon）的穀物配方須包含大於 51% 的玉米，而「玉米威士忌」（Corn Whiskey）則需要大於 80% 的玉米，這兩種威士忌的定義範圍，顯然前者大於後者，因此隔年公告的法規中，除了要求當年 7 月 1 日以後生產的威士忌都必須標示熟陳的時間（年）之外，也規定所謂的「陳年」，必須填裝在燒烤過的全新橡木桶之中，但不包括玉米、純玉米、調和式玉米或調和純玉米威士忌。如此一來，波本和玉米威士忌都定義清楚了，但就算到了今天，依舊有許多消費者搞不清楚。

1938 年對美國威士忌產業而言極其重要，因為就在這

FAA 於 1939 年所召開的會議 （圖片取自美國國會圖書館館藏）

年財政部長 Roswell Magill 拍板通過《聯邦酒精管理法》（Federal Alcohol Administration Act），與威士忌息息相關的規範包括：

① 1938/3/1 以後生產的波本、裸麥、小麥和裸麥芽威士忌，都必須裝填在全新燒烤橡木桶（new charred oak）內熟陳；若裝填在二手桶，則必須另作標示「以二手桶陳年 ＿ 年」；

② 入桶酒精度必須介於 80 ～ 110 酒度之間（現行規範為小於 125 酒度）；

③ 1938/7/1 以後的裝瓶，至少必須熟陳 24 個月（2 年）。

這些規定與目前的規範比較，數字上或有些差異，但基本精神相同。不過此時波本威士忌尚未被定義為「美國特色產物」，因此其他國家只要遵照這些規定，都可以生產製作波本威士忌。

有關「全新燒烤橡木桶」的規定，部分資料把它歸功於眾議院籌款委員會（House Ways and Means Committee）的主席維伯‧米爾斯（Wilbur Mills），其實是張冠李戴，因為米爾斯在 1939 年才成為阿肯薩斯州的代表進入國會，剛好比法規通過晚了 1 年。實際情況是，威士忌業界早已肯定全新橡木桶的熟陳效果，但從未被寫入法規，由於阿肯薩斯州擁有超過 300 萬英畝的森林，遍植最適合作為橡木桶材料的櫟木，因此伐木業和製桶業公會在當地具有極大的影響力。此外，密蘇里州和西維吉尼亞州同樣也擁有極豐富的森林資源，因此這幾個州的公會聯合遊說小羅斯福總統，最終獲得立法保障。

除了上述規定，另外一項影響至今但存在極大爭議的變革便是所謂的「三層式」（three-tier system）產銷系統。根據這套制度，聯邦政府下放權力給州政府制訂法規，規定產製、經銷以及零售的三方不得由單一公司或

集團所有，以避免造成如禁酒令前的壟斷獨賣現象。依照這套制度的設計，酒稅其實被剝了三層皮，雖然不致產生壟斷行為，但小型酒廠因缺乏經銷鋪貨管道，只能在酒廠鄰近的市場上架，居住在遠方的民眾很難因為對某一款酒感興趣而要求零售商代購。不過在網路發達的今天，網購已經取代了實體店面，所以這項問題也獲得解決。

✖ 酒廠的復興 ✖

禁酒令後的酒廠分成三大類：第一類是原本便擁有銷售醫藥用酒執照的公司，雖然手中握有存酒，不過陳年時間過長；第二類是重新復廠的老酒廠，他們握有品牌優勢，但是百廢待興；第三類則是看中藍海的新興酒廠，除了必須尋覓建廠資源之外，也必須建立品牌和形象。

四巨頭出現

正如前面章節多次敘述，總部位在美國的軒利及國民蒸餾公司，以及加拿大的施格蘭和海倫沃克，形成禁酒令後的四大酒公司，筆者為他們取了個威猛的名稱「四巨頭」。國民擁有許多知名的老品牌，如老克羅、老泰勒等；施格蘭專擅調和式威士忌，皇冠（Crown Royal）是最暢銷的品牌，讀者們或許記得 2016 年版《威士忌聖經》將「皇冠裸麥威士忌」選為年度最佳威士忌；海倫沃克的「加拿大會所」（Canadian Club）應該是讀者們對加拿大威士忌的最早（可能也是唯一）印象；至於軒利則結合了 4 間大型酒廠，包括費城的軒利、肯塔基州的 George T. Stagg 和 James E. Pepper，以及印第安納州的 Squibb，日後成為全美最大的酒公司。

為了重新建立酒商與政府間的關係，以四巨頭為首的烈酒商組成了蒸餾烈酒協會（Distilled Spirits Institute, DSI）遊說團體，與政府展開各項

談判。只不過這四大烈酒商的CEO 或魅力不足，或存在性格上的缺陷，都無法完全代表組織與政府協商，例如施格蘭是當時全球最大的烈酒商，不過卻註冊在加拿大，而且在禁酒令時期和私酒集團有著纏夾不清的關係；同樣的問題也發生在海倫沃克。國民蒸餾公司的CEO 是耶魯大學畢業的純正盎格魯薩克遜白種人，但能力不足，而且擁有的酒廠與過去的「威士忌圈」醜聞有著密切關係，名聲並不好。

1938 年擔任 DSI 執行長的 Wesley A. Sturgis（圖片取自美國國會圖書館館藏）

如此一來，似乎只剩下軒利的 CEO 羅森斯泰爾最具資格，但是他的發跡史並不光彩，禁酒令期間收購酒廠的行為和「私酒之王」雷穆斯相較其實有過之而無不及，1929 年還曾被起訴，只是沒被定罪。他也和黑幫大佬卡彭有關聯，不過這一點得等到 1970 年代才被人翻出來討論。此外，耳語謠傳裡他還是個雙性戀者，在當時的保守社會裡等同於犯罪，別忘了「電腦科學與人工智慧之父」艾倫‧圖靈（Alan M. Turing）在英國被控「明顯的猥褻和性顛倒行為」罪，而後於 1954 年自殺身亡。

儘管如此，羅森斯泰爾眼光獨到且擁有他人所無的遠見，在禁酒令廢止前已經在加拿大生產波本威士忌，等廢止令生效，他立即將這批威士忌運往美國裝瓶銷售，搶占缺乏陳年波本的市場。此外，他在美國仍缺酒的 1935 年組成軒利國際集團公司開始為外銷做準備，接下來則不斷併購蒸餾廠和製桶廠，在 1954 年達到企業的最高峰。不過公司在 1968 年被惡意收購，再於 1987 年賣給「健力士集團」，1989 年併入聯合蒸餾者公司（United Distilleries, UD），如今則屬於帝亞吉歐所有。

◎史迪佐－韋勒──老爹的工藝改革

2014 年由帝亞吉歐重建的 Stitzel-Weller 酒廠（圖片由 Alex Chang 提供）

同樣是擁有銷售醫藥用酒執照的 A Ph. 史迪佐公司，在禁酒令期間便開始和 W. L. Weller & Sons 公司合作，等到禁酒令廢止，兩家公司合併組成史迪佐－韋勒蒸餾公司，由朱利安「老爹」老凡溫克（Julian "Pappy" Van Winkle, Sr.）擔任公司的執行長。

在此之前，老凡溫克和威士忌產業並無任何淵源，更不是蒸餾者，當初進入酒廠純粹只是擔任行銷業務，卻很快的展現廣告和行銷上的長才，除了推出高酒精度和高年份的酒款，也同時在媒體專欄上以漫畫方式強力推銷。在他的領導下，史迪佐－韋勒採取穩扎穩打的策略，不急著推出僅熟陳 1、2 年的年輕酒，因為他認為 5 ～ 7 年的波本才算熟成。憑這一點，大概可以推知為什麼今天 Pappy Van Winkle Family Reserve 如此一瓶難求，每年發售時立即被搶購一空，價格也立即飆漲。

除了熟陳時間的要求，老凡溫克對產製工藝做了許多改變，包括：

①　穀物配方，使用小麥來替換裸麥。小麥在威士忌產業不算新鮮，
　　但很少酒廠使用，主要是因為酒精產出率低於玉米或裸麥，因此提高

了原料成本。不過小麥的風味輕柔甜美，帶著許多熱帶水果和椰子滋味，不會像裸麥一樣以辛香味為主。

② 為了取得較豐富的滋味，老凡溫克將玉米研磨得更粗一些，不過如此一來糖化效率較差，相對的成本也因而墊高。

③ 橡木桶的板材厚度比一般木桶來得厚，可藉此取得更多的木質風味，進而平衡較甜的小麥。

④ 入桶酒精度較低，需要較多的橡木桶而提高成本，但藉此可在長時間內溫和的粹取木質風味。

⑤ 使用壺式蒸餾器做批次蒸餾，把沿襲傳統的製作方式做為宣傳賣點。

利用以上的原料和製程，100 proof 裝瓶的 Old Fitzgerald BIB （Bottled in Bond）一炮而紅，酒廠也因此被稱為「老費茲傑羅」蒸餾廠。等史迪佐和韋勒兩邊的負責人都去世之後，老凡溫克完全接掌酒廠，1965 年去世後由兒子小凡溫克繼任。可惜不敵 1960 年代底威士忌產業的蕭條而在 1972 年售出，酒廠也正式改名為老費茲傑羅，接下來則是一連串的買與賣，包括 1991 年酒廠正式關閉，不過隔年英國的聯合蒸餾者公司接手後又再度將名稱改回史迪佐－韋勒，等到 UD 被健力士併購成為帝亞吉歐，2014 年投資重建，帝亞吉歐的 CEO 宣稱「我們是 Pappy Van Winkle 的正統繼承者」。

是嗎？ Van Winkle 這個品牌被小凡溫克保留下來，並且在合約中註明保有庫存，而後成立 Old Rip Van Winkle 蒸餾者公司。凡溫克三世在 1981 年接任，於 2002 年與野牛仙蹤酒廠簽訂契約，合作製作 Old Rip Van Winkle、Pappy Van Winkle Family Reserve 等品牌一直到今天。

◎金賓──波本第一家族

金賓酒廠鳥瞰（攝於 Oscar Getz 威士忌博物館）

1920 年的詹姆士「金」賓上校（Colonel James "Jim" Beam）早已過了知天命之年，家族原先經營的蒸餾事業因禁酒令而被迫中斷。酒廠關門之後，家族成員為了謀求生計而四散各地，有人遠赴墨西哥或加拿大繼續從事蒸餾，一部分人聽說果園的生意有前途，所以在佛羅里達州開闢農場種植柑橘，留守家園的老金賓則與子孫承租了一座採石場，改行做石材買賣。

不過賓家族的轉業都不是很成功，採石場生意還好，但遠在天邊的柑橘園根本難以照應，讓金賓上校幾乎破產。不過他並不願意賣掉祖傳的蒸餾廠，耐心等候雲破日開、雨過天晴的一天。據說在禁酒令期間，儘管酒廠停止運作，但金賓上校每星期的週末還是將酵母菌株帶回家中保管，因為他認為只要好好餵養酵母菌，就能維繫酒廠風格。一直到今天，由家族管理者親自保管酵母菌株成了賓家族的傳統。

　　賓家族來自德國，原來的姓氏為 Böhm，大約在十八世紀末遠渡重洋來到美國，為了省下老是需要解釋姓氏的麻煩而改姓為 Beam。家族的第一代雅哥・賓（Jacob Beam）響應湯姆士・傑佛遜的拓荒政策，於 1788 年率領家人從馬里蘭州穿越阿帕拉契山脈，沿著俄亥俄河往西部移動，歷經好幾個月的艱辛旅程，最後落腳於當時仍屬於維吉尼亞州的波本郡。如同許多農民一樣，他們在肯塔基州肥沃的土地上種植玉米和裸麥、興建水力磨坊，為了解決農產過剩的儲存問題，使用玉米、裸麥和麥芽蒸餾威士忌。當時的酒廠稱為 Old Tub，於 1795 年賣出了第一桶酒。

Old Tub 酒廠（攝於 Oscar Getz 威士忌博物館）

　　可想而知的是，這時候所謂的「酒廠」，只不過是以農業為主、蒸餾為輔的農莊經營，且經營規模一直不大。不過第三代大衛・M・賓擁有擴大經營規模的野心，在 1860 年代看準鐵路運輸的未來趨勢，在尼爾森郡（Nelson）設立一間新酒廠，稱為 Clear Spring，同時也引進新科技買入一座連續式蒸餾器，並將他的兒子詹姆斯・金・賓帶入家族企業，也就是後來的金賓上校。金賓上校的女兒嫁給了佛雷德瑞克・布克・諾伊（Frederick "Booker" Noe），他們的孫子佛萊德・諾伊（Fred Noe）目前為金賓的第七代蒸餾大師。

　　就算歷經家族四代經營，蒸餾廠的規模與南北戰後興起的大酒廠相比依舊小得可憐，但是禁酒令之後景象完全不同了，因為所有想復廠的蒸餾廠

全都被砍掉重練，也都站在相同的起跑線上。對於已將近70歲的老金賓來說，無論是採石場或是柑橘園都不是他的專長，他只懂得製酒，一心一意想恢復蒸餾事業，但是缺乏現金，只能對外尋求金援。

金主來自芝加哥，由三人集資，金額不大，總共也不過15,000美金。幸好老金賓有他的一套，他跟兒子傑若米（Jeremiah Beam）在4個月內利用這筆資金整修設備、購買原料，於1934年在Clear Spring附近、距離他們巴茲敦鎮（Bardstown）老家不遠的克萊蒙（Clermont）重建了酒廠，取名為James B. Beam蒸餾公司。

趕上禁酒令後美威和經濟復甦的熱潮，金賓酒廠經營得有聲有色，他們放棄以前的品牌，改用簡單響亮的Jim Beam，與酒廠名稱緊密結合，想法就跟我們熟悉的「單一麥芽威士忌」不謀而合，也讓消費者一看就懂。行銷上，老金賓在部分裝瓶上簽名，宣稱「沒有我的簽名就不真」（None Genuine Without My Signature），把蒸餾者拱出檯面。這些嶄新的作為和美威的興盛，當原來的兩位出資者在1941年獲利了結時，總共賣出了100萬美金，短短7年內獲利近百倍，十分驚人。

賓家族持續執掌酒廠的蒸餾工作，第五代傑若米於二戰後打開了國際通路，並且在1954年以獨資方式興建了二廠，也就是今天的Booker Noe Plant，傳承至今已經是第七代。不過賓家族在美威歷史上被公認為波木第一家族其來有自，因為除了譜系淵遠流長之外，家族成員在不同的酒廠分別擔任重要工作，足以影響整個波本威士忌產業，如：

◎ 金賓上校的堂哥喬瑟夫‧L‧賓（Joseph L. Beam）在禁酒令時期至少插手9間酒廠，包括前面提到的史迪佐－韋勒；

◎ 金賓上校的堂弟喬瑟夫‧賓（Joseph Beam）在1934年成立的天山（Heaven Hill）酒廠擔任蒸餾大師，而且從此以後天山便由賓家族的後代繼承這項工作，一直到2014年才出現第一位非賓家族的蒸餾大師；

金賓酒廠旅客中心展示的家族七代

　　賓家族的故事只是個縮影，代表禁酒令後老店重開的新興景象，當然也充滿資本主義社會下的商業操作，譬如金賓公司在 1945 年被芝加哥的烈酒商 Harry Blum 買下，而後控股公司 American Brands（後來改名為 Fortune Brands）在 1967 年吃下主要股權，並且在 1987 年併購了 National Brands，納入老克羅、老泰勒等品牌，不過後來又將老泰勒賣給賽澤瑞（Sazerac）公司，由旗下的野牛仙蹤酒廠製作。接下來 Fortune Brands 於 2011 年將金賓公司的烈酒部分拆解，2014 年售予日本的三得利，公司名稱也就成為賓三得利（Beam Suntory）。

　　以上這些併來併去的財務和權利交換，外人實在看不出端倪，不過酒廠的蒸餾大師一直由賓家族成員擔任，號稱波本威士忌產業的第一家族，很顯然是為了維繫傳承。沒錯，在動輒百年歷史起跳的產業中，「傳承」不僅僅是風格、風味的延伸，更是故事行銷中不可或缺的一環，這一點，讓禁酒令後的新酒廠找到了契機。

◎天山──浴火重生

夏皮拉（Shapira）五
兄弟原本在路易維爾經
營連鎖商店生意，禁酒
令後發現新藍海，儘管
他們當時「壓根無法
分辨木桶和木箱的差
異」──天山酒廠的大
老闆於創廠 75 年後坦
承；但是他們知道到
哪裡去找製酒專家來

灌注第 50 萬桶威士忌的夏皮拉五兄弟（圖片取自 Heaven
Hill 官方網站）

幫忙。眾所皆知，巴茲敦鎮上擁有最佳蒸餾技術的唯有賓家族，所
以夏皮拉兄弟找到喬瑟夫‧賓（Joseph Beam，也是金賓上校的大
堂弟），請他擔任酒廠的蒸餾大師，同時也聘請了幾位賓家族成員，
於 1935 年在鎮上成立新酒廠，開始了他們的蒸餾事業。

但是有能力製酒也確實做出好酒，並不
代表行銷上能夠成功，對美國威士忌產業
而言，一間缺乏歷史傳承的新酒廠，很難
說服消費者買單，因此夏皮拉兄弟當務之
急是尋找歷史歸屬，至少讓消費者產生酒
廠已經存在百年的印象，他們找上了威廉‧
海文希爾（William Heavenhill）。

威廉的故事具有傳奇性，他的母親在
1783 年時，因躲避印地安人的攻擊而躲進
森林裡，而後在瀑布後方生下了他。長大
的威廉臉上蓄了一部威武的大鬍子，在自
己的農莊作農場蒸餾，而這座農莊就在天

威廉‧海文希爾 William Heavenhill
（圖片由 Alex Chang 提供）

山酒廠附近，成為夏皮拉兄弟延伸酒廠歷史的依據。不過他們原先構想的
酒廠名稱是 Heavenhill，但是在登記時，填寫蒸餾執照的公務員寫錯了，
將 Heavenhill 分開為兩個字 Heaven Hill，由於重新登記需要再花 10 美元，
乾脆將錯就錯的登記為 Old Heaven Hill Springs，成為今日的天山酒廠。

Old Heaven Hill Springs 蒸餾廠（圖片由橡木桶洋酒提供）

　　天山從創廠之初便自行生產，而後逐漸購買某些知名品牌或是創造自
我品牌，譬如買下「錢櫃」（Elijah Craig）以及創造出「伊凡威廉」（Evan
Williams），為了增加收益，也將原酒售出給他廠品牌，藉由品牌行銷及
OEM 策略讓酒廠逐漸壯大。可惜 1996 年發生一場大火，總共燒毀了 9
萬桶存酒，占了當時全國波本儲量的 2%，同時也燒出環境保護的大問題：
消防用水混合了酒液流入廠邊的溪流，污染水源、衝擊鄰近生態。自此以
後，痛定思痛的天山將倉庫分散到州內各地，避免集中，筆者造訪肯塔基
州時，道路旁時時可見高掛「天山」招牌的白色倉庫，以綠草藍天為底，
十分賞心悅目。

　　題外話，威士忌的儲酒倉庫全都是易燃物，歷年來不時因雷擊等因素而發生火災，累積許多經驗後，消防處置也有了新的 SOP。2019 年金賓酒廠發生大火，總共燒毀了 45,000 桶酒，但消防員不再針對起火的倉庫灑水灌救，而是防止跳火延燒到其他倉庫，一方面酒精燃燒救無可救，二來避免污染廠房鄰近水源，或滲入地下或經由溪流導致污染擴大。

　　浴火重生的天山酒廠並未停止擴張的腳步，1999 年從帝亞吉歐手中買下 Bernheim 酒廠成為主要的生產廠，執行所有的糖化、發酵和蒸餾作業，為全美產量最高的單一酒廠，至於熟陳、裝瓶和運銷則由位在巴茲敦鎮的舊廠負責。廠內的蒸餾大師從創廠開始便由賓家族成員擔任，從 Joseph Beam、他的兒子 Harry Beam、堂弟 Earl Beam、Parker Beam，一直到 2017 年 Craig Beam 離開為止，但酒廠依舊由夏皮拉家族經營，成為全美最大的家族酒廠，也擁有全美第二多的波本威士忌庫存（第一名當然是賓三得利）。

歷史是門好生意──新興酒廠的傳承行銷

　　天山酒廠的夏皮拉兄弟並不是第一個使用「傳承」作為行銷利器的酒廠，但因為非常成功，導致相同的手法不斷的被其他酒廠複製，譬如：

◎ 布雷特（Bulleit）於 1987 年由湯姆・布勒（Tom Bulleit）所創造，品牌名稱來自他的曾曾曾祖父 Augustus Bulleit 於 1830 ～ 1860 年創造發行的波本，穀物配方含高裸麥比例。施格蘭集團在 1997 年買下了品牌之後，將穀物配方交給印地安那州羅倫斯堡（Lawrenceburg）的 MGPI（Midwest Grain Products of Indiana）製作──請大家熟記 MGPI 的名字，因為這是全美最大的 OEM 製酒廠。到了 2000 年，施格蘭將部分飲料事業連同布雷特賣給了帝亞吉歐，帝亞吉歐保留這個品牌，但是交給四玫瑰酒廠製作，所以目前我們看到的布雷特是來自四玫瑰，風味、歷史和百年多前的 Bulleit 毫不相干。不過帝亞吉歐在 2017 年終於在肯塔基州的 Shelby 郡興建

了全新的 Bulleit 蒸餾廠，決定自行製作威士忌，預計年產量達 180 萬酒度－加侖。

◎ 當 Templeton 裸麥威士忌在二十一世紀初於愛荷華州上架時，他們告訴消費者這款酒的品牌是在禁酒令時期，由愛荷華州 Carroll 郡的農民製作，供應給芝加哥和堪薩斯城的地下酒吧，而且還深獲黑幫大佬艾爾‧卡彭的喜愛。不過他們沒告訴消費者的是，這款酒並不是在愛荷華州製作，而是從印地安那州的 MGPI 買來。因為行銷廣告爭議引發訴訟，2015 年起，酒標被迫移除了「Prohibition Era Recipe」字樣，增加「distilled in Indiana」小字，同時很有良心的付費回收 2006 年以後生產的酒，並且進行愛荷華州的建廠計畫，在 2018 年宣布蒸餾廠興建完成，未來的酒都會在愛荷華州製作。預計 2022 年開始發行。

◎「酩帝」（Michter's）酒標上有個很顯眼的「1753」，指的是賓州農夫 John Shenk 利用小型蒸餾器以裸麥為原料製酒的那一年。根據歷史學家考證，這座農場製作的酒可能在獨立戰爭時供應給喬治‧華盛頓的軍隊，也就是 Michter's 行銷所宣稱的「溫暖了美國獨立戰爭的威士忌」（the whiskey that warmed the American Revolution）。Shenk's 酒廠（當時的農場蒸餾實在很難稱為「廠」）在十九世紀中被買走並改稱為 Bomberger's，而烈酒商 Louis Forman 在禁酒令後的 1942 年買下 Bomberger's，並且在 1951 年，以兩個兒子 Michael 和 Peter 名字的一部分創造出 Michter's 品牌，只不過因經濟因素到 1978 年才上架，同時也將公司名稱更改為 Michter's Distillery, Inc.。但是公司經營得不是很好，1989 年破產倒閉，品牌也跟著消失，一直等到威列特公司（Willett，或大眾熟知的 Kentucky Bourbon Distillers, KBD）於 1990 年代才重新將酩帝上架，而瓶中酒液則來自肯塔基州其他酒廠（從未說明）。當品牌形象逐步建立之後，KBD 終於在 2015 年興建了 Michter's 酒廠，位於路易維爾市 Shively 區，但無論如何都與賓州已廢棄的 Michter's 毫無關係。

✍ 二次大戰 ✍

　　詹姆士·瓊斯於 1962 年出版的小說《紅色警戒》（The Thin Red Line）裡，描述美國士兵在第二次世界大戰末期，與日軍在所羅門群島中纏鬥幾個月的慘烈「瓜達康納島戰役」（Guadalcanal Campaign）。在小說家描述的殘酷戰爭中，精疲力盡、物資缺乏的美軍士兵們幾乎什麼都喝，包括含有酒精的鬚後水，以及將魚雷燃料的變性劑（denaturant）過濾後飲用，道盡了精神折磨下對酒精的渴望。這部小說改編成電影於 1998 年上映，曾獲得柏林影展金熊獎，並於隔年入圍 7 項奧斯卡獎。

獻給希特勒的雞尾酒

　　禁酒令後的美國威士忌產業，好不容易重整旗幟、再度出發，所有適用於今日的規範都已經準備就緒，酒廠產製的新酒也逐漸熟成。但世界局勢詭譎多變，中日在 1937 年 7 月盧溝橋事變後全面開戰，德國於 1939 年 9 月 1 日入侵波蘭，英國和法國對德宣戰，第二次世界大戰於焉爆發。

　　遠在大西洋彼岸的美國在戰爭初期保持中立，但不久之後修訂中立法案，同意提供中國和西方盟國軍事物資，而後也同意英國購買美國的驅逐

艦，並禁止運送鋼、鐵、機械零件和石油到日本，同時要求日本撤離法屬印度支那。雖說如此，因戰火遠在天邊，大部分的美國民眾仍反對直接干預歐陸和中國的軍事衝突。不料日本因戰爭物資日益短缺，出兵占領菲律賓、印尼等美、英、荷殖民地，同時判斷遲早必須對英美開戰，先下手為強的在 1941 年 12 月偷襲珍珠港。措手不及的美軍遭受重大打擊，從中立改為參戰立場，而歐陸的軸心國也對美國宣戰，美國從此捲入歐洲戰場。

戰爭生產委員會（War Production Board）立即控制全美的酒精產業，要求過去生產飲用酒精的酒廠更改為產製 190 酒度的工業酒精。根據戰後統計，戰爭期間總共生產了 17 億加侖的工業酒精，而烈酒蒸餾廠則貢獻了 44%，其他則來自原本的酒精工廠或進口。

大家有所不知，工業酒精的戰爭用途極廣，每製作 1 顆 155mm 榴彈砲殼便需要 1 加侖的酒精，而組裝一輛吉普車也需要 23 加侖酒精。以下是所有工業酒精的主要去向統計：

威士忌蒸餾廠轉換生產 190 proof 工業酒精（圖片取自美國國會圖書館）

◎ 12.0 億加侖：用於製作輪胎、管線及降落傘等所需的合成橡膠

◎ 2.0 億加侖：製作火藥及槍砲彈藥

◎ 1.26 億加侖：製作寒帶地區運輸及作戰車輛所需的抗凍劑

◎ 1.15 億加侖：製作南太平洋群島作戰用於防止生鏽所需的油漆以及防蟲藥

◎ 0.66 億加侖：製作四乙基鉛用來與汽油混合調製成便宜的高辛烷值汽油

◎ 0.75 億加侖：空軍戰機所需的塑膠類製品

◎ 0.3 億加侖：醫藥用途

怪不得二次大戰中，威士忌產業將工業酒精稱為「獻給希特勒的雞尾酒」（cocktails for Hitler）。

一手蒸餾，一手製作盤尼西林

由於工業酒精的需求量大，轉型後的酒廠比戰前更為忙碌，不過也不是所有的酒廠都能轉型，高酒精度的酒精必須利用多層蒸餾板的連續式蒸餾器才能製作，小酒廠缺乏這種設備，又無法取得足夠的穀物來繼續產製飲用酒精，只能關門或被大酒廠收購，形成產業的再次整併。

軒利蒸餾公司的羅森斯泰爾最具有遠見，在美國參戰前，已經先預測酒精需求量將不減反增，因此擁有化工背景的他改良了柱式蒸餾器，以成本更低、效率更高的方式製作大量工業酒精，而且在愛國主義的趨使下，不藏私的把這項發明提供給其他酒廠使用。他還要求酒廠的化學專家協助製作盤尼西林等藥物，因為產製這些藥物需要培養黴菌，與酒廠培養酵母菌所需要的設備相似。

至於威士忌倒也不是完全停止生產，在 1942 ～ 1946 年期間，無分大小酒廠每年可獲得相同配額的穀物進行 3 次生產，每次一個月，但這種產量遠趕不上消費需求，只能仰賴國外進口。只不過英國同樣因限制穀物使用而缺酒，少量的威士忌運送途中也被德國的 U 型潛艇擊沉，以致美國報紙每日報導威士忌的庫存量，有如國安危機一般；且儘管酒稅從 1941 年的 3 美元／加侖漲到戰爭結束時的 9 美元／加侖，恐慌又口渴的消費者依舊見酒就買。

為了提供軍需，威士忌玻璃瓶重新設計以減少玻璃用量，運送用的木箱也改用回收瓦楞紙。此外，由於廠內年輕的勞工被徵調前線，又必須日以

繼夜的生產，以致人力嚴重短缺，只得雇用婦女和黑人來補足。軒利公司再次展現愛國情操，對於那些原先在酒廠內工作但被徵召從軍的勞工，依舊每月付出一筆工資給勞工家庭，也允諾軍人返鄉後可恢復廠內的工作，不致被戰時招募的婦女和黑人勞工所取代。

以愛國之名，屯酒居奇

雖然軒利這種大型酒廠的愛鄉愛土精神令人敬佩，卻也是暗藏私心。就在 1944 年，記者揭開酒廠內幕，許多大酒廠短報存酒量，謊報的數量僅及產量的一半，顯然是為了戰後市場而囤積居奇。國會的司法委員會根據報導展開調查，發現由 57 間酒廠連署、並由蒸餾烈酒學會（DSI）刊載於報紙上的廣告，刻意誤導消費者以為威士忌大缺貨，目的在於控制價格，其中調和式威士忌的價格遠遠超過實際成本，譬如軒利推出的「Three Feather」是戰時最大的威士忌品牌，但瓶中僅有 5% 是陳年波本，剩下的 95% 全是中性酒精，甚至因缺乏穀物，這種中性酒精是以馬鈴薯或糖蜜來製造。真正有價值的陳年波本都被酒廠藏起來，打算等戰後再大發利市，又由於四巨頭擁有全美 70% 的威士忌庫存，可預期會壟斷市場。

只不過這份調查報告似乎激不出漣漪，美國民眾對於酒的渴求遠遠超過追究酒廠的詐欺行為，市場缺酒的情況也不因這份報告的曝光而獲得改善，在此情況下，來自南方美墨邊界的白色烈酒逐漸引起注意。這種酒一開始被稱為「仙人掌酒」（cactus wine），不過很快的，消費者明瞭它的正確名稱是「龍舌蘭」（tequila），但是對於使用龍舌蘭（agave）這種奇特的植物所釀製的酒，心態上保持觀望，甚至擔心是否將取代威士忌。但無論如何，龍舌蘭的風潮開始興起，舔一口手背上的鹽巴再吸吮檸檬角，而後一口乾下 shot 杯裡的龍舌蘭，這種痛快的喝法逐漸在酒吧流行，形成所謂的「墨西哥騷動」（Maxican itch），並且在 10 年後風靡全美。

但是當「可疑的」龍舌蘭還沒被廣為接納時，口渴的美國人唯一能找上的替代品只有蘭姆酒，幸虧加勒比海群島皆未捲入戰爭，能將這種便宜酒

源源不絕的運往美國，銷售量在 1941 ～ 1945 年間上漲 3 倍。「百加得」
（Bacardi）品牌原本在禁酒令時期已經偷渡美國而闖下名號，二戰期間更
是知名度大開，美國的大酒廠為了拓展國際業務，積極的搶奪代理權，但
最終還是由軒利公司拿下全美的代理及經銷。軒利挾美國最大酒公司的優
勢，將百加得鋪往全美各地，同時努力宣揚穀物是戰爭物資，改喝蘭姆酒
是愛國行為云云，一時之間，十八世紀獨立戰爭前美國人最喜愛的蘭姆酒
又再度受到歡迎。

各式各樣的百加得蘭姆酒（圖片由喜寶國際提供）

　　不過再怎麼說，威士忌仍是「國酒」，酒廠的產量永遠無法滿足消費需
求，而月光私酒問題也依舊猖獗。某間位在華盛頓特區的酒類專賣店在聖
誕節前貼出公告，告訴顧客即將發售 8,000 瓶的波本和裸麥威士忌，為了
搶購為數不多的酒，瘋狂的顧客在 12 月底的低溫下排了長長的隊伍等待
10 小時，就和我們現在常見的排隊人龍一樣難以理解。海倫沃克集團在芝
加哥的經銷代表曾告訴記者：「假如商店裡買不到奶油，民眾會體諒這是
戰爭期間；但如果買不到威士忌，他們會認為身處地獄。」

❧ 戰後的復甦與併購浪潮 ❧

1945 年 4 月，義大利法西斯領導人墨索里尼被反抗軍擊斃，2 天後希特勒自殺，軸心國部隊紛紛向盟軍投降；5 月 7 日盟軍攻入柏林，隔天德國正式簽署「無條件投降書」，5 月 8 日成為二次大戰的歐戰勝利紀念日。到了 7 月，盟軍領袖在德國召開波茨坦會議，要求日本無條件投降，但日本遲未回應，因此美國分別在廣島和長崎投下原子彈，日本於 8 月 15 日宣布投降，9 月 2 日在美國「密蘇里號」戰艦上簽署降書，綿延 6 年的第二次世界大戰正式宣告結束。

代表終戰最著名的照片，可能是刊登在《Life 雜誌》的封面上，一位海軍水手在紐約時代廣場前扶著一位彎身後仰的護士熱情親吻的照片，但是大概沒人留意，遠方模糊的背景是由霓虹燈環繞的四玫瑰。當年的四玫瑰屬於加拿大的施格蘭集團，但幾年後施格蘭停止在美國發行而轉向海外，並且在日本獲得極大的成功。今日的四玫瑰已屬日本麒麟啤酒公司所擁有，但同時也返回美國市場，歷史的確充滿許多轉折和弔詭。

愛國主義之後的商業廝殺

戰後的威士忌產業逐漸步入坦途，部分返鄉軍人重新投入蒸餾工作，但穀物原料存量不足，蒸餾設備也得改建，有將近一年時間的空窗期才能恢復正常生產。某些尚未放棄掙扎的禁酒人士趁此大聲疾呼，穀物應該優先用來餵養豬牛，以供應戰後需要休養生息的民眾，而威士忌的遊說團體則辯稱糟粕比生穀物更適合作為動物飼料。但這些小顛簸並未阻止產業發展和時代巨輪的滾動，威士忌也為戰後經濟重啟擔負了重責大任。

只不過戰爭中受愛國主義驅使而齊心協力的酒廠，戰後馬上為搶奪市場而相互競爭，而且因應戰時民眾口味的變化，也面臨路線之爭。軒利、

史迪佐－韋勒、金賓和天山堅持生產滋味豐厚、需要長時間熟陳的純威士忌，而施格蘭則延續戰時的生產模式，以調和式威士忌為主，至於其他酒廠大多採兩邊站的策略。結果證明純威士忌是大贏家，市占率從 1946 年的 12% 上升到 1955 年的 40%，調和威士忌則從 88% 降到 60%，不過考慮戰後純威士忌嚴重不足，這個統計資料有其時間上的必然。

戰後產業最大的變革，或威脅，是大者恆大的市場法則。戰時許多小型酒廠已經不支倒地，勉強生存下來後又進入弱肉強食的競爭叢林，在勞動力和原料都不足的情況下，勝算其實不大。1933 到 1958 年間，全美的酒廠從 130 間減少到 76 間，集團化現象越來越明顯，我們熟悉的四巨頭便占據了四分之三以上的市場。但是集團與集團之間同樣互相吞食，在同樣的時間區間，110 個集團銳減為 35 個，大型集團如四巨頭，對經濟的影響力已經擠身為全美前十大企業，與通用汽車等大型公司並肩，《Fortune》雜誌甚至稱酒業巨人就如同銀行一樣大到不能倒。

麥迪遜廣場公園旁建築上的軒利廣告（圖片取自美國國會圖書館館藏）

這一波整合浪潮與美國戰後的經濟相互呼應，除了相互併吞，也開始跨產業間的組合與重整。同樣以四巨頭為例，「國民」持續製作包括老克羅、老泰勒等 55 種威士忌品牌，但是也花費近億美元投資化工業，並且將公司名稱更改為「國民蒸餾及化學公司」（National

Distillers and Chmical Corporation）；同一時間施格蘭跨足石油探勘，軒利則另外分出化妝品及藥品部門，各大集團毫不停歇進化的腳步。

　　但大型酒業集團也未放棄併吞小酒廠和小品牌，而且一旦吃下後，立即停止銷售這些品牌，目的在於縮減市場上的品牌數量，集中力氣以塑造明星商品。另一方面，當集團掌握大部分的品牌時，集團與集團之間開始互相交換，譬如某集團手中威士忌品牌較多，但缺少琴酒品牌時，便與另一家擁有較多琴酒但缺少威士忌的集團交換。道瓊公司（Dow Jones & Company）發行的《巴隆週刊》（Barron's）於 1954 年便提到：「與汽車、啤酒和香菸產業一樣，威士忌產業趨向集中在少數品牌，目前最大的酒業集團已經控制了 75% 的美國市場，而最暢銷的前 5 大品牌銷售量也占據所有品牌的 40%」。

小酒廠的生存競爭

　　雖說如此，少部分的小品牌依然健在，如史迪佐－韋勒、金賓、天山，不僅沒被打倒，市占率還逐年升高，似乎代表著拓荒精神的重現，但也可能只是待價而沽。舉金賓為例，自從在 1945 年被芝加哥的烈酒商 Harry Blum 買下之後，90% 的主力放在金賓單一品牌，但業績蒸蒸日上，到 1950 年代已經進化成中等規模的酒廠。根據《巴隆週刊》於 1958 年的報導，金賓出乎所有人預料，成為純威士忌中銷售量排名第三的品牌，Blum 家族即

1935 年興建，1992 年關閉，而後在 2014 年重建的史迪佐－韋勒蒸餾廠（圖片由 Alex Chang 提供）

便持續抓緊這隻金雞母，但是 1967 年卻轉售給紐澤西的 American Brands 公司，交易價格多少無從得知，但 Blum 家族的獲利應該十分驚人。

　　確實，當品牌的後人基於種種原因而無心經營時，把它讓售給其他公司反而可以延續品牌壽命。四玫瑰的瓊斯家族繼承了這個品牌後，必須繳交大筆稅金，因此於 1942 年以 4,200 萬美金賣給了施格蘭。當時美國剛剛捲入二次大戰、時局相當緊張，因此這筆交易相當可觀，讓瓊斯家族獲得豐厚的報酬，而四玫瑰也得以繼續存在。

　　不過並非所有的酒廠、品牌都作如是想，在 1960 年代，市場上可以看到數百種品牌，但如果追溯這些品牌背後的持有者，可以發現其數量屈指可數。司法部對於這種行為當然不以為然，國會的司法委員會在 1952 年為酒業壟斷現象召開聽證會，會中小酒廠慷慨陳詞，力陳他們已面臨背水一戰，若非戰敗屈服，便是直接陣亡。老溫克斯聲淚俱下的痛罵大型酒公司根本就是詐欺慣犯，盡其所能的壓縮小酒廠的生存空間，他指出四巨頭擁有全國 14 座製桶廠裡的 8 座，顯然就是讓小酒廠沒有橡木桶可用。

　　老溫克斯就如同胼手胝足開墾土地的辛勤農人，好不容易建立家園，卻因為道路或其他建設的要求，逼迫他出售土地，這一點，他打死都不願意。但是當他在 1965 年去世後，酒廠由兒子小溫克斯接手，雖然想盡辦法守護家園，但是史迪佐－韋勒的另一位出資者迫使他以 2,000 萬美金將酒廠售予 Norton Simon，而後再多次轉手，最終還是在 1991 年關閉。今天史迪佐－韋勒的品牌繼續在野牛仙綜和天山酒廠釀製，而且這些酒款就

酒標上的老溫克斯 pappy Van Winkle
（圖片由 Alex Chang 提供）

如同前面章節所言，由於消費者瘋狂追求而一瓶難求，但已經不是最初的
酒款滋味了。併購浪潮中，消失的是酒廠和品牌的特殊風格，純威士忌的
風味也因此逐漸趨於一致。

✿ 延長保稅年限──Forand Bill ✿

今日我們能喝到超高酒齡的美威，1950 ～ 1953 年間爆發的韓戰是個關
鍵，但如同筆者在前述「1964 年決議案」一節所提及，若非軒利公司的羅
森斯泰爾在韓戰前所做的錯誤預測和錯誤決定，以及為了彌補錯誤和可能
的金錢損失所做的遊說努力，今日波本威士忌的酒齡可能都在 10 年以下。

韓戰爆發

二次世界大戰結束後，美蘇兩強協議以朝鮮半島北緯 38 度線為界，分
別成立兩個政府，各自宣稱擁有朝鮮半島的主權，也都企圖以武力完成統
一。美國於 1947 年提出「杜魯門主義」（Truman Doctrine）之後，以美
國為首的西方盟國與蘇聯為首
的共產國家之間展開數十年的
冷戰對立，南北韓也開始發生
零星武裝衝突。北韓在 1950
年 6 月 25 日越過 38 度線大舉
進攻南韓，挑起了韓戰，成為
冷戰時期的第一場「熱戰」，
美國杜魯門總統也立即在 6 月
27 日發表聲明，宣布出兵。

擁有敏銳投資嗅覺的羅森斯
泰爾，早在開戰前便判斷可能

位於華盛頓特區的韓戰紀念公園（圖片取自美國國會圖書館
館藏）

又是另一場國際戰爭，而美國一旦參戰，又將如同二次大戰一樣限制穀物的使用和飲用酒精的製作，因此要求他旗下的蒸餾廠加足馬力生產，未雨綢繆之外，也準備戰後大撈一票。沒想到韓戰的範圍只侷限在遙遠的朝鮮半島，並未擴大到其他區域或國家，而雙方也在 1953 年 7 月 27 日簽署停火協議，整場戰事只進行 3 年，便偃兵熄火不再持續。

羅森斯泰爾發現自己犯了大錯，倉庫裡熟陳中的威士忌已達 6.37 億加侖（超過 24 億公升），足足是當時美國 8 年的需求總和，也占了全美所有威士忌存量的 70%。更迫在眉睫的危機是，當時保稅倉庫的免稅期是 8 年，也就是說，最晚 8 年之後就必須將遠超過需求的存酒倒入市場，勢必引發價格崩跌，《紐約時報》的頭條更大剌剌的標出「威士忌產業面臨危機」。

對羅森斯泰爾來說，第一要務是遊說國會將免稅時間拉長，讓他有充分的時間構思可行的方案。為了達到這個目的，他請出以四巨頭為首的最大遊說團體——蒸餾烈酒學會（DSI）來幫忙，但出乎他預料的是 DSI 並不同意這個構想，尤其是加拿大的施格蘭和海倫沃克兩大酒商更是反對，他們認為此舉等同於政府為軒利的擴張背書，並對其他酒商不利，而且既然軒利做出錯誤判斷，就該為錯誤負責，不該藉此謀取利益。至於其他較小型的酒商，站在維護自家收益的角度，認同延長免稅時間，但不願意軒利的酒標上印著「熟陳 8 年以上」的字樣，除非其他酒廠也能裝出同樣高酒齡的酒。

往奢侈品路線邁進

沒錯，機巧的羅森斯泰爾試圖將危機化為轉機，推出陳年時間更長的威士忌，以迎合戰後逐漸興盛的奢侈品市場。這一點並不容易，終究威士忌是一種草根性很強的商品，製作並不困難，成本也不高，為了彰顯威士忌的高貴，唯一能做的只有包裝，譬如裝在手工吹製、精心雕琢的水晶玻璃

瓶裡，再抬高售價，而瓶
身上標註的「特高年份」和
「手工精製」、「小批次」等
形容詞，既缺乏法規規範，
也都可以任意為之。《紐約
時報》在 1956 年諷刺這種
邪門歪道：「無法精進威士
忌品質，只得專注包裝」。

各式各樣的特殊裝瓶（攝於金賓酒廠遊客中心）

但偏偏消費者吃這一套，
也因此假若羅森斯泰爾的計
畫得逞，那麼庫存領先業界約 5 年的軒利便可以順勢推出「特高年份」而
大發利市。只不過四巨頭中的其他三巨頭並非省油的燈，從頭到尾反對羅
森斯泰爾的計畫。一氣之下，他退出早年建立的 DSI，另組「波本協會」
（Bourbon Institute, BI）註1 遊說團體 。

羅森斯泰爾的政商關係良好，其中還包括 FBI 第一任也是最長一任的胡
佛局長（J. Edgar Hoover），據稱羅森斯泰爾時常邀請胡佛到家裡飲酒作
樂，身邊圍繞不少妓女和黑道大哥，通通都被羅森斯泰爾密錄下來，導致
FBI 投鼠忌器完全不敢動他。總之，在波本協會的運作下，被稱為《Forand
Bill》的法案於 1958 年通過，保稅年限從 8 年延長 20 年。

過去 8 年的保稅年限一到，酒廠便必須為存酒付清酒稅，假若繼續熟
陳，則後續因天使分享造成的損失都必須自行負擔，酒廠當然不願意。如

註 1   BI 在 1973 年與 DSI 合併，加上 Licenced Beverage Industries 商業組織，合稱 Distilled Spirits
Council of the United State，簡稱 DISCUS，是目前全美最大的蒸餾業者協會組織

今保稅年限延長到 20 年，酒廠大可在 20 年範圍內決定裝瓶時間，讓高
酒齡的酒成為可能，對整個產業都有利。只是羅森斯泰爾解除了 8 年引爆
的引信之後，立即做出讓其他酒廠最害怕的一件事：他在 1961 年宣布展
開一項 2,100 萬美金的行銷計畫，所有的廣告詞都圍繞著酒齡，如「Age
makes the differnece」、「Are you getting all the age you should get for your
money」；他告訴記者他的熟陳計畫「已經執行多年，且投資超過 10 億美
金來擴充倉儲」，並在廣告裡提到「我們鶴立雞群」（We stand alone），用
來提醒消費者軒利是如何與其他酒廠不同。

　　確實，在軒利裝出的眾多酒款裡，絕大部分都是 7 年起跳，譬如 George T.
Stagg 從 4 年提高到 7 年，而後續暢銷全世界的 I.W. Harper 則直上 12
年。這些酒款創造了 1960 年代初的黃金消費期，消費者可以用相對低廉
的價錢買到充分熟陳的威士忌，錯過之後，下一個黃金消費期就必須等到
1990 ～ 2011 年期間了。

✄ 推向國際、浩瀚無垠 ✄

　　即便獲得稅賦上的緩解，羅森斯泰爾手中的存酒量還是太多了，遠超過
美國本土所能消費，唯一能真正幫他解除困境的方法，便是把酒賣到國際
市場。只不過在 1950 ～ 1960 年代，蘇格蘭威士忌正值產業的第二波大爆
發，全球烈酒的愛好者，甚至包括美國自己，只要一提到威士忌，心中浮
現的答案就只有蘇格蘭。因此蘇格蘭威士忌不只是美國業者學習的榜樣，
也是推廣時最大的阻力。

美威不夠上流？

　　美國與蘇格蘭威士忌雖位在大西洋的兩端，但幾乎都在十八世紀末同時
發展，也都是解決多餘農作的辦法，屬於平民百姓的飲品而難登大雅之堂；

在十九世紀中以前，來自歐陸的葡萄酒、干邑或白蘭地才是上流社會階層喜愛的酒精性飲料。不料根瘤蚜（Phylloxera）這種寄生蟲於 1862 年跟隨著貿易船從美國移居到法國，導致法國 40% ～ 50% 的葡萄園都被摧毀，必須等到 1870 年代從美國引進免疫品種才獲得紓解，卻讓歐陸及英國出現長達 10 年的烈酒荒。

為了彌補酒荒，蘇格蘭麥芽威士忌開始進入倫敦及歐陸市場，成為打開出口的契機。不過在更早以前，蘇格蘭威士忌為了打入上流階層做了許多努力，包括邀請皇親貴族造訪蘇格蘭廣袤遼遠的山野，說服他們穿上傳統格紋裙以親近土地，最終讓調和式威士忌業者如 John Walker 或 Tommy Dewar 在十九世紀末賺進大筆鈔票，Dewar 甚至還進入了上議院並被冊封為騎士，他也成為英國境內擁有最新汽車科技的第三人（第一位是茶葉大亨 Thomas Lipton，第二位則是威爾斯王子）。

美國威士忌的命運大不同，雖然在獨立戰爭之後被視作國酒，但自始至終都是農業副產品，絕大部分的喜好者都是藍領階級。即便美國歷屆總統也都喜愛這種酒精性飲料，但上流社會聚會時，來自歐陸的干邑、白蘭地或葡萄酒才是紳士淑女的最愛，何況在禁酒令時期威士忌遭受無情的詆毀，社會觀感不佳。

二次世界大戰後，波本成為美國威士忌的主流，這種酒必須放入全新燒烤橡木桶中熟成。由於熟陳環境較溫度高而濕度低，短時間內便可萃取出大量的橡木桶物質，假若熟陳時間太長，將導致橡木桶風味過重而無法入口，因此當市況不好時，只能將酒取出放入金屬桶中來停止熟陳，也因此美威無法像蘇威一般，擁有吸引消費者注意的酒齡數字。另一方面，波本的口感偏甜且辛辣刺激，十分具有衝擊力道，代表著美國草根拓荒精神，但出了美國之後，基本上無人認識。

因應二戰後的需求，野牛仙蹤於 1950 年代大舉擴建倉庫（圖片由 Sazerac 提供）

冷戰期間，海外美軍是活廣告

這種閉關自守的情況在二次大戰後出現變化，由於以美蘇兩強為首的冷戰自 1947 年開始成形，美國軍隊駐紮在全球戰略要地用以防堵共產主義國家的入侵。駐外美軍休假外出時，最希望喝到的當然是充滿濃濃鄉愁的美威，因此美國威士忌開始送往美軍基地鄰近的鄉鎮，影響所及，當地居民逐漸熟悉以波本為主的美威風味。

美軍士兵的口袋並不深，對於威士忌的價格十分敏感。為了降低出口運輸費用及售價，金賓決定在西德建立裝瓶廠，以供應鐵幕以外的士官兵，而此策略同樣也在澳洲大受歡迎，讓金賓至今依舊是當地最暢銷的美威品牌。以相同模式，可以約略推估冷戰時期有哪些品牌在世界各地建立灘頭陣地，譬如四玫瑰前進西班牙、野火雞插旗義大利等等，軒利的 I.W.Harper 更猛，甚至行銷到全球 110 個國家！

I.W. Harper 隨著史迪佐－韋勒的關廠而消失，2015 年重新在美國上市（圖片由 Shannon Jeng 提供）

　　此時羅森斯泰爾既然握有大量長時間熟陳、足以和蘇威酒齡媲美的美國威士忌，加上美軍所做的免費廣告，正是進軍國際的最好時機。他提高裝瓶酒精度（用以消耗庫存）和裝瓶酒齡，花費 3,500 萬美金聘請了曾經為奇異、可口可樂、雪佛蘭汽車、福斯汽車和美孚石油等大公司做廣告行銷的公司操刀，在紐約帝國大廈舉辦記者會宣布全球拓展計畫。最後一步，就是他精心策畫下通過的「美國獨特產物」決議案。

　　羅森斯泰爾在 1958 年將一箱箱軒利旗下的波本威士忌寄送到全球各地的美國大使館，希望海外的官方代表能協助尋找國際法或協定來為「波本」下定義。在當時，全球上架的波本威士忌不一定來自美國，可能是加拿大、墨西哥或巴拿馬，《時代雜誌》就曾報導：「就算使用其他名稱，玫瑰依舊芬芳甜美，不過 BI 的會員對於『波本』被美國以外的國家濫用非常不以為然」。

在波本協會 BI 遊說下，肯塔基州議員在 1964 年提出申請，請求國會保障波本產業。眾議院籌款委員會接到提案後不知如何處理，所以將提案移交給「州際與涉外商務委員會」（Interstate and Foreign Commerce Committee）。這個委員會號稱萬能，但同樣不知該怎麼辦，因此交給了一位專門處理「商船」事務的專家，理由？簡單又可笑，因為這位專家剛好姓波本（August Bourbon）！

波本先生雖然從未經手酒類事務，但相當盡責，根據華盛頓郵報的報導，他「經過非常清醒的思考後」，很快的把提案送到國會，國會也很有效率的表決通過，從此「波本」名稱獲得美國保護，其他國家再也不能生產波本威士忌。

對美國威士忌產業來說，二次世界大戰結束後的 20 年間，是最美好的時代，法規明確，波本也打開國際市場；但也是最黑暗的時代，大型酒公司不斷併購，酒廠數量銳減，小型酒廠只能在夾縫中求生。

只是意氣風發的羅森斯泰爾大概沒想到，他一手建立的軒利王朝居然也有被收購的一天。就在 1968 年，一位被報紙稱為「併購魔術師」（merger magician）的 Meshulam Riklis，向軒利的股東們提出讓他們無法拒絕的報價，很快的就收購了 88% 的股權，而後立即開除羅森斯泰爾，並心狠手辣的買下羅森斯泰爾位在曼哈頓的房產，再把他掃地出門。一無所有的羅森斯泰爾窮得只剩下錢，雖然是全美最富有的人之一，但失去了一輩子的事業，只能移居到邁阿密退休，1976 年黯然去世。至於軒利則在 1987 年被 Riklis 賣給了健力士集團，最終成為今天帝亞吉歐的一員。

不過從 1960 年代末期開始，美國威士忌受到內憂外患的衝擊，產業景氣逐漸下滑，無論是大型或小型酒廠都在為生存而掙扎。從後見之明來看，羅森斯泰爾選擇退隱江湖、安享餘生，或許也不是什麼壞事。

保護生命之水（攝於金賓酒廠）

✦ 大敵當前：伏特加來襲 ✦

　　筆者剛開始研究美國威士忌法規時，對於「輕威士忌」（light whisky）這個類別特別感到好奇，因為與我們認知的波本、裸麥或任何一種威士忌都大不相同。根據定義，「輕威士忌」與原料無關，但蒸餾後的酒精度必須介於 80% ～ 95%（160 ～ 190 proof）之間，使用二次以上裝填的橡木桶或未

燒烤的全新橡木桶來熟陳，而且還規定在 1968 年 1 月 26 日以後製作才算數。如此特殊的類別，到底是在什麼時空環境下訂定？又有什麼前因後果？

為了滿足好奇，筆者上窮碧落下黃泉的在網路搜尋法規的起源，也曾直接詢問來訪的幾位美威大使／酒廠經理，但一無所獲，顯然就算是經年製作、分享美威的大師們，對於這麼久遠以前的歷史似乎也說不出個所以然來。這個疑問，埋在心裡超過 2 年，直到我讀到《Bourbon Empire: The Past and Future of America's Whiskey》的倒數第三章，提到美威意氣風發的 1960 年代……

好萊塢的飲酒時尚爭霸

第五部 007 系列電影《雷霆谷》於 1967 年放映，影星史恩・康納萊（Sir Thomas Sean Connery）飾演風流倜儻、擁有殺人執照的 MI6 秘密情報員詹姆士・龐德。由於電影的成功，金賓酒廠馬上簽下康納萊擔任金賓的品牌代言人，但眾所周知，康納萊是蘇格蘭裔，喜好蘇格蘭威士忌也是天經地義，而且在電影中，同樣眾所周知的是龐德最愛喝馬丁尼調酒，而且是用伏特加取代琴酒來調製，「Shaken, not stirred」成了相當著名的台詞。

金賓試圖藉著康納萊／龐德的形象，為冷戰中的美國威士忌殺出一條生路，尤其針對的是已經深入美國多年的伏特加。只是在此之前康納萊已經飾演過 5 次龐德，手持馬丁尼的形象早已深植人心，換成金賓似乎有些格格不入。

沒錯，美國威士忌在 1960 年代後期開始感受到危機，因為國際市場是一把雙面刃，努力推銷出口時，也無法禁止國外酒種的進口，其中最讓美國威士忌業者感覺芒刺在背的，就是來自冷戰時期敵對一方的伏特加。事實上，早在禁酒令廢止該年，一方面美國政府正式承認蘇聯，二來也是烈酒缺口大，伏特加已經開始從波蘭、拉脫維亞等國少量進口，但也只在一些俄羅斯人聚集的社區，如紐約的布萊頓海灘（Brighton Beach）陳售，並沒有引起太多人注意。

來自蘇俄的移民魯道夫・庫涅特（Rudolph Kunnet），在 1934 年認識了蘇俄的蒸餾者皮耶・思美洛（Pierre Smirnoff）的兒子，他借用「思美洛」做為品牌名稱，在康乃狄克州建立酒廠開始製作伏特加。這座酒廠後來被赫布蓮公司（Heublein Inc.）收購，赫布蓮幾年後也曾試圖收購史迪佐－韋勒，但並未成功。

接下來的好幾年，伏特加低調潛藏在美國境內絲毫不引人注目，主要原因是伏特加在蒸餾完成後，酒精度高達 95%，已經近似無色無味的中性酒精，只能擺在貨架的最底層積灰塵，美國人獨愛需要時間熟陳的威士忌。但是二次大戰時，伏特加在美、英、蘇三巨頭舉行的雅爾達會議（Yalta Conference）出了不小風頭。在會議期間，小羅斯福總統堅持要調製「油漬馬丁尼」（dirty martini）給大家喝，他的私人配方使用的是鹽漬橄欖，但是在場所有的非美國人都敬謝不敏，這杯酒後來也被許多歷史學家評為有史以來最糟的馬丁尼。為了解除現場的窘況，史達林建議改用伏特加來舉杯，而歷史紀錄也留下三巨頭高舉伏特加的影像。

雅爾達會議三巨頭（圖片取自美國國會圖書館館藏）

伏特加的缺乏風味是缺點也是優點，它無法滿足純飲所需要的香氣和口感，卻是調酒的最佳利器，而且喝完後不致渾身都是熏人的酒氣，因此思美洛的廣告文案就提到「思美洛讓你悄然無息（Smirnoff leaves you breathless）」，breathless 是個雙關字，也可以解釋作「喘不過氣來」。儘管有這些優點，仍得等

搶占美國烈酒市場的伏特加第一品牌 Smirnoff（圖片由帝亞吉歐提供）

到 1946 年才被真正注意到，當時一間位在洛杉磯的酒吧想要推銷進口的薑汁啤酒，突發奇想的在銅製馬克杯中，裝入使用薑汁啤酒、伏特加和萊姆調製出來的「莫斯科騾子」（Moscow Mule）。出乎預料的，這款調酒大受歡迎，伏特加也藉由「莫斯科騾子」成功進軍洛杉磯。

下一步，思美洛瞄準的是好萊塢。當紅的美豔女星瓊·克勞馥（Joan Crowford）剛剛獲頒奧斯卡最佳女主角，於 1947 年舉辦一場盛大的晚宴，邀請許多好萊塢的明星、名流參加，餐宴用酒只有香檳和伏特加，讓伏特加一炮而紅，從此成為時尚、潮流的象徵。

反戰、反威權、反老爸喝的酒！

伏特加的銷售量巨幅攀升，從 1950 年的 4 萬箱飆漲到 5 年後的 440 萬箱，雖然波本威士忌依舊在烈酒市場上獨占鰲頭，但伏特加的成長幅度已經讓業者感覺寢食難安。為了因應這一波輕、薄酒體的喜好趨勢，某些酒廠開始調製口味較為清淡的調和式威士忌，或是降低裝瓶酒精度並降低售價以刺激買氣，如國民公司在 1954 ～ 1958 年期間，將旗下老克羅、老泰勒等暢銷波本威士忌的酒精度從標準 50% 降低到 43%，軒利的 I.W. Harper 以及百富門的歐佛斯特也採用相同的策略。老實說，改變消費者

展示於 Oscar Getz 威士忌博物館的 Old Oscar Pepper，酒精度為 50%（圖片由 Alex Chang 提供）

熟悉的配方是招險棋，很難預測消費者會有什麼反應，可能吸引新的消費者，但也可能觸怒老顧客。不過到了 1963 年，部分低酒精度裝瓶的銷售量已高於原本的品牌，《時代雜誌》以雙關語報導蒸餾者「看見曙光」（seeing the light）。

另一方面，伏特加在美國的銷售量持續成長，1967 年首度超越同樣為白色烈酒的琴酒，似乎下一階段將直接攀頂。但是別忘了，當時的美國威士忌搭上國際市場列車而聲勢正旺，其中又以金賓因駐外軍事基地的需求最是火熱，尤其長達 20 年的越戰於 1960 年代初逐漸升溫後，戰地記者傳回國內的照片中，時常看見軍事帳篷裡散置著彈藥箱和鋼盔，而不能不注意的是，擺在摺疊桌上的烈酒幾乎都是金賓，其他品牌十分罕見。

只不過棕色烈酒的獨占地位快要走到盡頭了，第二次世界大戰後的嬰兒潮於 1960 年代已經進入大學就讀，對於美國不斷被捲入戰爭泥沼的情勢感到厭倦和不安。他們開始走出校園進行反戰遊行，並以反權威、反習俗、反中產階級價值觀和反政治文化的方式直接挑戰國家機器。這些年輕人聚在一起，透過音樂創作、衣飾穿著、繪畫塗鴉，以及免不了的藥物、毒品和酒精來批評大企業的貪婪、傳統道德的狹窄和戰爭的無人性，形成一股沛然難禦的嬉皮文化。1969 年 8 月在胡士托舉辦的音樂節（Woodstock Festival），出乎主辦人預料的湧入超過 40 萬年輕人潮，他們高舉愛與和平的口號，成為當時規模最大的盛會。

1969 年的 Woodstock 音樂節盛況（圖片取自 Wikimedia Commons，James M Shelley）

　　在這一股風潮強襲下，威士忌代表著舊威權喜好的棕色烈酒，當然也是被反抗的對象。當年美國的《Esquire》雜誌曾大肆批評：「（老爸喝的酒）代表的是虛偽的布爾喬亞價值觀、勢利的社會階級、叫人厭煩的酒癮患者，和潛在的被虐待狂」。相對的，來自鐵幕的伏特加，不僅站在與國家機器敵對的一方，充滿反政府的隱喻符號，更重要的是伏特加完全透明，可以輕易混充白開水，還可以跟任何果汁、蘇打水等軟性飲料調和在一起，喝多了又不會滿身酒臭而被人發現，成為年輕一輩的最愛。

　　根據 The Chuck Cowdery Blog 提供的資料，1971 年美國最暢銷的前十名烈酒分別為：

① Seven Crown（美國調和威士忌）

② Seagram's VO（加拿大調和威士忌）

③ Smirnoff（伏特加）

④ Canadian Club（加拿大調和威士忌）

⑤ Bacardi（蘭姆酒）

⑥ Gordon's Gin（琴酒）

⑦ Jim Beam（波本威士忌）

⑧ Cutty Sark（蘇格蘭調和威士忌）

⑨ Gilbey's Gin（琴酒）

⑩ Dewar's（蘇格蘭調和威士忌），Kessler（美國調和威士忌）及 Calvert Extra （美國調和威士忌）

雖然 12 個品牌（3 個品牌並列第十）中，8 個是威士忌，但伏特加、琴酒、蘭姆酒已經衝了上來，代表美國國酒的波本威士忌只有金賓，而且威士忌的總占比從 1962 年的 73.1% 下滑到 1972 年的 62.1%，超過 10 個百分點。

「輕威士忌」的輕反擊

當然，舊勢力絕不可能站著挨打，但反擊的方式根本選錯方向。金賓和施格蘭為了開發新客層而展開新一波的行銷活動，他們這次針對的目標是婦女，因為在他們的思維裡，消費者的喜好之所以轉向原因就在於婦女，但採取的策略不是減輕男性喜好的強勁酒精刺激，而是鼓勵婦女為丈夫多買些波本。不僅毫無說服力還造成反效果。很顯然，這些傳統的蒸餾業者完全錯估情勢，禁錮在自己舊時代的沙文主義中，不清楚時代之轉變就如

同巴布・狄倫（Bob Dylan）於 1964 年發行的專輯《變革的時代》（The Times They Are A Changin'），以致節節敗退。

到了 1970 年代初，伏特加的銷售量逐漸趕上了威士忌，恐慌的業者決定在行銷上努力，於是孤注一擲的展開遊說，在 1971 年向國會提案修改威士忌法規。由於政府的稅收主要還是來自酒業，因此提案很快的通過，在威士忌類別中增加「輕威士忌」一項，但只往前溯及到 1968 年初，而其定義，就如同本章節一開始所敘述。

隔天報紙的頭條一面倒的用「光」和「輕」同字異義的雙關語來讚嘆新法規：「要有光（輕）」（Let There Be Light，語出《聖經》的＜創世紀＞）、「亮（輕）起來！」（Lighten Up）、「跟隨這道光（輕）！」（Following the Light），這些玩弄字詞的創意讓人看了會心一笑，也彷彿多了「輕威士忌」類別，便可擊潰來犯的伏特加強敵。四玫瑰酒廠隨即裝出「超優四玫瑰」輕威士忌，甚至比標準版還要貴 15 美分，廣告詞挑釁又振奮軍心，「準備被擊垮吧！」但結果呢？很不幸的，輕威士忌還是敗下陣來，大眾喜好的轉變無法扭轉。

所以到了 1975 年，幾乎已經沒有任何酒廠繼續行銷這個類別，這也是筆者查詢不到資料、問不出端倪的原因，但卻有超過 100 種品牌持續下調酒精度。可即便施格蘭、海倫沃克、金賓、四玫瑰將旗下品牌通通調降到 40% 裝瓶，銷售量絲毫沒有起色，海倫沃克只能在 1979 年忍痛關閉位在伊利諾州皮奧里亞、員工超過千人的全美最大威士忌酒廠，導致整個城鎮頓時黯淡蕭條。「你的安全感被強暴了，沒錯，整個社區都被強暴，」某位生產線的婦女告訴《巴的摩爾日報》：「知道消息的那天，我看到好幾個男人伏在桌上哭泣。」

白色勢力上揚，威士忌正式退位

當然，就算消費者逐漸增強對白色烈酒的喜好，還不足以撼動威士忌的地位，國際情勢的複雜變化才是蕭條的主因。1973 年底爆發了第一次中東戰爭，石油輸出國組織（OPEC）宣佈石油禁運，導致史上第一次石油危機，全球景氣下滑，中產階級的荷包隨之縮水，飲用酒不得不從威士忌移轉到更便宜的伏特加或龍舌蘭。雪上加霜的是，到了 1980 年底又發生「兩伊戰爭」，石油價格再一次暴漲，形成第二次石油危機，國際經濟再度嚴重衰退。此時健康養生觀念的流行，給予低迷已久的威士忌產業最後一擊，葡萄酒打著有益健康的口號大行其道，英美各地的葡萄酒吧越開越多。

統計 1960 ～ 1975 年間，美國威士忌的市占率從 74% 下滑到 54%；白色烈酒，包括伏特加、琴酒、龍舌蘭和未熟陳的蘭姆酒等的市占率則從 19% 上升到 35%，到了 1980 年，威士忌終於失去整體優勢，市占率跌落至 48.6%，而白色烈酒的銷售量正式超越威士忌。

此外，從威士忌產業的成長率來看，在 1960 年代約有 5 ～ 7%，但是從 1969 ～ 1977 年僅為 2 ～ 3%，而投資報酬率則從 1972 年的 12%（已低於過去的正常標準）衰退到 1977 年的 7%，以致《洛杉磯時報》在1980 年曾報導「波本威士忌的銷量量在上個 10 年如雪崩般下滑」。

筆者手中缺乏二十一世紀以前各式烈酒的銷售資料，不過根據DISCUS 公布的統計數字，儘管近 10 年來威士忌大爆發，但銷售量仍落後伏特加。另外也請注意，圖示統計資料中的威士忌除了美國本土產製的美威之外，還包括從蘇格蘭、加拿大、愛爾蘭等地進口的威士忌。

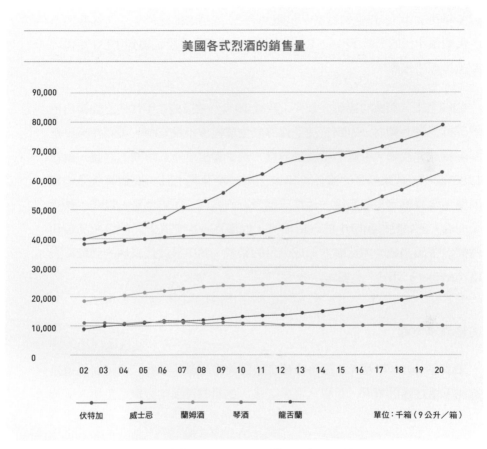

美國各式烈酒的銷售量

| | 伏特加 | 威士忌 | 蘭姆酒 | 琴酒 | 龍舌蘭 | 單位：千箱（9公升／箱） |

伏特加的銷售量於 21 世紀大幅攀升，遠超過威士忌

❧ 黑暗中的微光 ❧

　　讀者們如果熟悉蘇格蘭威士忌的歷史，應該會記得威士忌產業在 1970 年代初達到最高峰，筆者稱之為第二度大爆發，而酒廠拚命生產下，累積的巨量庫存被稱為「威士忌湖」（whisky loch）。但隨即發生全球景氣下滑，

年輕人口味轉變，飲用的酒款從威士忌轉移到較便宜的伏特加、龍舌蘭或啤酒，產業盛極而衰的發生第二度大蕭條。從海倫沃克集團於 1981 年休停旗下的雅柏酒廠（Ardbeg）開始，35 間蒸餾廠陸續關廠或休停，雖然相隔多年後其中 13 間重新復廠，但總共有 22 間酒廠從此消失，包括我們至今仍緬懷不已的 Port Ellen、Rosebank 等。整波大蕭條延續到 1990 年代，產業景氣才逐漸恢復。

相較之下，美威的慘況「領先」蘇威 10 年，在 1970 年代初已經被白色烈酒打得暈頭轉向，等到石油危機導致全球經濟不景氣時，美威產業更是屋漏偏逢連夜雨。不過危機就是轉機，至少發出了產業轉變的訊號，就在 1980 年代，越來越多的蘇威酒廠裝出單一麥芽威士忌，推動著產業匍匐前進，度過低迷景氣之後，最終成就今日的盛況。美威也是，以「工藝」（craft）之名點燃幽暗中的一絲光亮，而後逐步抬升威士忌的裝瓶品質和價值，帶領美威全力反擊並形成今日的榮景，其中最具代表性的酒廠非美格（Maker's Mark）莫屬。

美格異軍突起

筆者於 2016 年暮春三月時分首次造訪美格，雖非身處江南，而且還是遠在千里之遙的異邦，但步入酒廠之後，蜿蜒的淺溪兩旁雜花生樹、垂柳

暮春三月、景色如畫的美格酒廠（攝於肯塔基州美格酒廠）

搖曳，襯著一碧如洗的湛藍天空，不禁訝嘆怎會有景色如斯幽靜美麗的蒸餾廠。這座酒廠的前身為 Burks 蒸餾廠，從黑白老照片來看，當然不似今日的風光，但老山謬（Bill Samuels Sr.）於 1953 年買下廢棄的酒廠之後，歷經多次整頓，成為具有歷史意涵的蒸餾廠，不僅在 1974 年列入《國家史蹟名錄》（National Register of Historic Places），而且於 1980 年被指定為「國家歷史標記建築」（National Historic Landmark Buildings），是全美第一間運作中的歷史標記酒廠[註1]。

山謬家族是個古老的蒸餾家族，十九世紀便在肯塔基州的「波本帶」（Bourbon Belt）開設 T.W. Samuels 酒廠製作波本威士忌。禁酒令廢止後，曾試圖復廠並採用如史迪佐－韋勒的模式更改部分穀物配方，但被堅持傳統的老爺爺 Leslie Samuels 拒絕，成為被時代淘汰的一員。鬱鬱不得志的老山謬長吁短嘆多年之後，終於還是買下老蒸餾廠 Burks，打定主意揚棄傳統波本配方中的裸麥，改用小麥來取代。

老山謬人緣好，朋友極多，創廠消息一出，「老爹」老凡溫克提供史迪佐－韋勒的配方，同時也教他蒸煮小麥的技巧；百富門、金賓、天山和老凡溫克則提供酒廠專有的酵母菌株讓老山謬選擇，也讓美格從開廠之初便帶著十足的實驗精神。據說老山謬在決定穀物配方時，為了不想耗上幾年的熟陳時間來實驗，他根據不同的配方烤了好幾條麵包，最終以試吃的結果選定了目前使用的比例。當老山謬於 1958 年第一次推出裝瓶時，採用紅色蠟油封頂的方形瓶身十分醒目，擺在貨架上一眼便可認出，更稀奇的是，在削價競爭的當時，美格的訂價居然比其他品牌高，完全代表了酒廠的自我肯定和自信。

老山謬穩扎穩打走量少質精的路，每天只做出約 6 桶的量，只在鄰近鄉鎮販售，與其他酒廠講究酒精產出率，以產量做削價競爭的方式不同。

註 1　傑克丹尼酒廠早於美格，在 1972 年即列入《國家史蹟名錄》。

這種著重蒸餾細節、產品先於行銷的策略，他的兒子小山謬（Bill Samuels Jr.）看得最是清楚。

　　小山謬具有工程和法律背景，是金賓上校的教子，青少年時期曾經在肯德基的創辦人桑德斯上校的炸雞店裡打工。他提到這位老闆的脾氣並不像廣告上的「肯德基爺爺」那麼好，有一次看到他怒罵員工，一氣之下還把油炸鍋甩到牆上，等他平靜下來後，小山謬問他是不是有必要發這頓脾氣？桑德斯上校回答：「是的，我相信從此以後就不必再罵他了。」這個小故事讓小山謬了解生產者與品牌行銷者的差異，也足以解釋當他在 1960 年代開始行銷《美格》時，如何與父親搭配，小心謹慎的在兩者之間求取平衡。

（左上）老山謬（Bill Samuels Sr.）與其夫人 Margie 合照／（左下）老山謬和小山謬父子合照／（右）老山謬（Bill Samuels Sr.）（圖片取自 Maker's Mark 官方網站）

新一代飲食主義：返回根本

　　1970 年代初，新一波美國飲食革命剛剛開始萌芽，其中最重要的人物非「美國慢食教母」愛麗絲・沃特斯（Alice Waters）莫屬。她因為懷念在

法國遊學時所吃到新鮮又簡單的家常料理，因此於 1971 年在加州柏克萊開了一間餐廳「帕尼絲之家」（Chez Panisse），用來實踐、宣揚她念茲在茲的理念：只要是在地新鮮食材，經簡單烹調後就十分美味。同一時間，《紐約時報》的美食作家克雷格・克萊本（Craig Claiborne）也因為反思當時一片追逐「太空速食」（來自於美國登陸月球的狂潮），開始探索美國南方食材和料理，尋找反璞歸真的方向。

這幾位意見領袖在美國人的口中、心中植下種籽，為新一代的中產階級定義食物的風味，也帶動了後來的飲食革命。此時的美格依舊小而美，和美食家倡議的「返回根本」有異曲同工之妙，剛好搭上這波飲食浪潮。擅長行銷的小山謬趁機將美格送上飛機，成為航空公司供應的威士忌，酒廠的銷售量開始呈二位數成長。

《洛杉磯時報》雖然報導 1970 年代的波本威士忌如雪崩般下滑，但同一年也做出「波本威士忌即將谷底翻身」的預測。國民酒業的發言人向報紙提到：「去年（1979）的銷售量僅下滑 4%，幾乎已經觸底，預測未來將持平成長」，因此以 114 proof（57%）高酒精度推出他們最著名的品牌——老祖父（Old Grand Dad）。當時仍屬中型的百富門也一股腦的裝出歐佛斯特、時代（Early Times）以及傑克丹尼，讓酒公司在 1980 年的業績提升 14%。

單一麥芽威士忌的啟發

整體而言，美威在 1980 年代依舊持續低迷，不過或許是來自蘇格蘭威士忌產業的啟發，越來越擅長為高端消費市場製作特殊酒款。前面提到，陷入谷底的蘇威於 1980 年代開始，不再完全倚靠量大便宜的調和式威士忌，酒廠打著自家名號裝出越來越多的單一麥芽威士忌，逐漸拉回消費者。看在美國酒公司眼裡，成功的經驗確實值得仿效，而美格獨立的單一品牌形象也值得效法。

老時代酒廠（Ancient Age，1999年以後改稱野牛仙蹤）在1984年裝出「布蘭登」（Blanton's），成為全美第一款單一桶（single barrel）威士忌，天山酒廠於1986年推出全美第一款小批次裝瓶「Elijah Craig Small Batch」，而金賓酒廠也在1987年裝出不加水稀釋、高酒精度的「Booker's」，這三款特殊的波本打破美威裝瓶的傳統，多了許多創意，被視作拯救威士忌產業的三大創作！不過就如同蘇格蘭的單一麥芽威士忌一樣，所謂的「單一桶」或「小批次」都沒有法規定義，「單一桶」酒標上缺少可追溯桶號的註記，也沒有裝瓶數，消費者不容易了解是否真的是單一桶，而「小」批次的量到底是多小也沒說明，這些疑問一直存留到今天仍未解決。

拯救美國威士忌產業的三大創作（由左至右：Blanton's single barrel、Elijah Craig Small Batch、Booker's Small Batch）

隨著全球經濟逐漸復甦，這些高級特殊款的需求量獲得爆炸性的成長，但不是來自美國，而是日本。日本於二戰後經濟快速茁壯，對於蘇威、美威等進口酒類的需求同步上升，「單一桶」美威屬於稀有品

項，在日本市場的售價可達 100 美元／瓶，遠遠超過原產地，一舉把這些特殊酒款推上奢華檔次。反觀美國本土的普飲款如歐佛斯特、伊凡威廉，屬於藍領階級喜好的平價酒款，由於消費者的信心尚未完全恢復，銷售量難有起色。不過特殊酒款在海內外攻城掠地之後，也開始帶動平價酒款的聲量，產業緩步從谷底攀爬上升，逐漸掙脫信心不足的泥沼。

至於美格，從創廠之初便採用不同的操作方式，從小眾起步努力宣揚並建立起高酒質和高價的形象，從今天酒廠林立的角度看，數十年前已經為所謂的工藝酒廠（craft distillery）寫下了操作準則。等到進入 1980 年代，威士忌產業剛剛露出一絲曙光，大型酒公司開始垂涎美格。老山謬的反應是信誓旦旦的告訴《華爾街日報》，他堅持獨立自主，美格酒廠絕對不賣，轉頭卻在 1981 年將酒廠賣給了海倫沃克集團。

沒錯，這種類似背信的舉動傷了不少老主顧的心，但是在酒業巨人的保護傘下，經銷通路大開，迎來更廣大的市場，美格的品質優勢為產業再生樹立了典範。不過大公司追求的是利潤，當聯合多美（Allied Domecq plc.）於 1987 年併購海倫沃克之後，美格便被賣給 Forture Brands，也就是擁有金賓的持股公司；Forture Brands 在 2011 年將酒類事業拆解，全納入 Beam Inc.，3 年後再售出給日本的三得利，美格因此成為賓三得利旗下的一員。

傾倒熟成威士忌準備調和裝瓶（圖片由 Sazerac 提供）

✄ 跨入二十一世紀：榮景再現 ✄

產量翻倍，銷量提升

　　美威在整個 1990 年代，並沒有像《洛杉磯時報》或是國民公司在 1980 年所做的樂觀預測那般觸底反彈，產量和銷售數字依舊在低檔徘徊，不過

也不再往下滑落。進入二十一世紀之後，前幾年也表現平平，沒有太大起色，根據蒸餾烈酒協會（DISCUS）的統計，2003 年的總銷售量僅有 1,340 萬箱。但是從 2003 年開始，高單價品項（super premium）包括單一桶、小批次及年份款，帶動內銷及外銷的買氣，產業穩定成長，波本威士忌的產量約為 10 年前的兩倍。

當然，由於基期低，成長率較為可觀，不過卻是振奮人心的向上趨勢。某些較具知名度或較獨特的品牌開始創銷售新高，美格在 2010 年首度突破 100 萬箱，而且在 2019 年英國《The Spirits Business》的年度報告中，以 220 萬箱的銷售量登上「其他國家威士忌」分類中第 10 名。小山謬於 2011 年退休並交棒給兒子鮑伯（Rob Samuels）後，接受《今日美國》（USA Today）的訪談時提到：「我目睹了整個波本產業的轉變，從被大家瞧不起的劣酒、被玩家收藏的珍稀，到今天被年輕世代主導的潮流。」

面對著銷售數字的提升，酒廠發現自己的存量不足了，就算立即加足馬力生產，也得等到 4、6 或 8 年後才能滿足需求；最簡單的辦法，便是降低酒精度以裝出更多的瓶數。美格酒廠的熟陳方式一直以來與其他酒廠大不相同，需花費大量人力來移動倉庫內橡木桶的儲放位置，因此從來不做酒齡標示，酒精度也維持固定的 90 proof（45%），這些堅持成為顧客忠心擁護的理由。但是當鮑伯繼承美格，銷售量不斷創新高，必須解決缺酒窘況，因此於 2013 年決定將酒精度從 45% 降低到 42%，同時在新聞稿中說明「經酒廠的嚴格鑑定，3% 酒精度的改變並不會造成任何口味變化」。但是他低估了消費者的反應，尤其是忠實的顧客對這個決定憤怒不已，認為酒廠根本在玩弄數字，意圖欺瞞消費者敏銳的感官。群起而攻下，美格不得不在一星期後更改決定，「我們錯了……你們的聲音我都聽到。」鮑伯告訴記者：「消費者寧可短期的缺酒，也不願酒款內容有任何改變。」

美威的全球性爆發

除了國內消費，這波產業榮景很大一部分是來自海外市場。國際大型集團擁有不少知名的品牌，如日本賓三得利的金賓和美格、麒麟啤酒公司的

四玫瑰、以及義大利金巴利集團（Campari）的野火雞等，都有助於美威的出口和銷售，讓波本威士忌從 2000 年的 3.04 億美元成長到 2010 年的 7.68 億美元。

除了波本，根據田納西大學的研究，田納西威士忌的銷售金額（主要來自傑克丹尼酒廠）在 2007 年為 4.78 億美元，產值全州排名第四，其中一半全係外銷。在所有外銷國家中，蘇俄、南非以及西歐國家的銷售量都急遽增加，亞洲也是，但最值得注意的還是日本單一市場。只不過出口量攀升之後，某些高單價品項便僅供外銷，美國國內反而看不到，如特殊裝瓶的四玫瑰及野火雞。野牛仙蹤同樣也為日本作了不少特殊訂製品項，例如原桶強度的「巴頓 1792」就不在美國發行。

威士忌產業的統計數字，一般將所有品項依售價區分為 Value、Premium、High-end Premium 和 Super Premium 四級，而綜觀二十一世紀美國威士忌的銷售量與銷售金額，DISCUS 的統計如下：

美國威士忌歷年銷售量統計

（單位：千箱，9 公升／箱）

年	Value	Premium	High-End Premium	Super Premium	合計
2003	2,972	4,278	5,823	332	13,405
2004	2,972	4,318	6,237	385	13,912
2005	2,816	4,388	6,666	431	14,301
2006	2,633	4,499	7,116	496	14,744
2007	2,619	4,415	7,310	568	14,912
2008	2,642	4,267	7,500	662	15,071
2009	2,808	4,367	7,231	658	15,064
2010	2,778	4,529	7,372	764	15,443
2011	2,717	4,637	7,782	907	16,043
2012	2,796	4,984	8,079	1,019	16,878
2013	3,007	5,048	8,743	1,234	18,032
2014	3,149	5,493	9,244	1,471	19,357
2015	3,301	5,351	9,872	1,843	20,367
2016	1,845	5,648	10,367	2,061	19,921
2017	3,728	6,009	10,979	2,437	23,153
2018	3,801	6,457	11,410	2,848	24,516
2019	3,674	7,065	12,348	3,481	26,569
2020	3,789	7,817	12,742	4,087	28,434
2015 ～ 2020 5 年之漲幅	14.8%	46.1%	29.1%	121.8%	39.6%

美國威士忌歷年銷售金額統計

（單位：百萬美元）

年	Value	Premium	High-End Premium	Super Premium	合計
2003	148	339	768	63	1,317
2004	151	369	837	74	1,432
2005	145	380	938	84	1,548
2006	140	393	1,020	98	1,650
2007	139	401	1,079	112	1,731
2008	142	406	1,142	134	1,823
2009	153	424	1,115	137	1,829
2010	152	439	1,154	161	1,906
2011	150	456	1,272	194	2,071
2012	157	499	1,344	222	2,222
2013	172	515	1,490	273	2,449
2014	181	566	1,611	325	2,683
2015	192	556	1,735	411	2,894
2016	217	598	1,833	467	3,116
2017	224	628	1,965	551	3,368
2018	230	676	2,043	643	3,592
2019	224	739	2,212	804	3,979
2020	234	826	2,293	953	4,306
2015～2020 5 年之漲幅	21.7%	48.7%	32.2%	131.7%	48.8%

　　上述資料顯示，自 2003 年以降，威士忌無論量或值的成長都十分穩定，其中又以售價 50 美元／瓶以上的 Super Premium 等級最是驚人，每年都以二位數字上升，近 5 年內（2015 ～ 2020 年），無論值或量的成長幅度更超過 120%，比起其他 3 個等級高上許多。

從鄉村到國際都會的銀彈競賽

　　探究美國威士忌的這波榮景，大致可歸納出如下原因：

　　① 這是一波全球風潮，而領頭羊則是蘇格蘭威士忌，其中又以單一麥芽威士忌的成長最為驚人，除了讓消費者重新擁抱曾經厭棄的棕色烈酒，更吸納白色烈酒的喜好者。但由於蘇格蘭威士忌的平均單價較高，所以將部分消費者推向相對價格低廉、大部分人都負擔得起的美國威士忌。

　　② 當年棄絕棕色烈酒的「垮掉的一代 註1」（Beat Generation），早已回歸穩定的工作和家庭生活，不僅擁有一定的消費力，也成為養育下一代的父母親，逐漸懷念起父執輩的喜好而吹起復古懷舊風，進而重回棕色烈酒的懷抱。

　　③ 美國威士忌並不像蘇格蘭威士忌那樣充滿獨特個性，口味偏甜，也不會出現消毒藥水、泥煤煙燻等讓人愛之或恨之的味道，因此無論是波本、裸麥或是田納西威士忌都很容易與各式各樣的飲料調和，極受酒吧調酒師的歡迎，而調酒，通常又是年輕世代接觸烈酒的開端。

　　無論如何，美國威士忌的大爆發讓大型集團更樂於投下資金，助長產業更加興盛，因此無論是帝亞吉歐、百富門或金巴利紛紛投注大筆銀子，或是重建，或是擴廠，儲酒倉庫在鄉野間聳立。原本只在酒廠默默製酒的蒸

註1　根據維基百科，泛指美國二次世界大戰後由作家、學生及酒精毒癮患者組成的一代，核心理念包含精神及東方宗教探索、拒絕標準價值觀、反物質主義、試驗致幻藥物和性解放

餾大師，搖身一變成為品牌代言人或大使；辦公室從肯塔基或田納西的
鄉下城鎮，移到東京、上海、香港、新加坡、莫斯科、開普敦等全球各
大都市，舉辦品酒會、視察各地銷售業務或擔任烈酒競賽評審，負擔起
推廣酒廠、酒款的重任。至於集團與集團間也發生變化，持續的分割、
交換、併購、重組，而酒廠為了生存和擴大，也不斷與酒類集團糾纏演
化，幾乎每隔一段時間就會傳出最新的市況新聞。

天山新建的熟陳倉庫（圖片由橡木桶洋酒提供）

　　這些併購當然不一定討喜，就在三得利於 2014 年花費 160 億美金併購
金賓和美格的消息曝光後，美國的民眾、媒體掀起一片指責聲浪，甚至出
現短暫的排外風波，認為這種賣祖產的行為等同於將手中珍寶拱手讓人。
但絕大多數的反對者都沒意識到，擁有美國威士忌的大酒商中，約莫一半
都是國外集團；而且美國的大集團同樣也擁有其他國家的珍寶，例如金賓
在未被併購之前，便持有法國著名的「拿破崙」干邑（Courvoisier）。小
山謬對於「賣祖產」的說法嗤之以鼻，因為日本的三得利是一個未上市的
獨資集團，美格酒廠納入旗下之後，從此無需擔心被公開交易，也不用為
股東的短期利潤負責，而是以酒廠的長期發展為目標。為此小山謬私下感
嘆：「真希望三得利在 25 年前就買下美格！」同樣的，日本的麒麟啤酒公
司買入四玫瑰酒廠之後，不但讓品牌重回美國市場，也重新擦亮品牌的聲
譽，酒廠的未來遠比施格蘭擁有的時期更樂觀，更何況施格蘭也是加拿大
公司。

不過隨著美國威士忌的復興，衍生出許多值得消費者注意的現象，也勢必影響未來產業的動向，包括全美如雨後春筍般成立的工藝酒廠、消失近百年的裸麥威士忌再度現身，以及越來越多的高價酒款進入市場後所激起的競逐現象，以下一一舉列說明。

工藝酒廠的興起

搭著全球威士忌風潮，工藝酒廠（Craft Dsitillery）或微型酒廠（Microdistillery）如雨後春筍般在世界各地興建，其中又以美國最盛。談到這波風潮的起源，就得從精釀啤酒談起。早在 1970 年代，英國開始出現微型啤酒釀製廠，用以滿足小眾對自產、手工製作和個性化的需求，這股風氣於 1980 年代吹到美國，而後再逐漸擴及全球各地。不過某些剛開始規模算小的啤酒廠，幾十年後的產量遠遠超過我們對「小」的想像，例如位在舊金山的精釀始祖「海錨」(Anchor) 啤酒，自 1965 年來不斷擴廠，年產能已經超過 68 萬桶，他們同時也做非常小型的蒸餾，但是擋不住大型酒業公司的覬覦，2017 年被日本札幌啤酒 (Sapporo Breweries) 買下。

從 40 家到超過 2000 家！

沿著精釀啤酒篳路藍縷開闢的道路，工藝酒廠的發展有一定的規則可循，不過投資成本更高，蒸餾操作的風險也更大。1982 年成立於加州 Alameda 郡的聖喬治（St. George Spirits）蒸餾廠，號稱是美國第一座工藝酒廠，曾裝出一款稱為「非法入侵」(Breaking & Entering) 的波本威士忌，但並不是在自家廠內製作，而是從肯塔基州的某間酒廠買入原酒後再進行調製。

這種方式其實並不罕見，許多新興酒廠為了快速換取現金以彌補初期成本開銷，時常採用相同的方式，酒廠的「工藝」只展現在調和技術。但也有為數眾多的新創酒廠，為了提高能見度，採用古老的穀物配方，或使用非主流的穀物、酵母菌種，或甚至添加水果乾等添味劑，在美國繁複的威士忌規範中尋求可能性。

　　從數字來看，在邁入二十一世紀之前，全美登記有案的蒸餾廠不超過
40 間，但隨後的統計數字越來越驚人。就在本書付梓之前，美國蒸餾學會
（American Distilling Institute, ADI）登記有案的廠家共計 2,063 間，而美
國工藝烈酒協會（American Craft Spirits Association, ACSA）的註冊會員
則為 2,290 間。

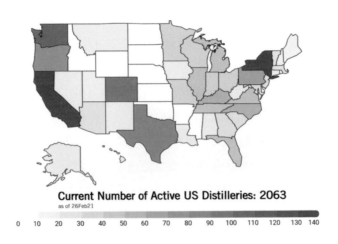

ADI 的統計資料（圖片取自官方網站）

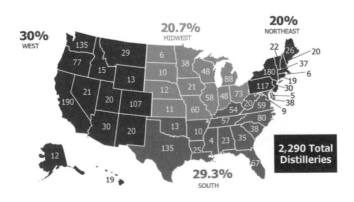

ACSA 的統計資料（圖片取自官方網站）

　　上面兩個數字並不相同，主要是因為法規上並沒有任何關於工藝酒廠的規定，而且必須注意，所謂的「active distilleries」並非全都生產威士忌，還包括各類的蒸餾烈酒。

　　就定義而言，最廣泛的說法指的是所有小型、精心處理或獨特的酒廠，但並不精確，也因此兩個組織各自發展出不同的定義，其中 ADI 將工藝酒廠區分為「工藝蒸餾烈酒」（Craft Distilled Spirits）以及「調和工藝烈酒」（Blended Craft Spirits），分別給予認證如下：

① 工藝蒸餾烈酒廠

◎ 必須在廠內以自有的蒸餾器生產並裝瓶，酒標也必須符合「美國財政部酒類與菸草稅務貿易局的標準，並將「Distilled By（蒸餾廠名稱）」標示清楚；

◎ 獨立經營的蒸餾廠，其他酒類產業或不屬於工藝蒸餾烈酒廠的酒類產業擁有的股權不得超過 25%；

◎ 每年的最高銷售量不得超過 10 萬酒度 - 加侖（proof gallon），約 19 萬公升純酒精；

◎ 足以反映其特殊性的手工技藝，使用傳統或創新技術如發酵、蒸餾、再餾、調和、浸漬（infusing）或熟陳倉儲等等。

② 調和工藝烈酒

◎ 獨立經營的酒廠，其他酒類產業或不屬於工藝蒸餾烈酒廠的酒類產業擁有的股權不得超過 25%；

◎ 每年的最高銷售量不得超過 10 萬酒度 - 加侖（proof gallon），約 19 萬公升純酒精；

◎ 足以反映其特殊性的手工技藝，勾兌任何來自傳統或創新技術（如發酵、蒸餾、再餾、調和、浸漬或熟陳）生產的烈酒，勾兌的元素必須包括 2 桶或 2 種以上的烈酒，不得僅加水稀釋或僅調入其他色澤或風味添加劑。

至於在 ACSA，註冊並擁有投票權的會員必須：

◎ 擁有超過 75% 的獨立股權（與 ADI 相同）；

◎ 每年從保稅倉庫售出的完稅烈酒不得超過 75 萬酒度 - 加侖（高於 ADI）。

速成威士忌？新興酒廠面臨的課題

由於被認證的工藝酒廠數量膨脹過快，許多問題一一浮現。

首先，由 ADI 認證的「調和工藝烈酒」廠，又被稱為「非蒸餾生產者」（Non-Distiller Producer, NDP），知名的部落格格主 Chuck Cowdery [註2] 則將此類酒廠稱為「波坦金」（Potemkin）[註3] 酒廠。這些酒廠無需自行生產，只需購買其他酒廠製作的烈酒進行勾兌，熟悉蘇格蘭威士忌的讀者可能立刻聯想成 IB 裝瓶廠。這種情形並不違法，且事實上，其他產業在全球分工的現代也是如此，譬如以 OEM 起家的電子廠。美國最大的 OEM 酒廠是位在印第安納州羅倫斯堡的 MGPI，其他大大小小的 OEM 酒廠更是所在多有，包括許多自有品牌的大酒廠。對這些酒廠來說，無須承擔開拓、分銷、經營和維持品牌的壓力，純粹負責生產，成本效益高；而相對的，NDP 無須投入大量成本從事生產，只需創造品牌和廣告行銷，兩者合作似乎雙贏。但樹多必有枯枝，購入的烈酒可能產自「劣」酒廠，而且這些「劣」酒廠近年來也流行另開符合工藝酒廠的產線來漂白，讓工藝市場亂上加亂。

此外，即便是自行生產，許多新興酒廠為了快速換取現金，或是將俗稱為「白狗」（White dog）的新酒直接裝瓶上架，或是以小型橡木桶來加速熟成，但只需標示清楚，這些做法都算合理且不違背法規。但某些酒廠自

註 2　http://chuckcowdery.blogspot.com/?m=1

註 3　官拜俄國陸軍元帥的波坦金為女皇葉卡捷琳娜二世的情夫，為了誇耀領地的富足以取悅女皇，在女皇行經的路旁興建豪華的度假村莊。因此「波坦金村」成為弄虛作假的代名詞，用來嘲諷外表光鮮亮麗但實際上空洞無物的事物。

創嶄新的速成法，被稱為 insta-whiskey，如 Lost Spirits 利用控制光和熱的專利工法，讓「酒精與有機酸和酚類物質連結」，可在短短幾天內製作出芳香酯類；Cleveland Whiskey 在不鏽鋼桶內混合了陳年 6 個月、由 OEM 酒廠生產的酒液以及橡木片，再以高壓－解壓過程釋放、萃取木桶物質，創造出具有獨特風味的波本威士忌，還製作印著「Screw Tradition」的 T-shirt 來行銷。目前最讓人關注的創新技術是透過超音波，驅動酒液內微氣泡的生成和塌陷，實驗證實可加速某些酯類的形成，也給了許多酒廠靈感，乾脆在酒窖裡播放重低音音樂，激盪木桶與酒液分子產生風味鏈結。這些創新技術製作出來的酒並不完全符合法規，所以大部分不能稱威士忌，但掌握了年輕世代求新求變的好奇心理，逐漸闖出聲量。事實上，Lost Spirits 的泥煤版裝瓶在 Murry 於 2018 年發行的《威士忌聖經》中獲取高分和金牌（Liquid Gold）榮耀。筆者對《威士忌聖經》並無好感，卻相當好奇，這些烈酒是否真能欺瞞人類感官，為威士忌的熟陳開闢一條蹊徑？

當新興酒廠的數量持續增加，各種可能的工藝都被運用，如傳統不被使用的穀物、有機穀物、自種穀物，或各種穀物配方、各類酒種潤桶養成橡木桶、倉儲環境、強調草根本土的「Farm-to-Flask」或「Grain-to-Glass」等等，每一間酒廠都必須行銷其工藝精神來尋求認同。但由於初期投資成本較高，因此酒款的售價都比傳統酒廠還要貴，對追求新鮮或認同酒廠工藝精神的消費者來說，購買第一瓶酒並不困難，但是否繼續購買、支持，將成為酒廠生存的關鍵。由於工藝酒廠吸引的顧客多屬於追求冒險及勇於嘗鮮的族群，卻無法要求忠誠，假若新鮮感消失，或酒款的口味不符預期，很容易轉頭去尋求其他酒廠的產品，也因此為工藝酒廠的未來埋下隱憂。

被否決的修正提案

面對這種種治絲益棼的亂象一定會引起反思，其中之一，便是以產量或銷售量作定義是否合理，因為酒廠的「大」或「小」與工藝特色完全無關，更應該注重的是否能親力親為的進行蒸餾，採用嚴謹又創新的原料及製程，以穩定製作出高規格的品質，至於行銷上，更需要對消費者完全誠實坦白。

2008 年成立的 KOVAL 是十九世紀中以降第一間在芝加哥興建的酒廠（圖片由 KOVAL 提供）

　　另一方面，便是修正相關管理法規。主管酒類的酒精與菸草稅務貿易局（The Alcohol and Tobacco Tax and Trade Bureau, TTB）於 2018 年底提出修正草案，媒體上刊登的修正方向包括：

　　① 所有的波本威士忌必須在 50 加侖上下的橡木桶內熟陳（用以防制許多工藝酒廠利用小桶來加速熟陳）。

　　② 若拿波本威士忌利用其他木桶做過桶、換桶處理，則不能再稱為波本，而是「specialty spirit」（更明確的規範「波本」的使用）。

　　③ 酒標上必須明確標示原始的酒液是在哪一州蒸餾（用以追溯蒸餾地，尤其是 NDP）。

　　④ 威士忌若符合某一特定類型的標準，則酒標上必須註明是哪一種類型，田納西威士忌除外（拒絕模糊）。

　　⑤ 明確定義「barrel proof」、「cask strength」、「original proof」、「original barrel proof」、「original cask strength」及「entry proof」等名詞的使用。

　　⑥ 廢除「produced by」的模糊標示方式，改用「distilled by」以及「bottled by」（讓 NDP 無所遁形）

這些修正提案其實更針對大型酒廠，所以很遺憾的，由於大型酒廠和跨國酒業集團的聲量大，又牽涉商業利益，所以通通被否決了。

有關法規的問題留到下一篇討論，不過美國是個高度資本主義國家，只要無關乎全民利益，基本上都交由市場機制解決，所以誰是工藝酒廠、誰又不是的問題，就由消費者來決定。

∞ 裸麥威士忌的復興 ∞

一蹶不振的裸麥威士忌

裸麥產地主要分布在阿帕契山脈以東，因此美國在建國之初，最重要的本土化烈酒便是裸麥威士忌（按照今日的定義）。根據生產的地域和穀物配方，早期的裸麥威士忌分為兩個主流：

① 馬里蘭裸麥（Maryland Rye）：生產基地主要聚集在馬里蘭州，大部分的酒廠都集中在首府巴爾的摩（Baltimore）附近，根據 1911 年的統計資料，馬里蘭裸麥的總產量高達 560 萬加侖。製作風格上，據稱穀物配方中除了裸麥，另外還添加了玉米，因此辛香味中帶著許多甜味。不過為什麼是「據稱」？因為禁酒令前沒留下任何穀物配方資料，禁酒令後酒廠全數消失，所以直到今日，沒有任何人知道什麼是真正的「馬里蘭裸麥」，也因此在美威歷史上留下一個大疑問：為什麼如此受歡迎的口味卻消失得如此徹底？有人懷疑添加玉米的真實性，猜測在精餾猖狂的年代，甜味或許來自櫻桃汁、梅子汁等添加物。

② 莫農加希拉裸麥（Monongahela Rye）：莫農加希拉河流經西維吉尼亞州及賓州，於匹茲堡（Pittsburgh）匯入俄亥俄河的上游，早期的農民沿著河流谷地種植裸麥，當然也以農莊經營方式製作裸麥威士忌。由於不種玉米，因此穀物配方中僅使用裸麥和麥芽，比例約為 4:1，而蒸餾時則使用奇特的「三槽式蒸餾器」（Three-chamber still），類似將 3 個壺式蒸餾器堆疊起來的連續蒸餾法。美威歷史上最大的單一裸麥威士忌酒廠，是 1880 年代位在賓州莫農加希拉的 Moore and Sinnott 蒸餾廠，每年可生產 3 萬桶的裸麥威士忌，超過馬里蘭裸麥威士忌總和的一半。

隨著移民越過阿帕契山脈往西部拓荒後，波本威士忌逐漸成為主流，不過以產量而言，禁酒令以前的裸麥威士忌仍然很大，但是禁酒令重創東岸的蒸餾產業，從此裸麥威士忌一蹶不振，僅存少數幾個品牌如 Old Overholt、Rittenhouse 仍存在，可是酒液來自肯塔基州，已經與美東的裸麥威士忌產業毫無關係。確實，禁酒令廢止後，裸麥威士忌一息尚存的依附著波本威士忌酒廠而生，野火雞的蒸餾大師艾迪·羅素便提到，在 2010 年以前，酒廠每年撥出 1、2 天來製作裸麥威士忌，純粹聊勝於無。

Old Overholt 是賓州 West Overton 酒廠於 1810 年創立的品牌，二次世界大戰結束後，成為全美碩果僅存的純裸麥威士忌，1987 年賣給了金賓，如今屬於金賓酒廠「The Olds」系列之一，堪稱是最古老的美威品牌。這種慘狀不禁讓人好奇，為什麼裸麥威士忌無法如波本威士忌一樣，於禁酒令後重生？主要原因如下：

◎ 早期東部各州的酒廠規模都不大，都屬於農莊式經營，禁酒令一出，因交通的便利性很難逃避法警的查緝，只能偃旗息鼓的關閉爐火，又由於人口較為眾多、土地較為值錢，熬不過近 14 年的長期停產，廠房設施都紛紛拆除移作他用。相較之下，肯塔基州幅員遼闊、人煙稀少，廠房空置多年也無妨，禁酒令後稍微整修即可復廠。

◎ 少數酒廠於禁酒令後重新開始蒸餾，但馬里蘭裸麥威士忌以調和為主，與熟陳多年、充滿橡木桶風味的波本威士忌比較，不再受到歡迎。至於賓州已逐漸轉型為政治經濟中心，當地的政治人物不歡迎蒸餾事業，因此將稅率提高，同時也做了許多法規限制，讓蒸餾業者毫無利益可言，只能出走遷移到肯塔基州。又由於波本越來越受歡迎，大型

酒業集團如如國民、軒利自然也將裸麥威士忌的產能移到肯塔基州。

◎ 北方州如新英格蘭（New England）對於裸麥威士忌的需求，可直接從加拿大進口加拿大裸麥而得到滿足，不需要購買本土威士忌。

◎ 經濟大蕭條時期實施的《農業補貼法案》（farm subsidy bill），只補償玉米，並未補償裸麥，導致種植裸麥的農民紛紛改種玉米，裸麥量少價高，自然也削減了裸麥威士忌的產量。

金融危機後急起直追

以上錯綜複雜的不利因素，讓裸麥威士忌的產量大幅減少，再歷經從 1960 年代末開始的一波美威大蕭條，不僅裸麥威士忌幾乎消失殆盡，連賓州的蒸餾事業也在最後一間蒸餾廠 Bomberger's 於 1989 年關廠後完全熄火，得等到 2010 年成立的 DHR 酒廠創造出「老爹帽」（Dad's Hat）品牌，才重振賓州裸麥威士忌的名號。

老爹帽的兩位創辦人 Herman Mlihalich 和 John Cooper（圖片由嘉馥貿易提供）

這種慘淡的情況延續到二十一世紀，裸麥威士忌的需求量和產量依舊沒有起色。其間也不是沒有人努力，最著名的，莫過於蒸餾烈酒協會為了振興美國國酒，於 2001 年與葡萄酒和烈酒批發商協會（Wine and Spirits Wholesalers' Association）以及維農山莊仕女協會（Mount Vernon Ladies' Association）合作，深入挖掘歷史資料，大聲宣揚華盛頓總統的蒸餾事蹟，同時募款興建了「維農山莊」酒廠，製作號稱華盛頓總統的裸麥配方威士忌。可惜一陣新聞熱潮後，由於時機未到，並無法掀起太多關注。

到了 2006 年，酒吧調酒的風氣從西岸的舊金山開始興起，而後擴展到東岸的芝加哥、紐約等大都市。調酒師們展現技藝之餘，也嘗試從古典酒譜取經，因而從積滿灰塵的倉庫底層挖出許多早年的酒譜，如 1862 年的《The Bartender's Guide》，或是 1930 年的《The Savoy Cocktail Book》。他們發現，許多流行在上個世紀或甚至上上個世紀的雞尾酒配方，時常以裸麥威士忌為基酒調製。為了仿製古酒譜以增添調酒中的辛香調，調酒師們開始四處打聽、尋覓、囤積裸麥威士忌，同時也向酒廠下訂單，讓裸麥威士忌逐漸躍上舞台。

此外，美國的消費者越來越注重開發、拓展自我的風味譜，不再獨沽一味的執著在香草玉米甜；又因養生因素，攝取的酒精量越來越少，但對於香氣口感的要求越來越高，因此裸麥威士忌在 2006 年成長 20%，隔年更大幅上升 30%。即便如此，比起波本威士忌的銷售量，裸麥威士忌依舊少得可憐，2009 年僅售出 8.8 萬箱，占所有威士忌總量 1,500 萬箱的 0.6% 而已。

根據蒸餾烈酒協會的統計資料，裸麥威士忌真正起飛是在 2009 年左右，剛好是雷曼兄弟債及次貸風暴引發的金融危機之後。伴隨著工藝酒廠的起飛，許多新興酒廠都以生產裸麥威士忌為主，此後每年無論量或值都以二位數字成長，到了 2020 年已達 141 萬箱，成長了 16 倍，占所有威士忌總量 2,450 萬箱的 4.3%。這些數字相當有趣，野火雞的蒸餾大師艾迪．羅素於 2019 年訪台時提到，酒廠目前每個月生產 2 天的裸麥威士忌，若直接以生產天數換算，大概就是裸麥／波本產量的比值。

裸麥威士忌歷年之銷售量與銷售金額

年	銷售量（千箱）	銷售金額（百萬美金）
2009	88	15
2010	108	20
2011	184	34
2012	297	56
2013	398	75
2014	562	106
2015	671	129
2016	785	151
2017	912	175
2018	1,057	205
2019	1,213	236
2020	1,411	275

✕ 高價酒款的追逐 ✕

昂貴的美國威士忌

酩帝過去有兩個「最」，第一個是將酒廠歷史回溯到 1753 年，號稱美國最古老的蒸餾廠，第二個是 2013 年推出的「Celebration Sour Mash」，不是號稱，而是真正美國有史以來最貴的一款波本——牌價 4,000 美元／瓶，實際售價介於 3,690 ～ 5,000 美元／瓶之間。這支酒調和了數桶熟陳 20 年，以及少數 30 年的波本威士忌，手工裝瓶，瓶

今日的 Pappy Van Winkle 每年裝出的數量不明，據說是 7,000 箱（9 公升／箱），23 年的售價約 300 美金（如今不明），但是消費者絕對得多加一個 0 才有機會買得到。事實上，一般消費者幾乎不可能買到，因為總數 84,000 瓶依零售商的銷售狀況、合作關係配貨到全美各地，每間菸酒專、酒吧只可能配到寥寥數瓶，消費者除了備妥大筆現金之外，還得看與零售商的交情，而交情，當然是建立在平日的貢獻度和忠誠度了。不過為了遏止黑市價格亂飆，某些州，尤其是擁有公立酒專的州，如維吉尼亞州、賓州，會舉辦波本大摸彩，這是消費者能以牌價買到 Pappy Van Winkle 的唯一機會。

這一點完全不讓人意外，與台灣許多威士忌價格的「炒作」同出一轍。酒廠／公司／代理以原訂價售出，在預期漲價的心理下，經銷／通路囤貨，有能力的大咖及 VIP 才能拿到，而少數的貨量轉手流通時價格不斷墊高，讓普飲款成為投資商品。只不過接到最後一棒的「消費者」變成冤大頭，只能啞巴吃黃連的把怨氣都發洩在同樣無辜，也沒賺到大錢的酒廠、酒公司或代理商身上。

美國的情況相同。消費者都清楚 Pappy Van Winkle 持續飆高的售價，但是大部分人都不知道它的價值。凡溫克三世十分了解這一點，因為美國在禁酒令後為避免壟斷所建立的「三層式」產銷系統，讓他完全無法從末端售價獲利，不過他知道裡面裝的是什麼。當《華爾街日報》詢問他有關價格飆漲的意見時，他回答：「如果他們笨到願意付那種價錢，那也由得他們了。」

行銷語言補足了 Pappy Van Winkle 或 Celebration Sour Mash 價格與酒款之間的想像，但消費者絕對不笨，擁有這種高端酒款，除了可以在 FB、IG 等社群媒體上奪取眾人欣羨的目光，還可以等待日後以更高的價格售出。由此可知未來的高價酒款可能繼續主宰市場，也難怪新酒廠或新酒款紛紛調高售價。

統計近年來波本威士忌售價前十二名的品牌如下，不過必須聲明，網路上隨時可查到「The most expensive Bourbon」，但不同的網站會有不同的結果，純粹是因為來源資料不同所致。

2021 年波本威士忌售價前 12 名

（單位／美金）

1	Eagle Rare Kentucky Straight Bourbon（20-Year Old Double Rare）	20,354
2	Buffalo Trace OFC Bourbon（25-Year Old）	16,746
3	A.H. Hirsch Reserve Straight Bourbon（16-Year Old）	9,000
4	Michter's Celebration Sour Mash Bourbon（30-Year Old）	5,000
5	Old Fitzgerald Very Old Bourbon（8-Year Old）	3,146
6	Parker Heritage Collection 2nd Edition Small Batch Bourbon（27-Year Old）	3,103
7	Old Rip Van Winkle 'Pappy Van Winkle's Family Reserve' Straight Bourbon（23-Year Old）	2,794
8	Old Rip Van Winkle Straight Bourbon（25-Year Old）	1,800
9	John E. Fitzgerald Very Special Bourbon（20-Year Old）	1,748
10	Willett Distillery Family Estate Bottled Single Barrel（22-Year Old）	1,347
11	Willett Distillery Family Estate（9-Year Old）	1,010
12	Jefferson's Presidential Select（18-Year Old）	1,099

資料來源：03/2021（https://advancedmixology.com/blogs/art-of-mixology/worlds-most-expensive-bourbon）

買「真瓶」裝「假酒」

由於酒價的高漲，美國威士忌——尤其是高價波本，近年來冒出不少假酒爭議，推波助瀾的是 Amazon、eBay 或其他網路商店允許公開販售空瓶，買家購買的原因無法揣度，可能只是當古董收藏，但若以小人之心猜測，可能也不乏有不肖人士拿來做假。電影《美國派》的編劇及製作人 Adam Herz 同時也是一位波本愛好者，他和某些專家便合理推測假酒製造商把空瓶標購下來後，填灌低價酒來冒充高價酒賺取暴利，而且這些偽造商技術十分精良，不要說一般消費者，就算是專賣店也分不清。

2021 年 5 月爆發一起引起軒然大波的假酒事件，一間位於紐約市內，被譽為全美最老、聲望最高的葡萄酒類專賣店 Acker，被指控販售假酒。在這起事件中，廣播新聞雜誌《Inside Edition》的調查員利用類似釣魚手法，到 Acker 店裡買了一瓶稀有的 Colonel E.H. Taylor Four Grain 波本威士忌，原本的建議售價（Manufacturer's Suggested Retail Price,

筆者有幸喝過排名第三貴的 A.H. Hirsch Reserve

引發假酒風波的 Colonel E.H. Taylor Four Grain （圖片取自野牛仙蹤官方網站）

MSRP）為 70 美元，但市場瘋狂追逐後，調查員得花費 1,000 美元才能買下，而後交給這支酒的製作酒廠野牛仙蹤來判定真偽。野牛仙蹤的技術總監 John Medley 檢查後發現，這瓶酒除了缺少特殊的批次編號，也沒有獨有的包裝紙桶，抽取酒液進行化學分析後，並不符產品的穀物配方。綜合以上種種證據，這是一瓶不折不扣的假酒。

《Inside Edition》帶著酒回到 Acker，試圖找店經理理論，但是經理把記者擋在門前，告訴他們別無理取鬧。不過事件被報導出來而越鬧越大，公司公關不得不在幾個月後發表聲明，承認假酒事實，也說明這瓶假酒來自一位長期往來的私人收藏家。他們自行調查，並與生產母公司賽澤瑞集團接洽討論後，立刻把這款酒下架，同時聯絡先前的買主並退款，也斷絕與這位收藏家的一切合作。只不過就算民事訴訟已經和解，卻無法挽回受損的聲譽。

酩帝酒廠的老闆 Joe Magliocco 和知名的播客節目《Bourbon Pursuit》的共同主持人 Kenny Coleman，接受路易維爾新聞台的訪問，討論越來越猖獗的假酒課題。他們指出販賣空瓶絕對是罪魁禍首，當一瓶酩帝裸麥威士忌 25 年已經在二級市場漲到 36,999 美金時，光是空瓶可賣到 500 美金，但有誰會花 500 美金把空瓶買回去，只為了當花瓶使用或是灌注蠟油作為蠟燭呢？這些在二級市場上流行的假酒，以高單價的 Eagle Rare、Blanton's 及 Van Winkle 為最多，Coleman 甚至認為假酒比例可能高達 10%！這個數字乍聽下有點危言聳聽，不過可確定的是假酒的確氾濫，只是當專業酒專如 Acker 都不免受騙上當時，消費者除了自求多福，只能盡量在有信譽的商店購買，至少後續求償有門。

美威再度偉大？

吉姆·莫瑞（Jim Murry）每年發行的《威士忌聖經》都會選出一款總冠軍酒，從 2017 到 2020 連續 4 年，居然全都由波本威士忌奪走，跌破全球所有威士忌愛好者的眼鏡：

◎ 2017：Booker's Rye 13yo, 68.1%

◎ 2018：Colonel EH Taylor Four Grain Bourbon（對，就是前述假酒事件的主角）

◎ 2019：William Larue Weller 128.2 Proof – Buffalo Trace Antique Collection 2017

◎ 2020：1792 Full Proof Kentucky Straight Bourbon

　　相互映照的是，英國知名的媒體《The Spirits Business》，於 2021 年 6 月公布了 2020 年全球烈酒品牌的銷售數字。在這份報告中，所謂的「烈酒」被分為伏特加、蘭姆酒、龍舌蘭、干邑、白蘭地、琴酒以及威士忌等十二大類，以威士忌而言，先不看很不一樣的印度威士忌，萬年不敗的約翰走路以 1,410 萬箱的銷售量獨占鰲頭，而傑克丹尼以 1,230 萬箱緊追在後，第三名為金賓，銷售總量為 1,070 萬箱。

　　2020 年的數字其實並不好看，因疫情影響，全球所有的威士忌銷售量都下滑不少，其中又以蘇威因美國祭出的「關稅懲罰」（tariff）滑落得最為顯著，約翰走路整整掉了 400 萬箱，但傑克丹尼只減少 100 萬箱，而金賓居然還小幅增加 30 萬箱。確實，根據 DISCUS 的統計資料，美國威士忌在進入二十一世紀後的漲勢十分驚人，從 2004 年以降，除了 2009 年因金融危機導致成長向下摔落之外，其他每一年，無論是銷售量或是銷售金額都呈二位數字成長，近年來全球威士忌風潮方興未艾，因此可預期未來美威的漲勢不會停歇。

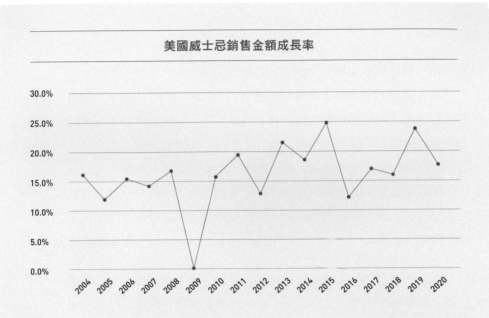

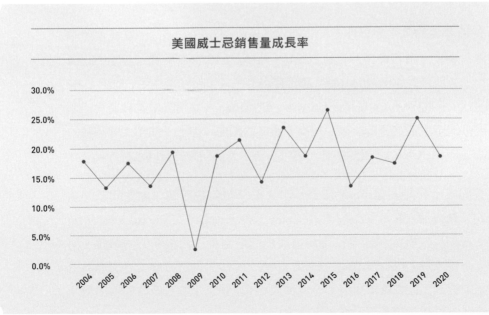

雖說如此，蘇格蘭威士忌百年來建立的國際品牌形象，主導了威士忌的風味，不是《1964年決議案》之後的美國威士忌短期內所能追及。不過筆者憶起已退休的「葡萄酒教父」Robert Parker，當年以他為中心所形成的信仰，挾著美國龐大的經濟購買力，撼動了數百年來既有的葡萄酒市場，差一點擊垮歐陸的無敵文化艦隊。借古觀今，美威的風味或許還不足以在國際上與蘇威匹敵，但是美國從立國之初便嗜酒至今，一直以來都是蘇威出口的第一大國，會不會藉由美國人的喜好和購買力，影響並在未來成為威士忌的風味制定者？

另一方面，不斷增加的工藝酒廠今日觀之好似方興未艾，但是當消費者逐漸失去了新鮮感、顧客的口味改變、無法開發新客源、無法維持品質或正常生產及轉型，又或是利用行銷廣告掩蓋製作缺陷的問題終於曝露在消費者面前，會不會在未來被大酒廠併吞或乾脆泡沫化？

美國著名的歌手布魯斯・史賓斯汀（Bruce Springsteen），以樸實無華的舞台裝扮，融入鄉村與搖滾的渾厚、質樸且略帶沙啞的嗓音，唱出紐澤西州工業地帶藍領階級的心聲，讓他贏得「工人皇帝」的美名。他於1984年唱紅的一曲＜ Born in the USA ＞，雖然控訴、批判的是越戰老兵回國後被排擠至生活邊緣的故事，但高亢激昂的編曲，加上一句句大聲吶喊的「Born in the USA」，居然搖身一變成為頌揚美國榮耀的愛國歌曲。

美國威士忌絕對是 Born in the USA 的草根特色產物，歌曲開頭的前兩句「*Born down in a dead man's town. The first kick I took was when I hit the ground*」，有如探索兩百多年前美威落地生長、開疆闢土的艱難，而最後一句「*I'm a cool rocking Daddy in the USA*」，則是歡慶又老又酷的美威並未逝去，且將持續搖滾下一個世代。所以接下來的美威會如何演變？我們好整以暇，繼續看（喝）下去。

「工人皇帝」Bruce Springsteen 象徵美國的草根文化，一如美國，是美
國文化的代表。（圖片／達志影像）

AMERICAN

WHISKEY

REGULATION

02

★ 搞懂 ★
美威的規範

no.2022

大眾認知的美國威士忌可能只有波本一種，或許還包括裸麥（黑麥）威士忌，其他大概就一無所知了。不過實際算起來，美國威士忌總共包含 41 種，製作和標示規定可能是全球最複雜的，還不包括特立獨行的田納西威士忌呢！

酒廠導覽解說（圖片由四玫瑰提供）

波本非純波本——
繁複的美威法規

美國威士忌酒吧（圖片由 Alex Chang 提供）

　　美國的蒸餾烈酒法規，是由聯邦政府的「酒精菸草稅務及商務局」（The Alcohol and Tobacco Tax and Trade Bureau 或簡寫為 Tax and Trade Bureau, TTB）規範，其前身為「菸酒槍砲及爆裂物管理局」（The Alcohol and Tobacco Tax and Trade Bureau, ATF）。因主管酒精和菸草，法規也分為兩大項，其中酒精相關規範列於 Title 27, Chapter I（27 CFR Chapter I），

總共包括31部分，內容則包含了所有酒種的定義、製造、行銷廣告、經銷、進出口等，範圍極廣，不過以威士忌的定義和製作規範而言，我們關心的是 Part 5──蒸餾烈酒的標示與廣告，內容又包括以下 10 個分項：

◎ Subpart A：適用範圍

◎ Subpart B：定義

◎ Subpart C：蒸餾烈酒的標準及特性

◎ Subpart Ca：配方

◎ Subpart D：蒸餾烈酒的標示需求

◎ Subpart E：蒸餾烈酒的裝瓶標準

◎ Subpart F：海關領取進口瓶裝蒸餾烈酒的要求

◎ Subpart G：瓶裝蒸餾烈酒標籤核可需求

◎ Subpart H：蒸餾烈酒的廣告

◎ Subpart I：「有機」的使用

必須先說明的是，這份法規所規範的蒸餾烈酒，包含美國境內生產以及所有進口的烈酒，而所謂的「美國」，指的不只是美國聯邦各州以及哥倫比亞特區，還包括屬於美國境外領土的波多黎各，因此哪天出現一款產自波多黎各的波本威士忌，請讀者們千萬不要訝異。此外，法規上的單位為 proof gallon，筆者翻譯為「酒度－加侖」，意指在華氏 60 度的室溫下，體積酒精度（abv）為 50% 的 1 加侖酒，也就是 0.5 加侖的純酒精，或者是約 1.89 公升純酒精（LPA）。

另外必須澄清的是，讀者們非常熟悉「威士忌」在蘇格蘭、加拿大以及其他世界各國都拼作「whisky」，唯獨美國和愛爾蘭多了一個「e」而成為「whiskey」。不過這個我們以為的「常識」在法規文字上被打破，因為所有的「威士忌」依舊拼成「whisky」，僅有在 5.23 節（a）（3）──我認為是誤植──出現一個「whiskey」。雖說如此，幾乎所有美國威士忌的產

品瓶身上仍然是「whiskey」，除了少數例外，譬如 Maker's Mark、George Dickel 蒸餾廠偏好採用「whisky」。

堪比辭海的威士忌類型定義

或許我孤陋寡聞，不過於我觀之，美國威士忌法規絕對是全世界最繁瑣的一部，從「Subpart C——蒸餾烈酒的標準及特性」以下，便將烈酒區分為 12 大類別：

◎ 類別 1：中性烈酒或酒精

◎ 類別 2：威士忌

◎ 類別 3：琴酒

◎ 類別 4：白蘭地

◎ 類別 5：調和式蘋果白蘭地（blended applejack）

◎ 類別 6：蘭姆酒

◎ 類別 7：龍舌蘭

◎ 類別 8：利口酒

◎ 類別 9：調味白蘭地、琴酒、蘭姆酒、伏特加、威士忌

◎ 類別 10：仿製酒（imitations）

◎ 類別 11：具有地理標稱意義的酒（如 London dry gin）

◎ 類別 12：不具地理標稱意義，但具有地區特性的酒

其中「類別 2：威士忌」，在 TTB 訂定之《飲用酒精手冊》（The Beverage Alcohol Manual, BAM）的第四章中，被列表區分出 41 種（Type），相較之下，蘇格蘭威士忌的 5 大類簡直小兒科。

為了說明清楚，我將這 41 種威士忌的定義翻譯如下，由於調味威士忌可摻入中性烈酒，因此也將類別 1 與類別 9 置於下表中。

◎ 類別 1：中性烈酒或酒精

◎ 類別定義：蒸餾後 ABV ≧ 95%（190 proof）且裝瓶 ABV ≧ 40%（80 proof）

項次	型式	型式定義
1	伏特加	中性烈酒利用木炭或其他物質過濾以去除特殊的香氣、口感及色澤
2	穀物烈酒	使用穀物發酵後製作之中性烈酒並存放於橡木桶

◎ 類別 2：威士忌

◎ 類別定義：發酵後的穀物糊蒸餾至 ∧BV ≦ 95%（190 proof）並保留其香氣口感特色，且裝瓶 ABV ≧ 40%（80 proof）

項次	型式	型式定義
1	波本威士忌	於美國境內生產，穀物配方中玉米含量 ≧ 51%，蒸餾至 ABV ≦ 80%（160 proof），並以 ABV ≦ 62.5%（125 proof）填裝於全新燒烤橡木桶中熟陳
2	裸麥威士忌	穀物配方中裸麥含量 ≧ 51%，蒸餾至 ABV ≦ 80%（160 proot），並以 ABV ≦ 62.5%（125 proof）填裝於全新燒烤橡木桶中熟陳
3	小麥威士忌	穀物配方中小麥含量 ≧ 51%，蒸餾至 ABV ≦ 80%（160 proof），並以 ABV ≦ 62.5%（125 proof）填裝於全新燒烤橡木桶中熟陳
4	麥芽威士忌	穀物配方中麥芽含量 ≧ 51%，蒸餾至 ABV ≦ 80%（160 proof），並以 ABV ≦ 62.5%（125 proof）填裝於全新燒烤橡木桶中熟陳
5	裸麥芽威士忌	穀物配方中裸麥芽含量 ≧ 51%，蒸餾至 ABV ≦ 80%（160 proof），並以 ABV ≦ 62.5%（125 proof）填裝於全新燒烤橡木桶中熟陳

29	調和純波本威士忌	調和於美國境內（不同州）生產、100% 之純波本威士忌
30	調和純裸麥威士忌	調和於美國境內（不同州）生產、100% 之純裸麥威士忌
31	調和純小麥威士忌	調和於美國境內（不同州）生產、100% 之純小麥威士忌
32	調和純麥芽威士忌	調和於美國境內（不同州）生產、100% 之純麥芽威士忌
33	調和純裸麥芽威士忌	調和於美國境內（不同州）生產、100% 之純裸麥芽威士忌
34	調和純玉米威士忌	調和於美國境內（不同州）生產、100% 之純玉米威士忌
35	烈酒威士忌	於酒度 - 加侖基準下，調和中性烈酒與不小於 5% 的純威士忌，或是調和威士忌與小於 20% 之純威士忌
36	蘇格蘭威士忌	合乎英國法規並生產於蘇格蘭之非調和式威士忌
37	調和蘇格蘭威士忌	調和合乎英國法規並生產於蘇格蘭之威士忌
38	愛爾蘭威士忌	合乎愛爾蘭共和國及北愛爾蘭法規並生產於該地之非調和式威士忌
39	調和愛爾蘭威士忌	調和合乎愛爾蘭共和國及北愛爾蘭法規並生產於該地生產之威士忌
40	加拿大威士忌	合乎加拿大法規並生產於該地之非調和式威士忌
41	調和加拿大威士忌	調和合乎加拿大法規並生產於該地之威士忌

◎ 類別 9：調味威士忌

◎ 類別定義：

- 使用自然風味物質調味，可添加糖，並以 ABV ≧ 30%（60 proof）裝瓶
- 須註明主要的風味物質，如 "Cherry Flavored Whisky"
- 可添加葡萄酒，但添加量超過 2.5%（以體積計算）時，則必須註明添加的葡萄酒種類和添加量

　　根據法規，每一種威士忌都必須選擇上面這個大表中最嚴謹的類型來標註，例如波本威士忌雖同時也是威士忌，但不能僅僅標示為「威士忌」，而必須是「波本威士忌」。但如果都不符合，那麼只能選擇最廣泛的定義，即「威士忌」。

　　這份繁複的分類表，旨在將每一種威士忌都規定得清清楚楚，對於生產製造者或許有其必要性，但是對於一般消費者而言則太過複雜，尤其是對美國法規一知半解的我們，可能會形成極大的障礙。舉例而言，假若我們看到酒標上寫著「Whisky Distilled from Bourbon mash」，有誰能在第一時間意會這支酒和波本威士忌的差異？又，如果酒標上寫著「調和純威士忌」（Blended Straight Whiskey），是不是會抓耳撓腮的跟「調和純波本威士忌」（Blended Straight Bourbon Whiskey）搞混？就算是喜愛也熟悉美國威士忌的酒友，大概也無法立即反應酒標的意義吧？

美國酒類專賣店（圖片由 Alex Chang 提供）

何謂波本威士忌？

為了讓讀者比較能掌握各種類別的名稱，我以大家最熟悉，也是產量、銷售量最大的波本威士忌為例來說明（與波本類別等同的威士忌還包括裸麥、小麥、麥芽和裸麥芽威士忌，所需符合的條件都相同）：

1. 波本威士忌必須符合以下條件：

① 在美國境內製作

② 穀物配方中的玉米含量 ≧ 51%

③ 蒸餾至 ABV ≦ 80%（160 proof）

④ 以 ABV ≦ 62.5%（125 proof）填裝於全新燒烤橡木桶中熟陳

⑤ 裝瓶時除了水以外，不得加入其他添加物（如焦糖著色劑），而裝瓶 ABV ≧ 40%（80 proof）。

各位讀者注意到了嗎？上述條件並未提及熟陳時間，所以理論上將新酒放入全新燒烤的橡木桶之後，下一秒立即倒出裝瓶，仍然可標示為波本威士忌。野火雞酒廠的蒸餾大師艾迪・羅素（Eddie Russell）曾提過所謂的「15 － 15 法則」，也就是新酒填入後超過 15 秒，或是滾動橡木桶超過 15 英尺，就可算是波本威士忌了。不過這只是說笑，威士忌業者不可能輕易浪費好好的一個新橡木桶。

2. 純波本威士忌必須符合以下條件：

① 在全新燒烤橡木桶中熟陳時間超過 2 年，或——

② 調和 2 種以上在同一州內製作，並且熟陳 2 年以上之純波本威士忌；

③ 熟陳時間不滿 4 年，則必須標註熟陳時間；若超過 4 年，則可以選擇不標。

根據上述條件，調和的原酒只要在同一州生產，都可以標示為純波本威士忌，也就是說，即便酒廠位在肯塔基州，但可以從某一州的不同代工廠購入 2 種以上的原酒來進行調和，仍然可以稱為純波本威士忌。但如果與自家生產的純波本威士忌進行調和裝瓶，或是調和 2 種以上、不同州生產

的純波本威士忌，就必須標示為調和純波本威士忌（上表中編號 29）。此外，如果我們看到一瓶酒的酒標標示為 Straight Bourbon，但沒標示酒齡，那麼可確定這支酒的陳年時間一定大過於 4 年。

3. 調和波本威士忌必須符合以下條件：

① 以酒度－加侖為基準，調和不小於 51% 的純波本威士忌。

② 調和的原酒不限於同一州內製作。

「酒度－加侖」的定義用在這裡，假如缺乏這個基準，那麼調和時將無所適從。這種威士忌可標示為「Blended Bourbon Whisky」或者是「Bourbon Whisky － A Blend」。調和的波本必須是熟陳 2 年以上的純波本，且原酒來自不同州，假如是同一州呢？那麼就是波本威士忌。

4. 調和純波本威士忌必須符合以下條件：

調和 100% 的（純）波本威士忌，但是調和的原酒不限於同一州內製作。

這個定義簡潔明瞭，與純波本威士忌的唯一差別僅在於調和原酒的州別來源，假如是來自不同州，就被歸類為這一種。不過筆者差一點將這種威士忌的規定與調和純波本威士忌搞混，因為後者除了原酒來自不同州之外，還被允許添加無害於人體的調色、調味或其他物質，由此可見美國威士忌規範是如何的細如牛毛，閱讀酒標時必須十分小心。

5. 並不是所有的波本威士忌都必須在全新燒烤的橡木桶中熟陳，但──

① 假如填裝在二次桶（曾經使用過的橡木桶），就只能稱為波本穀物糊威士忌（表中編號 14）。

② 純波本穀物糊威士忌的使用規定與純波本威士忌相同。

乍看到以上兩種酒標，假如不講清楚，一定會讓不熟悉美威的我們一頭霧水。從另一個角度看，也許這種威士忌更能投合喝慣蘇威的我們的風味。

③ 假如玉米的含量超過 80%（符合波本威士忌的穀物配方要求），但是

　　A. 不放入橡木桶進行熟陳，或

B. 放入使用過的二次桶熟陳，又或者是

C. 放入不做燒烤的全新橡木桶內熟陳

那麼便稱為玉米威士忌（上表中編號 6）。

④ 純玉米威士忌的使用規定與純波本威士忌相同。

③、④的定義與①、②唯一的不同，僅在於原料中的玉米含量比例，但為什麼要定義得如此複雜？

我曾不只一次聽到酒廠的蒸餾大師或品牌大使用「茶包」來說明全新燒烤橡木桶的重要，他們通常會問：你們泡過的茶包還會再泡一次嗎？（蘇格蘭威士忌業者大喊：會！）

「茶包」指的是橡木桶，而且是能提供大量橡木桶物質的全新燒烤橡木桶，正是波本（及其他）威士忌的愛好者追求的風味，或許可以簡化為「木桶味」。當橡木桶因使用過一次而減少了木桶味，即便放入符合波本威士忌定義製作的新酒，也萃取不到足夠的橡木桶物質，所以不能稱為波本威士忌。至於玉米威士忌，顧名思義就是要彰顯玉米風味，所以橡木桶的使用策略上必須符合③的條件，來減少或完全不含木桶味。

純玉米威士忌

小麥威士忌

純裸麥糊威士忌

快刀斬亂麻的簡單劃分

TTB 的定義確實是「意圖使人頭痛」，相信讀者們已經被各種波本威士忌搞得暈頭轉向，不過可以將不同名稱的變因拆解如下：

① 原料及含量比例：包括玉米、裸麥、小麥、麥芽、裸麥芽等主流穀物，以及燕麥、小米等非主流穀物，比例均以 51% 為下限，唯一例外是玉米威士忌的 80%。

② 橡木桶的使用方式：主要為全新燒烤橡木桶，但也可以不入桶、使用二次桶或未經燒烤處理的全新橡木桶。

③ 熟陳時間：區分為 2 年以下、2 ～ 4 年以及 4 年以上 3 個區段。

④ 蒸餾位置：區分為生產於同一州內以及不同州。

將以上變因做各種搭配組合，即可做出千萬種不同的威士忌，怪不得美國小型酒廠蓬勃數千間，每一間都宣稱自家獨特的工藝技術，更讓我們看得眼花撩亂。幸好波本或純波本依舊是市場主流，我們還不需要太過費心去詳讀酒標上的資訊，只需豪邁的一口飲盡一個 shot 即可！

歷史與利益的拉鋸產物

上述各種威士忌的定義，以及定義中採用的數字，可說全都是歷史下的產物，也是利益團體間最終妥協的結果。且讓我們回想十九、二十世紀的「鍍金年代」以及「何謂威士忌」大辯論，當市面上充斥著各種利用調味劑、添加物偽作而成的高價威士忌時，唯有採用明確的數字去定義各種威士忌，才是有效保障消費者的不二法門。不過，針對如此多種的威士忌，仍必須思考規定的緣由，如：

◎ **全新燒烤橡木桶：**禁酒令廢除後，威士忌產業百廢待興，除了蒸餾廠本身，其他相關產業也摩拳擦掌的力圖重新開始。燒烤橡木桶的熟陳效果在禁酒令前早為業界所肯定，只是從未被強制要求，對於擁有豐富森林資源的阿肯薩斯、密蘇里和西維吉尼亞等州，伐木業和製

桶業擁有極大的影響力，為
了爭取蒸餾產業復甦後的龐
大利益，這些公會聯合起來
遊說政府，也獲得立法通過。
只是在環保意識高張的今日，
砍伐櫟木製作橡木桶將破壞
森林資源，也因此伐木業者必
須考量永續經營，以最有利於
全林區橡樹生長的方式評估
砍伐的數量及方式，成為今日
橡木桶價格上漲的原因之一。

老爹帽賓州裸麥威士忌

◎ **XX 威士忌：**熟悉蘇格蘭
法規的讀者應該知道，從使
用原料的角度看，蘇格蘭威士忌只分成兩大類，即使用 100% 麥芽的
麥芽威士忌，以及摻有其他穀物的穀物威士忌。為什麼美國不厭其煩
的依據穀物種類和使用比例來定義波本、裸麥、小麥、麥芽、裸麥芽
威士忌？回顧＜酒瓶裡的美國史＞的「何謂威士忌」章節，1909 年
在塔夫總統授意下，國會召開公聽會針對威士忌的酒種，以及各酒種
穀物配方不同原料的比例進行辯論，所有重要的酒商都在列。從結果
論，顯然這 5 種威士忌都是當時市場上能見度較高的商品，為了平衡
酒商間的利益，同時也顧及農民收益，最終制定使用量超過一半以上
（51%）的穀物作為名稱依據，並一直使用至今。

◎ **玉米威士忌：**同樣是定義於 1909 年的法規，與波本威士忌最大
的差異，除了必須使用 80% 以上的玉米為原料之外，也規定可無需
放入橡木桶中熟陳，或是使用非燒烤的全新橡木桶或二手桶，但不
得像波本威士忌一樣使用全新燒烤橡木桶。很顯然，玉米威士忌的

玉米風味將因此被放大凸顯，可以和波本威士忌的橡木桶風味明顯區隔。

◎ **輕威士忌：**請參考「大敵當前：伏特加來襲」一節，威士忌業者在 1970 年代初，因伏特加的銷售量逐漸上升而感到恐慌，進而展開遊說，國會在 1971 年通過在威士忌種類中增加「輕威士忌」一項。只是即便有了法規依據，還是無法挽回威士忌的銷量持續下滑。今日流行趨勢再度回轉到酒體較重、具有醇厚風味的威士忌，幾乎已經沒有蒸餾廠製作這個類別，但基於歷史因素而被保留下來。

酒標可以說的事

酒標務必將資訊公開：（左）「天使嫉妒」（Angel's Envy）以蘭姆桶過桶的裸麥威士忌及波特桶過桶之波本威士忌；（右）以 3 種不同酒桶過桶並以不同比例調和之「口哨豬」（Whistle Pig）裸麥威士忌　（圖片由 Alex Chang 提供）

上述這些詳細、瑣碎到近乎龜毛的規範，主要目的是為了保障消費者「知」的權利，讓消費者從酒標上便清楚的了解到底瓶內裝的是什麼。另外法規也規定，酒標除了名稱、酒精度、容量、酒齡、蒸餾地州名、裝瓶商等基本資料之外，也必須標示酒的等級和種類（如波本、玉米、輕威士

忌等等）。若屬於調和類，所標示的酒齡必須包含其含量（％），且如果包含添加物，也必須標示其種類及含量。

有關酒標需敘明的資訊，必須參閱《飲用酒精手冊》（BAM）第一章內的所有要求，概略敘述如下：

① **酒名：**不得以任何方式來暗示酒齡、來歷或其他特色，根據這一條規定，筆者猜測任何 pure、尊榮、皇室等溢美形容應該都不會被允許。

② **等級和種類：**根據各種酒類的定義和等級來標註，並且嚴格規定，如果調入了來自其他產地、國家的威士忌，則必須清楚標明該產地、國家的名稱以及調入的含量比例。很顯然，這是要求裝瓶商誠實告訴消費者酒的來源和含量，避免消費者無法分辨酒從何來，但是只限制來自其他產地、國家的威士忌，如果同樣來自美國境內，請參考下一條。

③ **蒸餾廠或裝瓶廠名稱、地址：**必須以「bottled by」、「packed by」或「filled by」的方式標註。如同其他國家，美國也存在許多不自行生產，而是向他廠購買原酒進行調和的「酒廠」，不過這一條法規存在漏洞，缺少了「distilled by」的要求，消費者無法了解酒液的來源。

④ **酒精含量：**有趣的是，儘管法規上使用的單位都是 proof，但是卻要求酒標上的酒精度必須以體積含量（abv，％）來標示，但也可以在 ％ 後面括號註明 proof，而且容許 0.25%（50 ml. 或 100 ml. 的小瓶）以及 0.15%（其他裝瓶）的誤差，這一點比台灣蒸餾酒 ±0.5% 的要求還要嚴格。

⑤ **裝瓶容量：**以公制單位標示，一般都用 ml.，標準裝瓶包括 50、

100、200、375、500（1989 年 6 月 30 日以前）、750、1000、1750 ml. 等，若在 1980 年以前裝瓶則允許使用英制。

⑥ **酒齡及含量：**無論產自美國或從國外進口、混合（mixed）或調和（blended）之純威士忌，只要酒齡大於 4 年，則可無須標示酒齡及含量；小於 4 年且不含中性酒精，則標示最年輕的酒齡。至於含中性酒精的調和威士忌或輕威士忌，因為屬於廉價的劣質威士忌，標示方法又複雜，所以就不多贅述。

蘇格蘭並無審核酒標的專責機構，但美國法規多如牛毛，裝瓶上市前勢必需要嚴格審查，因此在 TTB 轄下設置「酒標審核認證局」（Certificate of Label Approvals, COLAs）來審查、認可或取消所有美國境內生產、販售的葡萄酒、蒸餾酒及啤酒酒標，就算是台灣的噶瑪蘭及 OMAR 想在美國上市，同樣必須先將酒標送審。

COLAs 的業務量有多大？網路上可搜尋得到的最近資料只有 2015 年，而在這一年中收到的申請便超過 15 萬件，由於如此之多，人力無法負荷，早從 2003 年起便提供線上申請。近年來工藝酒廠興起，出現各種稀奇古怪的原料和製法，COLAs 的負擔也隨之增加，促使 TTB 檢討法規的不足以及必要的修訂。

縱使美國威士忌法規既繁瑣又嘮叨,細分的威士忌種類猶如老太婆的裹腳布又臭又長,但由於規則越細,無論採正面表列或負面表列,可能產生的疏漏也就越多,舉例如下:

◎ 田納西威士忌不在法規定義中,傑克丹尼卻是全球銷售量最大的美威品牌,似乎打臉美國威士忌產業。就算歸類於波本威士忌(田納西威士忌並不領情,詳情後述),且「林肯郡製程」不算是額外添加風味,但傑克丹尼裝出的「紳士傑克」(Gentleman Jack)和「黃金 27 號」(No.27 Gold),標榜進行兩次的「林肯郡製程」,除了新酒入桶前,裝瓶前又再處理一次,如此一來,會不會因而增減風味而違反法規第 5.23(b)條?

◎ 有關橡木桶的使用,除了全新燒烤之外,並無容量限制。相對之下,熟悉蘇格蘭威士忌法規的讀者應該知道,熟陳用橡木桶的容量最大不得超過 700 公升,目的在於求酒液接觸橡木桶的面積(比表面積)不得過小,以維持熟陳效果。但依據目前的美威法規,酒廠使用的橡木桶可大可小,雖然最終由市場決定一切,但酒標上看不出來,也因此可能損傷威士忌的聲譽。

◎ 根據現行法規,威士忌在裝瓶前只得加水稀釋,不容許添加其他

任何物質，但是「過桶」這種蘇格蘭威士忌業者經常使用的製作方式，算不算是額外增添風味？

◎ 工藝酒廠（craft distillery）之名並無定義，但號稱工藝酒廠的數量暴增，各種新奇的穀物、各類尺寸的橡木桶都被使用，很顯然這些都是舊法規所無法涵納。

◎ 筆者於研究美威時，由於太習慣蘇威以蒸餾廠名稱為主的酒標標示方式，很不適應美威層出不窮的品牌，因為完全無法從品牌名稱中辨別實際的蒸餾者。現行法規僅規定酒標必須標示「bottled by」、「packed by」或「filled by」，因而出現大量的「非蒸餾者製品」（Non Distiller Producers, NDP）。這種 NDP 等同於裝瓶商，卻常常打著「XX distillery」的名號，也讓追溯原酒來源（sourcing）成為 geek 樂此不疲的運動（這個問題後文會再詳述）。

成立於 2008 年的 Koval，為禁酒令後芝加哥第一間酒廠 （圖片由 Koval 提供）

洋洋灑灑的修訂草案

就因為認知到法規確實有所不足，TTB 於 2018 年 11 月 26 日公佈了一份針對各類酒種標示方式的修訂草案，洋洋灑灑共計達 132 頁，請公眾閱覽後提出意見，作為最後拍板定案的依據。有關威士忌部分，修訂的項目如下：

◎ **穀物**：現行法規所有威士忌原料都是穀物，但是並沒有針對穀物下定義，因此在修訂案中，除了一般習用的穀物之外，另將莧菜籽、蕎麥和藜麥等經常在工藝酒廠中使用的非主流穀物納入。

◎ **橡木桶**：正如前述，橡木桶的容量在現行法規中並無限制，又由於工藝酒廠經常使用小型橡木桶來加速熟成，因此修訂案建議將橡木桶的容量限定為 50 加侖上下，容許少許誤差，但不得偏差太大，不過這項規定不套用於進口酒種（如蘇格蘭威士忌）。

◎ **酒精強度標示**：今日大行其道的「Cask Strength ／ Barrel Proof」等標示，因為缺乏法規定義，等同於形容詞，卻常被酒商用於暗示品質。修訂案建議「裝瓶酒精度低於橡木桶酒精度 2 proof 以內」都可稱為「Cask Strength ／ Barrel Proof」，同時針對「Original proof」、「Original barrel proof」、「Original cask strength」、「Entry proof」等名詞下定義，不過這幾個名詞差異有限，阻力不小。

◎ **Whisky 或是 Whiskey**：基本上這一點並無爭議，不過修訂案建議明確說明兩個名詞都相同，也都可以自由使用。

◎ **蒸餾於（distilled by）的標示**：這是筆者最歡迎的一條修正案，無須再傷腦筋去追尋實際蒸餾者。不過法規中缺少蘇威規範中的「單一」定義，因此執行上增添許多麻煩，譬如「純 XX 威士忌」便允許調和 2 種以上在同一州內製作之純 XX 威士忌，一旦通過「蒸餾於……」的規定，必須同時標示每一間蒸餾廠的名稱以及調和比例，也因此部分業

者力推「單一」，但既得利益者的反對力量也相當大。

◎ **田納西威士忌**：修訂案要求任何一種威士忌必須以最嚴謹的方式標示，譬如如果符合「波本威士忌」的標準，就不得僅標示為「威士忌」，又如果符合「純波本威士忌」的標準，就不得僅標示為「波本威士忌」。唯一的例外是田納西威士忌，修訂案依舊沒作定義，而且雖然符合「波本威士忌」的標準，但允許標示為「田納西威士忌」。

◎ **州別標示**：假若酒標以「州」為品牌標示，如「肯塔基波本威士忌」或「紐約裸麥威士忌」，那麼無論是製作或熟陳必須在這個州內完成，不過可在其他州進行調和或裝瓶。很合理的要求，用以杜絕某些NDP 的投機取巧。

◎ **添加劑**：現行法規中，有關著色、調味或其他添加劑的要求有些模糊，只強調任何種類的威士忌假若使用添加劑而變更其種類，則必須標示為另一種類，修訂案則明確要求波本威士忌不得使用添加劑。

◎ **白威士忌**：為了因應許多工藝酒廠特殊裝瓶所新增的威士忌種類，也就是未入桶熟陳的威士忌（俗稱月光酒或白狗），或是入桶熟陳，但裝瓶前將酒色濾除成為透明狀。

◎ **過桶**：終於有一部法規針對「過桶」來下定義了。就酒齡而言，假若酒液在一種橡木桶以上進行熟陳（譬如先在全新燒烤橡木桶中熟陳 2 年，再換到另一個全新燒烤橡木桶中熟陳 6 個月），那麼只承認第一個橡木桶的酒齡。至於換到其他種類的木桶（如雪莉桶），修訂案將之分類為「特殊蒸餾烈酒」（Distilled Spirits Specialty），但也特別允許標示為「過 XX 桶波本威士忌」（Bourbon finished in...），如「Bourbon Whiskey finished in maple barrels」。

2020 年的法規修訂案

修訂案的大部分只是針對現行法規作更明確的定義或規範，但也可能牽涉到商業利益，因此不同的酒廠、酒公司各有盤算，遊說團體大肆活動。原本意見只收集到 2019 年 3 月 26 日，但欲罷不能的延長 3 個月，最後總共收到 1,143 項，經整理並討論後，於 2020 年 4 月 2 日公告修正。在此提出幾項重點：

賓州老爹帽威士忌使用的 15 加侖小橡木桶（圖片由嘉馥貿易提供）

◎ **個人化酒標：美國蒸餾烈酒協會**（Distilled Spirits Council of the United States, DISCUS）建議，有關酒標的審核應包括可能的雷射、簽名、紀念徽章、瓶身包裝以及橡木桶的相關資料，不過 TTB 並未認可，因為細項一旦過多，便可能掛萬漏一，所以只要業者的酒標假若已包含個人化的說明，經核可後，未來無論是雷射、簽名都可以自由進行而無須再度送審。

◎ **橡木桶：**TTB 原本希望將橡木桶（oak barrel）定義為「約 50 加侖容量，用以儲存蒸餾烈酒之圓柱鼓式橡木桶」，結果收到近 700 條的回饋意見，絕大部分都反對，主要的理由是一旦規定了尺寸、形狀，將扼殺目前蓬勃的創新風潮。為數眾多的工藝酒廠更是大力反對，因為許多新興酒廠為了加速回收成本，時常採用小尺寸橡木桶來進行熟陳。此外，TTB 也收到一些建議，例如以「木桶」取代「橡木桶」，或是允許使用內置橡木片的不鏽鋼桶等等，TTB 最終決議維持橡木桶的相關規定，不作任何修正，但是對於到底該用 oak barrel 還是

oak container，則認為在目前的法規意涵上，應該以容許更改尺寸、形狀之 oak container 為準。

◎ **Bottled in Bond（BIB）裝瓶：**還記得這種根據 1897 年的《保稅倉庫法》所訂定的特殊裝瓶標準嗎？這一條法規雖然在 1979 年被廢止了，不過 TTB 的前身美國菸酒槍炮及爆裂物管理局（沒錯，過去酒精類飲品是等同於槍砲彈械等危險物）保留了 BIB 一直到現在。由於在眾多酒友的心目中，BIB 裝瓶相當於品質保證，所以一面倒的反對廢止，繼續被保留下來。

天山酒廠的 BIB 裝瓶（圖片由橡木桶洋酒提供）

◎ **酒齡標示：**現行法規要求只有在第一次存放的橡木桶才能計入酒齡，因此假如某一款威士忌在全新燒烤橡木桶中熟陳 2 年後，再換到另一個全新燒烤橡木桶中 6 個月，只能標記 2 年。結果 TTB 收到近 50 條反對意見，所以從善如流的修改法規，如上述案例便可標示為 2.5 年或 30 個月，另外也提供選項，將所有曾熟陳使用的橡木桶資料標示清楚，包括每一階段的橡木桶種類和熟陳時間，因此可名正言順的標明「過桶」，而這一點，其實也並未違反現行法規。

◎ **蒸餾方式：**TTB 希望能夠將壺式蒸餾器和連續式蒸餾器的蒸餾方式定義清楚，結果收到 9 條贊同的回饋意見，以及更多的反對意見，正反合的考量後，TTB 最終決定讓蒸餾者在申請酒標時，清楚標明所有的蒸餾方式，並且也納入原先構想的定義，不過這些訊息應該不會出現在酒標上吧？

◎ **威士忌種類的標示**：現行法規要求蒸餾者必須根據規範（也就是 BAM 表列的 41 種），選擇最嚴格的方式來標示，其母法來自 1937 年聯邦酒精管理局的要求：「假如符合純波本威士忌的標準，就不能標示為威士忌」。TTB 希望放寬這項規定，同時也放寬熟陳 2 年以上就必須標示為「straight」的規定，這些構想獲得美國蒸餾烈酒協會（DISCUS）和肯塔基蒸餾者協會（KDA）的歡迎，因此決議除了可選擇標示「威士忌」或更符合的威士忌類型之外，也可以選擇是否標為純威士忌。老實說，筆者不明白這種模糊的標示方法對銷售有何好處，假設貨架上價格相同的兩瓶酒，一瓶是 8 年的純波本威士忌，另一瓶是威士忌，請問消費者會選擇哪一瓶？

以上的修訂似乎不如預期，穀物、原桶酒精強度、蒸餾者、白威士忌和過桶等議題，基本上無聲無息的消失了，同時也完全不考慮田納西威士忌，更不用說納入「單一」這個早已國際通用的名詞。為什麼許多人關心的議題最後都憑空蒸發了？很可能是既得利益者從中作梗，或是大酒商居中操作，我們不得而知，不過有關田納西威士忌再度遭受擱置的問題，其實有其歷史因緣，TTB 避而不談並不是壞事。

麥芽威士忌 VS 單一麥芽威士忌

按照美國規範，穀物配方中只需使用超過 51% 的麥芽，即可標示為「麥芽威士忌」，但是這個定義與全球通行且認知的麥芽威士忌大不相同，變通的方法，便是在規範中允許蘇格蘭、愛爾蘭和加拿大等 3 個國家／地區自行依據各自的規範製作麥芽威士忌。不過這個方法顯然有漏洞，來自其他非傳統威士忌製造國，如日本、台灣、印度、瑞典，或甚至英格蘭、威爾斯等地的麥芽威士忌，都不在 BAM 的 41 種威士忌之列，過去申請進口時，酒標上的 Malt Whisky 不符合「全新燒烤橡木桶」的規定而被質疑。

等審核酒標的 COLAs 公務員逐漸搞清楚國際趨勢，這種質疑才逐漸減少，但釜底抽薪之計，還是得解決麥芽威士忌的定義。

另一方面，美國境內少數酒廠，如位於西雅圖的 Westland，一心一意的製作單一麥芽威士忌，酒標上大剌剌的標示著「American Single Malt Whiskey」，但反倒更讓人感覺迷糊。第一，規範中並無 Single 的定義，所以即便調和其他酒廠的酒也不違背法規；第二、酒廠的 Malt Whiskey 到底是

罕見的美國單一麥芽威士忌

依據美威還是蘇威規範？使用的是 51% 以上的麥芽，還是 100% 的麥芽？

美國是蘇威的最大進口國，專賣店內普遍可見單一麥芽威士忌，絕無法置身於全球化之外，因此美國單一麥芽威上忌委員會（The American Single Malt Whiskey Commission, ASMWC），這個包括 170 個蒸餾者（distiller）的小組織，努力推動合乎蘇格蘭法規定義的單一麥芽威士忌。由於 TTB 於 2020 年公佈的新法規隻字不提單一麥芽，我本以為應該是一項徒勞無功的努力，不過 2021 年 6 月傳來消息，ASMWC 很高興的向新聞界透露，TTB 已經接納了他們的提議，未來將公告修正案的注意事項（Notice of Proposed Rulemaking, NPRM），提供大眾參與討論。至於 ASMWC 推動的標示法，同時參照了蘇格蘭和美國的規範，主要規定包括：

◎ 使用 100% 的大麥麥芽

◎ 糖化、發酵、蒸餾、熟陳等作業都在美國境內

◎ 由單一酒廠製作生產

◎ 蒸餾最高酒精度不得超過 80%

◎ 熟陳使用的橡木桶須小於 700 公升

◎ 裝瓶酒精度須高於 40%

　　修改規範茲事體大，按過去慣例，NPRM 公告後一段時間內（一般為 6 個月，但可能延長），各方都可以提出支持、反對或其他修改建議，因此最終是否能完全合乎 ASMWC 的預期仍未可知，其中又以美威堅守的「全新燒烤橡木桶」最難動搖。我當然樂觀其成，終究美威規範裡的穀物配方存在盲點（「51% 玉米＋49% 裸麥」和「51% 裸麥＋49% 玉米」被歸類為兩種不同的威士忌），如果能清楚定義 100% 麥芽的要求，至少消費者不致被搞得暈頭轉向了。

認識美威還得搞懂的幾個名詞 ③

渥福肯塔基純波本威士忌（圖片由 Alex Chang 提供）

肯塔基威士忌

美國電視影集《白宮風雲》的某一集劇情中，美國總統舉杯跟幕僚長說：「只有肯塔基州的威士忌才是波本威士忌，不然就只能稱為 sour mash（酸醪）。」

我不清楚這部影集的編劇是誰，但顯然對威士忌的認知大錯特錯！雖然肯塔基州號稱產製了全美九成以上的波本威士忌，但美國領土內任何地方都能依據法規生產波本威士忌，甚至包括美國本土以外的波多黎各領地；至於 sour mash（酸醪製程）只是威士忌的製作方式，和名稱一點關係也沒有。

不過市面上隨處可見的 Kentucky straight bourbon whiskey 卻有其特殊規定。根據肯塔基州於 2010 年通過實施的稅法《KRS 244.370》，只有在肯塔基州蒸餾生產，並且熟陳 1 年以上的威士忌，才能掛上 Kentucky 的名號，唯有玉米威士忌可無須放入橡木桶熟陳而除外。熟陳不滿 1 年的威士忌當然可以運送到其他州裝瓶或繼續陳年，但不得在酒標及任何地方標示出 Kentucky，這也是 TTB 要求所有熟陳不滿 4 年的威士忌都必須標示陳年時間的原因，否則無從判斷熟陳酒齡。

不過 KRS 屬於州法，該如何規定其他州的業者？基本上，只要在州內擁有產業或商業機構，都必須遵守州法，違法者最重將被吊銷執照，而對於出售威士忌給違法公司的蒸餾廠，同樣的，也可能面臨吊銷執照的命運。

為什麼田納西威士忌不是波本威士忌？

讀者們是否感覺奇怪，全美產量、銷售量最大的傑克丹尼，酒標上清楚的寫著「田納西威士忌」，但為什麼 TTB 規定了 41 種威士忌，卻找不到田納西威士忌的名稱和定義？沒錯，翻遍 TTB 的規範，絕對找不到田納西威士忌，甚至在 2020 年廣徵民意、最後拍板定案的新法規，仍無視於多方意見將之棄而不顧。

聯邦法規不管，但「北美自由貿易協定」（ North American Free Trade Agreement, NAFTA）或加拿大《食品藥物法》中，仍將田納西威士忌定義為「在田納西州生產的純波本威士忌」，雖然出現了「田納西」，不過依舊歸類為波本的一種。

田納西威士忌到底算不算波本？這個議題爭吵了上百年，大部分的人避而不談，或視之為容易引起爭端的挑釁話題，通常贊同與反對方各占一半。贊成方認為，由於田納西威士忌的所有製程都依循 TTB 法規中

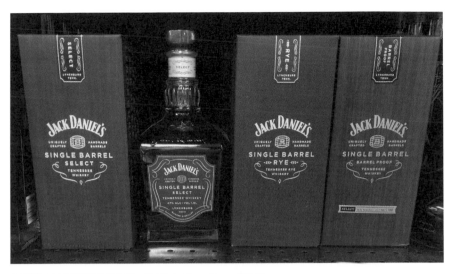

各種傑克丹尼田納西威士忌（圖片由 Alex Chang 提供）

有關波本威士忌的要求，所以當然是波本威士忌；不過反對方振振有詞的提出，由於田納西威士忌製作過程中特殊的「林肯郡製程」（Lincoln County Process）已經脫離了波本忌的定義，不能等同視之。

身為規範基本教義派的我，過去在不明緣由的情況下，原本支持田納西威士忌就是波本，不過仔細爬梳歷史淵源，如今完全站在反對一方。但是在陳述理由之前，先讓我們看看何謂田納西威士忌。

根據田納西州於 2013 年通過的州法《House Bill 1084》，嚴格規定凡標示為「Tennessee Whiskey」、「Tennessee Whisky」、「Tennessee Sour Mash Whiskey」或「Tennessee Sour Mash Whisky」，都必須遵循以下標準：

◎ 在田納西州生產製造；

◎ 穀物配方至少含 51% 的玉米；

◎ 蒸餾完成的酒精度（體積濃度）≦ 160 Proof （80%）；

◎ 於全新燒烤橡木桶熟陳，並且在田納西州熟陳；

◎ 熟陳前必須以楓木炭過濾；

◎ 入桶酒精度（體積濃度）須 ≦ 125 Proof（62.5%）；

◎ 以 ≧ 80 Proof（40%）的酒精度（體積濃度）裝瓶。

　　檢視上述條件，除了新酒入桶前必須以楓木炭過濾之外（即「林肯郡製程」），基本上與波本威士忌毫無二致。依據這些規定，並不是所有在田納西州生產的威士忌都可以標示為田納西威士忌，而另一方面，也不是所有田納西州所生產的威士忌都必須使用「林肯郡製程」，其中又以 Benjamin Prichard's 最是特殊。這是目前設立在田納西州林肯郡內唯一的一間酒廠，但就算位在林肯郡，卻根據「祖父條款」（grandfather clause）——法規中不回溯條款或例外條款，即新法規不適用於已持續進行的歷史活動——得到唯一的豁免，成為可無須使用「林肯郡製程」，但依舊標示為田納西威士忌的酒款。

　　使用楓木炭過濾新酒，當然會失去少數風味物質，有部分人士根據法規 5.23（b）作為田納西威士忌不是波本威士忌的理由：「從蒸餾烈酒中去除任何成分，導致產品不具有該蒸餾酒類別或類型的味道、香氣和特性，進而改變其類別和類型，並且須重新命名。此外，針對純威士忌，若去除 15% 以上的酸類，或揮發性酸類、酯類、可溶性固體或高級醇，或 25% 以上的可溶性色素，則可視作變更其類別或類型」。不過詳查條文內容，指稱的是經橡木桶熟陳後的「產品」（product），「林肯郡製程」發生在入桶前，並不適用這條法規，何況還有 15% 和 25% 的數量規定。事實上，田納西威士忌根本不需要這些理由，因為它從開始生產之初，就與波本威士忌劃清界線，骨子裡也不認同波本，與法規並無關係。

傑克丹尼與田納西威士忌的由來

　　從地理及歷史淵源來看，田納西州同樣盛產玉米，位在田納西州最南方的林肯郡更被認為是品質優異的玉米產地，因此大約與肯塔基州在同一時期開始發展蒸餾事業。

　　早年的林肯郡比目前範圍還要大，今天傑克丹尼酒廠所屬的穆爾郡本來也在林肯郡內，1871 年才獨立出來。不過林肯郡生產的烈酒，因距離密西西比河非常遙遠，是否能先走陸運到曼菲斯（Memphis），而後再運上平板船，循著大河漂流到出海口紐奧爾良進行銷售？這委實不無疑問，倘若參考波本威士忌的誕生，幾乎可以確定與「波本」這個名詞毫無血緣關係。另一方面，南北戰爭期間與肯塔基州種下的齟齬和嫌隙，以及波本威士忌獨享盛名後產生的競爭心態，皆讓此地的威士忌從來就不曾以波本自稱。事實上，林肯郡鄰近區域產製的威士忌，由於玉米品質優異，自 1866 年起便在報紙上刊登「林肯郡威士忌」（Lincoln County Whiskey）的廣告，這個時間點也正是傑克丹尼酒廠號稱創立的年代。

傑克丹尼酒廠用於過濾新酒的楓木炭（圖片由百富門集團提供）

利用木炭過濾新酒的技術大概始於十九世紀初，當時的農莊製酒人都沒有陳年觀念，蒸餾技術也還不成熟，採用過濾法可除去雜醇油，得到更為「順口」的酒質，因而大為流行。到了十九世紀中，這種技術逐漸盛行於精餾者之間，調配酒商從農莊或小型酒廠收購蒸餾至中性酒精的烈酒，由於來源不一、品質參差，所以把這些酒混合之後，先以楓木炭將粗劣的口感濾除，而後調入各種獨家配方，獲利十分豐厚，進而引起聯邦政府的注意，於 1860 年代中針對這些精餾業者課以重稅。由於木炭過濾法被用於判別是否為精餾者的依據之一，導致田納西威士忌業者除了在蒸餾時必須繳稅，過濾時又再被剝一次皮，不禁大為反彈而提出申訴。美國國家稅務局（IRS）經過調查，最終採納業者說法，於 1868 年豁免其稅賦，讓田納西威士忌成為官方默許的特殊威士忌類別。

禁酒令時期，田納西的威士忌產業完全熄火，等到美國國會於 1933 年通過憲法第二十一條修正案將禁酒令廢止後，財政部所屬的聯邦酒精管理局於 1935 年重新定義威士忌的種類，並要求酒廠必須在「波本威士忌」和「裸麥威士忌」中選擇一種來命名。但是問題來了，憲法修正案屬於聯邦法，每一個州的每一個郡仍須遵循州法，由地方議員投票決定。田納西州遲到 1937 年才真正廢除禁酒令（穆爾郡至今仍未廢止），導致官方訂定威士忌酒種時根本沒考慮田納西，而後續在 1938 年通過的《聯邦酒精管理法》也跟著忽略了田納西。

倖存下來的傑克丹尼重新開始運作，成為全州碩果僅存的酒廠，也成為楓木炭過濾工法的唯一傳人。為求生存，酒廠先製作不需要橡木桶熟陳、能立即變現的玉米威士忌，等到 4 年後打算裝出傳統的田納西威士忌時，發現他們居然被要求標示為「波本」！

是可忍孰不可忍？傑克丹尼立即向財政部申訴，酒廠當時的老闆、傑克丹尼的外甥 Reagor Motlow 也多次造訪路易維爾去陳述意見，同時提交樣

品給政府的實驗室化驗，以證明「我們的酒確實跟波本不一樣」。當時到底進行了什麼化驗無人知曉，猜想可能只是 Reagor 和政府官員在實驗室（酒吧）進行了好幾輪的感官測定（飲酒作樂）──頗有醉意的政府官員摟著 Reagor 的肩膀，咬字含混的大聲說：「你的酒真的跟波本不一樣」。總之，最後的結論來自稅務局副署長寫給 Reagor 一封信，承認傑克丹尼的酒「不是波本也不是裸麥，而是一種特殊的美國威士忌」。

在 Reagor 的心目中，這種回覆雖不滿意但可以接受，從此擺脫「波本」，大大方方的把「田納西」放上酒標；對政府而言，田納西威士忌僅此一家別無分號，第二間酒廠 Cascade 得等到 20 年後才成立，所以也無需費心再區隔出新的威士忌類型。

至於早年單純的稱為過濾（leaching）或是木炭過濾（charcoal leaching）的「林肯郡製程」又是怎麼來的？田納西州一直到 1950 年代仍只有傑克丹尼一間酒廠，完全比不上聲名遠播的肯塔基波本威士忌，為了行銷推廣，傑克丹尼利用百年前「林肯郡威士忌」的名稱，將過濾工法重新包裝成一個聽起來比較有學問的名詞。只不過美麗的行銷語言依舊沒辦法創造利潤，因此 Motlow 家族在 1956 年將酒廠賣給了百富門集團，終究還是落入肯塔基州人的手裡。

回到 2013 年的《House Bill 1084》，這項法案是傑克丹尼酒廠在背後支持，許多小型蒸餾廠並不領情，如 Benjamin Prichard's 便認為假若按照相同的製法，酒廠製作的酒將和傑克丹尼沒什麼兩樣。傑克丹尼當然辯稱此一良法足以提升田納西威士忌的等級，與蘇格蘭威士忌並駕齊驅。另外一件值得關注的爭議是橡木桶。全球最大的酒業集團帝亞吉歐在田納西州擁有喬治迪可酒廠（George Dickel）──這是僅次於傑克丹尼的第二大蒸餾廠，於 2014 年對《House Bill 1084》發動修正案，要求允許使用舊橡木桶。傑克丹尼當然反對，指控帝亞吉歐狼子野心，意圖衰減田納西威士忌的風

味以保護蘇格蘭威士忌產業，根本就是飼老鼠咬布袋。帝亞吉歐毫不退讓，反擊傑克丹尼支持該法是為了逼迫小型蒸餾廠退出市場。有趣的是，帝亞吉歐可不是什麼小公司，而這個提案也迅速被否決。

不過戰火又延燒到橡木桶陳放的地點。根據 1937 年的州法，田納西威士忌只能在田納西州內熟陳，且與生產地最遠不得超過一個郡的距離。納許維爾市檢察官指控帝亞吉歐將喬治迪可的橡木桶陳放在肯塔基州而違反法令，帝亞吉歐立即反撲，控告州政府並宣稱該法違憲。不過事件以烏龍落幕，因為經調查之後，喬治迪可只是把酒運到肯塔基州去調和，滿臉豆花的檢察官只得快快撤回控訴，但依舊留下一個大問號，到底酒能不能在異地熟陳？

真蒸餾還是假蒸餾——原酒溯源（juice sourcing）

野火雞的蒸餾大師艾迪・羅素曾於 2019 年 4 月來台，當時我與他聊起 TTB 的新法規修訂案。他一一審視可能的修訂方向，一一表示贊同，而後提到目前 NDP 引發的諸多亂象，以及某位前任美格的蒸餾大師於離職後，投入肯塔基州的另一間蒸餾廠，但不再作品牌，而是將產製的原酒售予其他公司調和裝瓶。

的確，品牌行銷極其困難，尤其是新成立的酒廠，必須花費大量精神力氣和大筆預算去無中生有，常常又因資金週轉問題而必須短期獲利，就算建廠也來不及在短時間內生產裝瓶。相較之下，OEM 酒廠單純的只需負責蒸餾或熟陳，在市況好的時候，或許獲利比不上品牌，但穩當可靠。

在上述考慮下，OEM 與 NDP 酒廠一拍即合，各自分享利益，卻也讓消費者面對架上琳琅滿目的品牌時，很難分辨清楚瓶中物是不是酒標上

「bottled by」、「packed by」或「filled by」的酒廠、酒公司所生產。這一點，正是美威最讓我感覺頭痛的地方，因為在蘇威，蒸餾廠所作的裝瓶（Official Bottling, OB）清楚明白的標示酒廠名稱，若來自獨立裝瓶商（Indepent Bottling, IB），酒標上同樣印製著 IB 名稱，一目了然、童叟無欺。純粹以品牌行銷的方式於蘇威十分罕見，但美威卻習以為常，不過明確的法規規定，凡酒標標示著「純 XX 威士忌」，都必須使用產製在同一州的純威士忌來調和，因此不會發生肯塔基某酒廠的純裸麥威士忌，其原酒（juice）購自印第安那州某 OEM 酒廠，再調和自家產品的不法現象。

　　為什麼提到印第安那州？因為全美最大的 OEM 廠就是位在該州羅倫斯堡的 MGPI，廠址可回溯到 1847 年的 Rossville 蒸餾廠，禁酒令後的 1933 年被施格蘭集團買下，並一直營運到 2001 年轉售予法國的保樂力加集團，2007 再轉手給一間控股公司，最後在 2011 年被生產食品的 MGP Ingredients Inc. 併購，成為集團旗下 2 座烈酒蒸餾廠之一[1]。由於 MGPI 一向為人作嫁，長久以來保持神秘低調，所以網路上的資料非常少，但只需進入官方網站[2]，便可瀏覽酒廠的主要產品，包括使用穀物生產的中性酒精、琴酒以及各種配方的波本、裸麥或其他威士忌。此外，酒廠也做少量的品牌裝瓶[3]，如 George Remus 波本（沒錯，名字正是禁酒令初期的「私酒之王」雷穆斯）、Rossville Union 裸麥，以及調和威士忌 Tanner's Creek、Eight & Sand 和 Till 伏特加等等。

註 1　MGPI 於 2021 年買下密蘇里州聖路易斯的 Luxco 酒廠後，目前總共擁有 7 間蒸餾廠，其餘 5 間分別位在 Atchison（堪薩斯州）、Lebanon 及 Bardstown（肯塔基州）、墨西哥、以及華盛頓 D. C.

註 2　https://www.mgpingredients.com/distilled-spirits/beverage/product

註 3　MGPI 於 2021 年宣布，未來所有的品牌裝瓶都標示由 Luxco 酒廠製作，不過若是大宗酒精、威士忌、伏特加，仍是 MGPI 出品

　　就因為 MGPI 的低調作風，沒有人握有確切證據來證明某些品牌的原酒就是來自於它。但是許多美威愛好者對於法規不夠明確早已怨聲載道，尤其是工藝酒廠大為興盛之後，各種亂象更惹惱蒸餾者，馬里蘭州 Lyon 微型蒸餾廠的創辦人就曾不客氣的批評其他同業：「……如果你自稱為蒸餾者，那麼你的廠內多少要冒點煙吧？否則你只是美其名的裝瓶廠」。不過批判之餘他也解釋，OEM 或 NDP 廠並不違法規，他看不慣的只是某些不事生產的「蒸餾者」夸言「手工精製」（handcraft）旗下品牌。在這種情況下，不僅 NDP 被人批評，OEM 廠也遭池魚之殃成為共犯，許多威士忌偵探開始發想像力，形成一股溯源（sourcing）風氣，知名品牌如 Angel's Envy、Bulleit Rye、George Dickel Rye、High West、James E. Pepper、Redemption 以及 Templeton Rye 都被一一翻出原酒來自 MGPI 的可疑證據。

　　如何查證？當然 MGPI 不可能洩漏客戶資料，不過倒是在官網上公開目前產製的各種穀物配方烈酒，如高小麥（45%）、高麥芽（49%）、高裸麥（21%、36%）、高玉米（99%）配比的波本威士忌，100% 的麥芽威士忌、95% 配比的小麥威士忌，以及 51% 和 95% 配比的裸麥威士忌等等。根據這些資料，比對某些品牌的穀物配方，以及品牌背後的「蒸餾廠」是否實際生產，

布雷特「95 裸麥」威士忌

便可推敲出瓶中物到底是由誰來製作。這種鍵盤偵探法有些捕風捉影，都屬於間接證據，不過帝亞吉歐集團的著名品牌布雷特（Bulleit）是個很好的說明案例。

歷史上確實有布雷特波本威士忌，1830 年由 Augustus Bulleit 所創造。他的曾曾曾孫 Tom Bulleit 於 1987 年複製了老祖宗的高裸麥波本，但是 1997 年將品牌賣給施格蘭集團，而且就在羅倫斯堡生產。等到帝亞吉歐在 2001 年取得布雷特品牌之後，並未擁有蒸餾廠，因此委託原本屬於施格蘭集團的四玫瑰酒廠協助製作，其穀物配方為 68% 玉米、28% 裸麥以及 4% 麥芽，至於超高裸麥配方的品牌「95 裸麥」則是在 2011 年發表。位在肯塔基州 Shelbyville 的布雷特蒸餾公司遲至 2017 年才興建，產能不大，僅有 300 萬酒度－加侖，倒是在史迪佐－韋勒舊廠址風光開幕的「布雷特拓荒者體驗中心」（Bulleit Frontier Whiskey Experience），成為路易維爾的遊客景點。帝亞吉歐在 2019 年中另外興建了一座 Lebanon 蒸餾廠，產能為布雷特蒸餾公司的 3 倍以上，2021 年 9 月風光開幕，據稱是全北美第一間碳中和的蒸餾廠，未來布雷特波本都由這間酒廠製作。

從以上的簡要說明可以得知，目前市場上看到的布雷特波本或是 95 裸麥，都不可能是布雷特酒廠自行生產，其中 95 裸麥的配方與 MGPI 完全相同，又由於裸麥並不是一種好處理的穀物，糊化後容易沾黏設備管線需要清洗，一般酒廠產製的意願不高，因此幾乎可以百分百確定就是從 MGPI 買入。布雷特波本呢？四玫瑰的委作契約已經結束，許多人指向產量大的肯塔基蒸餾廠，如金賓、天山、巴頓 1792 或百富門，但查無實證。

這些原酒溯源成為美威 geek 的樂趣，但導致的訴訟案例也不少，倒不一定是因為瓶中物的模糊宣告，而是消費者不爽酒廠的胡扯。最有名的案例莫過於 Templeton 裸麥威士忌，正如本書「浴火重生」一節中所述，

Templeton 裸麥宣稱使用禁酒令時期的穀物配方，也是黑幫老大艾爾‧卡彭喜愛的威士忌，火大的消費者以「欺騙行銷」告上芝加哥法院。經法院調查後，證實 Templeton 的原酒來自 MGPI，因此於 2015 年宣判，Templeton 必須支付給消費者 3 美元／瓶（無收據證明）或 6 美元／瓶（收據證明）的賠償金，回溯自 2006 年起算，但最多 6 瓶，另外也必須在酒標及網站上新增「distilled in Indiana」，並移除「Prohibition Era Recipe」和「small batch」等字樣。這個訴訟案可說轟動一時，成為後續相似訴訟案件的判例，對 Templeton 而言，挽回聲譽的辦法便是在 2018 年宣布於愛荷華州的蒸餾廠已興建完成，預計 2022 年將有真正自產的裸麥威士忌 The Good Stuff 產品問世。

引發軒然大波的 Templeton 裸麥威士忌

　　類似的案件不少，譬如伊利諾州 Due Fratelli 餐廳的老闆於 2014 年控告 Angel's Envy 裸麥威士忌，要求賠償 500 萬美元，因為 Angel's Envy 以「小批次」和「手工精製」行銷，卻是在 MGPI 大量生產，而且使用的穀物配方與其他廠牌的裸麥威士忌完全相同，顯然刻意誤導消費者。這位精明的老闆隔年也控告「口哨豬」（WhistlePig），雖然它的 juice 不是來自 MGPI，卻可能購自加拿大，但酒標上依舊大剌剌寫著「Hand bottled at WhistlePig Farm」。不惟這些小型「工藝酒廠」被告，大酒廠如金賓、美格同樣也因 handcrafted 或 handmade 的「手工」行銷語言被告上法庭，一方面證實了美國法律訟棍確實不少，另一方面也曝露了誇大不實的酒標標示很容易被攻擊。

　　所以一切還是回到法規，假若法規能要求酒標標上「distilled by……」，雖然會讓喜愛溯源的美威 geek 少了許多樂趣，但卻能真正保障消費者。

★ 製作解密 ★

no.2022

法規繁複的美國威士忌,製作方式也是千百種,從穀物原料、穀物配方、糖化處理、酸醪甜醪、酵素和酵母菌種、發酵方式、連續式蒸餾器和加倍器或重擊器的操作、橡木桶的燒烤製作、酒窖倉庫管理以及各種實驗,雖萬變,但不離其宗⋯⋯

熟成威士忌卸酒（圖片由 Sazerac 提供）

穀物原料

美國威士忌的主要穀物原料（圖片由金巴利提供）

　　我們熟知的蘇格蘭威士忌，簡單的將威士忌分為麥芽威士忌和穀物威士
忌兩大類，只要原料不是 100% 的麥芽，而且也不是使用批次方式蒸餾，
都只能稱為穀物威士忌。由於穀物威士忌通常被蒸餾至接近中性酒精，所
以到底使用哪一種穀物，以及使用穀物的比例是多少，基本上沒有太多
人關心。愛爾蘭威士忌可使用未發芽的大麥，進而定義出特殊的威士忌
類別，但仍然只區分為麥芽和穀物兩大類。只有美國，由於威士忌的分

類十分繁瑣，因此每間酒廠都擁有自己的穀物組合方式，而且就算是相同的酒廠，針對不同品牌可能選用的穀物和比例也不同，讓「穀物配方」（mashbill）成為認識美國威士忌必須先了解的專有名詞。

舉波本威士忌為例。依據法規，波本威士忌必須使用 51% 以上的玉米為原料，因此剩下的 49% 便由酒廠自由發揮，可以全數選用玉米，也可以摻入不同比例的裸麥、小麥、麥芽或裸麥芽，以及法規上允許的燕麥、小米、高粱、莧菜籽、蕎麥或藜麥等其他穀物。今天全美各地林立的小型酒廠將穀物選用視為工藝特色，不同的酒廠標榜著不同的獨家配方，成為宣揚酒廠特殊風格與特色的重要一環。

雖說如此，概略區分下美國威士忌的主流市場只有 4 種穀物配方：傳統波本、高裸麥（high rye）波本、小麥（wheated）波本以及裸麥威士忌。一般而言，大多數的穀物配方都含有 10～15% 左右的麥芽，利用內含的澱粉酶協助轉化穀物澱粉為酵母菌可消化的糖。除此以外，若使用 8～14% 的裸麥，則屬於傳統波本，玉米含量高達 70～80%；將裸麥含量提高到 15～35%，可稱為高裸麥波本，玉米的比例相對降低；假如使用小麥取代傳統波本中的裸麥，則稱為小麥波本，這種穀物配方並不常見；至於裸麥威士忌當然是使用 51% 以上的裸麥，剩下的穀物通常是玉米和麥芽。

從以上的敘述可得知，玉米、裸麥、小麥和麥芽是美威中最常見的穀物種類，在了解穀物配方之前，必須先深入了解以下這 4 種穀物。

玉米

玉米的學名為 Zea mays，一般稱為 corn，但偶而也可看到另外一個名稱 maize，其實這兩個英文單字意義相同。Maize 多用在英國及其他英系國家，而 corn 則常使用在北美，不過 maize 通常也會被用來指稱收成前的玉米，等採收之後，無論是被直接烹煮的蔬果食材或加工成各類食品，都改稱為 corn。

根據基因追蹤研究，所有的玉米品種大概都源自 9,000 年前墨西哥中南部的巴爾薩斯河（Balsas River）河谷，由當地的原住民馴化後，於 4,500 年前開始往北美地區，如新墨西哥州、亞利桑那州等地區傳播，而後逐漸擴大，大約在西元 900 年到達北美洲的東部地區，等到西元 1500 年後歐洲移民陸陸續續抵達時，已經遍地栽種。如今玉米是全球種植最多，也是產量最大的農作物，其中美國占全球產量的 38%，排名第一，中國次之，而巴西第三。

野牛仙蹤酒廠使用的玉米（圖片由 Sazerac 提供）

除了直接供人食用，也作為動物飼料，或用來加工製作玉米澱粉、玉米糖漿或生產生質酒精和飲用酒精。

因應各種不同的用途，主要的玉米品種包括：

① 甜玉米（Sweet Corn，學名 Zea mays convar. saccharata var. rugosa）：玉米顆粒一般呈黃色、乳白或其他各種雜色，可直接烹煮食用，也就是我們時常在市場、超市購買的玉米，或再製成冷凍玉米粒、加工罐裝成「綠巨人」等等。這種玉米通常在還未完全熟成的 milk stage（玉米顆粒生長的第三期[註1]）採收，此時顆粒內部的糖分還未完全轉化為澱粉，因此入口較甜。

② 爆玉米（Popcorn，學名 Zea mays var. everta）：這是專門製作爆玉米花的特殊品種，顆粒表面較為堅硬，且內含大量硬質澱粉，以及少量含水量較高的軟質澱粉。當受熱時，水分急速膨脹，但硬質澱粉和外殼將水氣包覆在內，直到蒸氣壓力超過臨界

值而爆開，變成我們愛吃的爆玉米花。

③ 硬玉米（Flint corn，學名 Zea mays var. indurata）：又稱為印第安玉米，顆粒色彩斑斕，常作為感恩節掛在大門上的吊飾使用。這種玉米的顆粒堅若燧石（打火石），不過營養成分高，常做為動物飼料使用。

④ 粉玉米（Flour corn，學名 Zea mays var. amylacea）：顧名思義因顆粒含富澱粉，常被輾磨成玉米粉，再製成玉米餅、玉米粥等食品，Taco、Burrito、Nachos 等筆者極喜愛的墨西哥食物，其外皮都是用玉米粉揉製烘烤而成。

⑤ 莢玉米（Pod corn，學名 Zea mays var. tunicata）：又稱為野生玉米（wild maize），每個玉米顆粒周圍形成類似葉片的突變體，形狀非常怪異而罕見，台灣應該沒有種植，對於某些美洲原住民部落具有宗教意義。

⑥ 凹玉米（Dent corn，學名 Zea mays indentata）：因顆粒頂部有著明顯的凹痕而得名，或稱為穀物玉米（grain corn）、田間玉米（field corn），其澱粉含量高，是全球種植數量最多的穀物玉米，占美國玉米產量約 99%。其用途廣泛，除了用於動物飼料或製作玉米油、玉米糖漿或碾磨成玉米粉等食品用途，也可以轉化成生質燃料，但針對本書主題的最大貢獻，則是威士忌的主要穀物原料。

註 1　玉米顆粒的成長主要分為 6 期：
　　(1) Silk stage：雌株開始吐絲包覆穗程。
　　(2) Blister stage：果穗大略已經成形，顆粒充滿白色水泡而呈透明狀。
　　(3)Milk stage：顆粒外表逐漸轉為黃色，內部水泡轉化為乳白色液體。
　　(4)Dough stage：糖分轉化為澱粉並堆積在顆粒內形成麵糰。
　　(5)Dent stage：顆粒逐漸乾燥而在表面形成凹痕。
　　(6)Full maturity：已完全乾燥。

部和北部，不過加拿大和美國等北美地區，阿根廷、巴西和智利等南美地區，以及澳洲、紐西蘭、土耳其、哈薩克斯坦和中國北部，也都普遍種植。

　　裸麥的耐寒性佳，甚至可以耐低溫到零下 25°C，因此就算積雪覆蓋，只要陽光稍微露臉，氣溫回升到零度以上，就能夠持續成長。基於這種特性，裸麥通常在 9 ～ 10 月的秋天播種，可形成地面植被，深入地下的根系可保護土壤養分不致流失，成為重要的護土作物，還可抑制其他耐寒雜草的生長。這種冬季裸麥是最主要的品種，種苗期歷經低溫刺激後，到了 0 ～ 5°C 的春化（vernalization）時期，便能夠從營養生長階段（即根、莖、葉的發育）進入生殖生長階段（花、果實和種子的發育）而快速成長，約 30 ～ 50 天便可達到 4 英尺高的成熟期。此時春季種植的小麥才剛剛開始發芽，因此裸麥時常入侵小麥田，如果不控制，將減損小麥的收穫。至於在春季種植的裸麥，不需要春化即可誘導開花，不過春季裸麥的產率比不上冬季裸麥。

略呈暗黑色的裸麥（圖片由 KOVAL 提供）

　　裸麥種子成熟後幾乎沒有休眠期，麥殼也幾乎沒有保護作用且容易脫落，這也是裸麥之所以稱為「裸」的原因。麥穗上的種子遭逢長時間降雨，可能導致穀物發芽，在這種情形下，裸麥就只能作為飼料使用，因此進入夏季潮濕的氣候時，應盡快收割成熟的裸麥，又由於穀物中的濕度超過15～20%，也必須快速進行人工乾燥處理，避免濕度促使具有毒素的真菌入侵。

　　裸麥的澱粉含量約56～70%，比玉米還低，因此美國殖民早期，人群聚集的東北沿岸土地並不肥沃，較為優良的農田在適宜的農耕季節主要還是種植玉米，裸麥為家庭的第二作物，種植在貧瘠的土地或寒冷的冬季。這有兩點好處，假如玉米不足以餵飽家庭成員，裸麥可當作澱粉的補充來源；但如果有充分的玉米，那麼便利用裸麥製成威士忌，作為市場上以物易物的重要貨幣。殖民往西部拓荒之後，這項傳統保留下來，玉米威士忌的產量雖然逐漸超過裸麥威士忌，但一直到禁酒令以前，裸麥威士忌依舊占美威的30%左右。

小麥

　　小麥是小麥屬（學名為 Triticum）的統稱，包含了許多種類，其中最被廣泛種植的是普通小麥（common wheat，學名為 T. aestivum），占全世界小麥總面積的90%以上。根據統計，2020年小麥的總產量約765百萬噸，僅次於玉米，為全球第二大農作物，但由於小麥粉獨特的黏彈性和黏合特性適合做加工食品，讓小麥的交易量超越玉米成為世界第一大，甚至相當於其他穀物的總和。

　　根據考古調查，於中東新月沃土（Levant）地區，一個位在底格里斯河和幼發拉底河上游的廢墟村莊，發現了野生二粒小麥（wild emmer）的遺跡，推估時間約為西元前9,600年；另外依據遺傳分析，在土耳其東南部山區找到西元前7,800～7,500年前的野生一粒小麥（wild einkorn）。不過按照馴化的先後順序，一粒小麥最早為人類種

植，而後二粒小麥才開始少量出現。約 2,000 年之後，二粒小麥在外高加索和伊朗的裏海沿岸與節節麥（Aegilops tauschii）雜交，形成了更為耐寒、環境適應能力更強的普通小麥，很快取代了一粒小麥和二粒小麥，成為人類廣泛栽培的農作物，約 5,000 年前就在印度、英國、西班牙等地栽培，再過 2,000 年到達中國。

紅冬小麥田（圖片取自 Maker's Mark 官方網站）

今日小麥的種植範圍橫跨北緯 30 ～ 60 度及南緯 25 ～ 40 度之間，是全球種植面積最大的農作物，種類繁多，不過若依播種季節可區分為冬小麥與春小麥。冬小麥主要種植於溫帶地區，分佈較廣，種植面積約占小麥總面積的 75%，依氣候條件可在 8 ～ 10 月播種，隔年的6 ～ 7 月收成；春小麥主要栽種在冬季較長的高緯度地區，生育期較短，5 月播種後，8 ～ 9 月即可收成。

無論是冬小麥或春小麥，都可培育出軟和硬的穀物質地，其中硬質小

麥的蛋白質含量較高，如外皮呈紅褐色、胚芽較硬的硬紅冬麥（Hard Red Winter）、硬紅春麥（Hard Red Spring），以及麩皮為白色、蛋白質含量中度偏高的硬白麥（Hard White），和硬度最高的杜蘭小麥（Durum）。軟質小麥的蛋白質含量稍微低一些，如外皮呈淡褐色的軟紅冬麥（Soft Red Winter），以及麩皮顏色偏白的軟白麥（Soft White）。美格酒廠使用的紅冬小麥，可生長在比玉米更寒冷的地區，澱粉含量約69%（乾重）與玉米相差不多，酒精產出率約390公升／噸。

麥芽

大麥最早出現在地中海東部，而後大約與小麥同時在敘利亞地區被人類馴化，屬於人類文明史上最早種植的穀物之一。大麥對於氣候的適應能力極強，品種繁多，可栽種於溫帶到亞熱帶等各種不同的氣候與地形，在十六世紀時是猶太人、希臘人、羅馬人和大部分歐洲人的糧食作物，目前則是全球產量第四大的穀物。

蘇格蘭百富酒廠的大麥田（圖片由格蘭父子公司提供）

　　人類可能早在 9,000 年前便懂得使用大麥作為釀製啤酒的原料，但必須等到蒸餾技術發明並廣泛運用的十五世紀後，才開始大量釀製威士忌。品種概分為 2 種類型，包括在 9 月播種的冬季大麥，以及 3、4 月間播種的春季大麥。

　　冬季大麥種植時間長達 300 天，每公頃的單位產量遠大於栽種時間僅 150 天左右的春季大麥，因此許多國家以種植冬季大麥為主。上述 2 種大麥類型又各自分出不同的種類，主要以麥穗上每節生長的穀粒數量來區分，包括二稜大麥及多稜大麥，而多稜大麥中最廣為人知的便是六稜大麥。二稜大麥適宜在春季種植，顆粒較大且粒徑較為均勻，因此單位體積的澱粉含量較多。相對的，六稜大麥較常栽種於冬季，發育時因顆粒彼此競爭生長空間，導致顆粒尺寸大小不一。與二稜大麥比較，其單位體積的澱粉含量較少，穀殼比率較高，因此析出較多的苦味物質。

　　不過除了愛爾蘭的威士忌業者，絕大部分的威士忌產業都不會直接使用大麥，而是將大麥經過浸泡、發芽、烘乾等 3 個步驟製成麥芽，目的在於利用大麥發芽時轉化的澱粉酶，將其他未發芽穀物內部的澱粉轉化成酵母菌可消化分解的糖。麥芽的製作方式相當多變，傳統上採用地板發麥，但目前大多是麥芽廠以機械設備進行，有關麥芽製作的細節可參閱筆者所著之《新版威士忌學》第二篇〈原料〉。

　　美國威士忌法規並未禁止使用酵素來進行糖化，不過大多數業者仍遵古法的繼續使用麥芽，用量不需多，10 ～ 15% 便足以將蒸煮糊化後的其他穀物完全糖化。

不同穀物的風味特色　（攝於金賓酒廠）

前面所提的 4 種穀物，無論在配方中所占比例多寡，各自貢獻不同風味：

◎ 玉米：澱粉含量最高而成為酒精的主要來源，同樣也是波本威士忌的標記風味，可提供油脂感與厚度。新酒中的玉米味比較明顯，隨著橡木桶熟陳時間拉長，與木桶中的焦糖甜融合而趨向較為模糊的甜味。

◎ 裸麥：波本威士忌中最重要的調味穀物（flavoring grains），提供胡椒、肉荳蔻、丁香、肉桂種種辛香料風味，並且隨著熟陳過程添加木質裡的辛香調而更為明顯。

◎ 小麥：同樣也是調味穀物，但添加的效果並不像裸麥那樣強烈且明顯，而是與玉米結合成柔軟、溫和的甜味和香草味，屬於大眾都喜好的風味。

◎ 麥芽：主要目的是提供糖化所需的澱粉酶，但也發展出一些麥芽、巧克力和餅乾類的咀嚼感。

為什麼不公布穀物配方？

來自不同原料的風味猶如不同色彩的顏料，經由穀物配方的調配，可創造出全新的色彩。許多酒廠樂於公佈品牌的穀物配方，但也有很多酒廠拒絕談論，為什麼不願意透露？可能的原因包括：

① 本來就不知道：根據美威法規，許多「酒廠」並不需要自行生產，依舊能合法的裝出各種品牌，等同於蘇威裡的裝瓶商。這些品牌的瓶中酒液來自其他酒廠，可能原本就不清楚原酒的穀物配方，也可能因為來源不止一處，經由調和裝瓶後，很難算清也無從說清楚這瓶酒的穀物配方。

② 就是不告訴你：實際生產的酒廠當然知道自家的穀物配方，也應該清楚就風味而言，穀物配方的影響力比不上後續的酵母菌株、蒸餾方式或是熟陳環境，但還是選擇閉口不談，可能的原因是配方不受專利保護，所以除了顧慮競爭品牌抄襲之外，更害怕市場上出現「採用XXX穀物配方」的行銷廣告，進而損傷自家品牌聲譽。當然，也有可能站在行銷立場，製造出神秘氛圍，進而吸引消費者的好奇和追求。

③ 契約保密條款：全美最大的原酒供應商是位在印第安納州的 MGPI，官網上提供各式各樣的穀物配方供客戶訂製，所以沒有保密問題，不過部分肯塔基州的酒廠在契約中增訂保密條款，主要目的是防止洩漏原酒來源，避免讓消費者追溯到生產的酒廠。

④ 消費者不需要知道那麼多：很讓人傷心的，這種想法根深蒂固在許多酒廠或製酒人的心裡，成為不可動搖的信仰。他們可能不知道網路的蓬勃發展，已經讓「知識經濟」躍為主流，當消費者知道得越多，越能提升消費者的歸屬感。舉四玫瑰為例，酒廠將穀物配方完全公開，進而讓四玫瑰成為波本 geek 們最喜愛的品牌。

四玫瑰的穀物配方完全公開透明，如下方標示，此酒為：Warehouse R 靠北側的第 15 rack 的第 3 tier 的第 22 個桶。

雖然許多酒廠視穀物配方為商業機密而不願意公佈，不過求知慾旺盛的消費者不可能輕易罷休，所以上窮碧落下黃泉的拚命探聽，網路的發達更讓消費者只要動動手指搜尋，便可以得到幾乎所有品牌的配方。舉例而言，Modern Thirst 網站便詳列了 168 個酒廠／品牌的配方，包括橡木桶的燒烤程度，以及入桶酒精度，可說鉅細靡遺；不過這份表單對野牛仙蹤沒轍，因為相關數據都只是猜測，正確與否不得而知。野火雞的艾迪‧羅素 2018 來台時，筆者與他餐敘時很奸巧的拿出預先準備的穀物配方來詢問他，他笑著說：「我不能告訴你，不過你在網路上查到的大概都是正確的。」

你能分辨穀物配方的風味差異嗎？

讀者們可能會感覺奇怪，比較各品牌的配方，玉米或裸麥的含量也不過幾個百分比的差異，是否足以造成可分辨的風味影響？而且，假設極端情況，某波本威士忌使用了 51% 的玉米和 49% 的裸麥，另一牌裸麥威士忌使用 49% 的玉米和 51% 的裸麥，兩者間僅有 2% 的穀物差異，卻被歸類為不同的酒種，美威的分類是否出現盲點？

這個疑問，想必早已存在許多消費者心中，我必須坦承，由於感官不夠敏銳，沒辦法分辨不同威士忌的穀物配方，所以儘管品牌如何宣揚（或不宣揚）穀物配方，消費者是否有能力察覺不無疑問。不過維

穀物是威士忌風味的重要來源嗎？
（圖片由 KOVAL 提供）

吉尼亞理工大學食品科學與科技系的 Jocob Lahne 等人在 2019 年發表了一篇論文，題目十分聳動，叫做《波本和裸麥威士忌的法規差異無法從感官分析上判知》[註2]，馬上躍上新聞版面並引起波瀾。

他們的研究並未接受商業資助——這一點必須先說清楚——而是選購市面上容易找到的大廠威士忌共計 24 種，包括金賓、美格、百富門、酩帝、渥福、野火雞、四玫瑰、天山、野牛仙蹤等，其中 15 種是波本威士忌，9 種裸麥，全都是熟陳至少 2 年以上的純（straight）威士忌。接下來他們從加州大學戴維斯分校（UC Davis，擁有著名的釀造學系）招募了 7 男 4 女、年齡分布極廣的感官評審，接受 3 星期共計 10 個小時的感官訓練，學習去分辨 18 種香氣、2 種味道和 4 種口感，而後以 1:1 稀釋後的酒液樣本進行盲測，測驗結果利用線條長短來描述風味強弱，再轉化成 10 分制進行統計分析。為了避免感官疲乏，每位評審每天最多只進行 2 個階段、每階段 6 個樣本的測試，測試前還必須接受模擬試驗，再次熟悉各種風味特色。

這一套實驗方法和流程由戴維斯分校的倫理委員會（Institutioanl Review Board）核准，堪稱嚴謹之至，也讓測試結果具有相當可信度。評審的風味判識經各種統計方法的分析後發現：

① 酒款若來自不同的酒廠或不同的酒齡，可辨識出明顯的風味差異；但——

② 波本和裸麥威士忌這兩種依常理應該很容易分辨的酒種，居

註2　Jacob Lahne, Hervé Abdi, Thomas Collins, Hildegarde Heymann,（2019）. Bourbon and Rye Whiskeys Are Legally Distinct but Are Not Discriminated by Sensory Descriptive Analysis. J Food Sci. 2019 Mar; 84（3）:629-639

然出現十分離散的測試結果，如金賓的 Old Overholt Rye、Jim Beam Rye、Basil Hayden's Bourbon 和 四 玫 瑰 的 Yellow Label Bourbon，4 支不同的酒種彼此極難分辨，不過野牛仙蹤 Sazerac Rye、 金 賓 的 Knob Creek Rye、Black Bourbon 和 Old Forester Bourbon，同樣是 4 款酒，差異又十分明顯；所以──

③ 難以找到來自穀物配方的感官差異。也就是說，如果經過感官訓練的專業人士都無法判斷，一般消費者可能就更困難了。

　論文發表之後，嗜血的媒體當然大做文章，酒廠當然也跟著跳腳，想想，不論是宣揚穀物配方的酒廠，或是製作波本及裸麥威士忌的酒廠，如果失去了可讓消費者辨識的風味特徵，未來的行銷怎麼做？

穀物配方的秘密

穀物配方提供美威 geek 們探查的樂趣

　　實情是，儘管美威的規範超級繁複，前文也提過總共區分出 41 種酒種，但每一個酒種的定義內，又各自包含範圍十分廣泛的變異。例如波本威士忌的原料可能是 51% 的玉米，也可能是 100%；熟陳 2 年以上的酒都可標示為 straight，4 年以上還無須標示酒齡；將同一州製作、熟陳 2 年以上，但來自不同酒廠的原酒調和裝瓶，同樣也可以稱為 straight。顯然就算是同樣的酒種，仍充滿許多可能，在在都增加了辨識的困難度。

　　不過更重要的是，穀物配方的影響在後續發酵、蒸餾、熟陳、調和的製程中，持續被分散或抹平，如：

　　◎ **酵母菌株：**許多酒廠持續宣揚所使用的祖傳酵母，但也有酒廠選擇商業酵母而悶不吭聲；

　　◎ **新酒酒精度：**美威大多採用連續式蒸餾器搭配「加倍器」（doubler）來進行蒸餾，雖然不像蘇威一樣提取一定範圍內的酒心，不過酒廠各有所取的新酒酒精度；

　　◎ **橡木桶：**即便是全新橡木桶，仍有不同的處理方式，如橡木材採用自然或人工風乾、自然風乾時間、木桶塑形烘烤時使用的明火、紅外線或蒸氣浴，大火燒烤的時間造成的等級差異等，釋出的風味物質都不同；

　　◎ **入桶酒精度：**美威的入桶酒精度只有上限規定（62.5%），並沒有最低酒精度，酒廠可依此原則各自變化；

　　◎ **存酒倉庫及熟陳環境：**橡木桶通常在層架式倉庫中熟陳，也有可能使用罕見的鋪地式倉庫，少數酒廠採控溫或輪調橡木桶存放位置，加上各州酒廠倉庫微氣候的不同或熟陳時間影響，都造就出不一樣的風味變化；

　　◎ **裝瓶前的調配：**採用大範圍的橡木桶做大批次裝瓶，或小區域橡

木桶的小批次裝瓶，又或者是 single barrel（美威的單一桶並不完全是來自一個橡木桶），都需要調配。

由於影響因素如此之多，影響程度如此之大，論文的結論並沒有辦法一一獨立討論，而是隱藏在第 275 頁的結論①，也就是綜合考慮所有的影響因素後，不同酒廠或不同酒齡的酒，其風味差異可明顯分辨出來。隱而未宣的是，原料，包括穀物配方的差異，在後續的製程中逐漸被抹去。

這個結果一點都不讓我意外。我嘗言，蘇格蘭威士忌和美國威士忌在製作時有一個最大的差別，蘇威是「同中求異」，美威則是「異中求同」，此話怎講？蘇威的穀物、酵母來源相同，幾乎都採二次蒸餾，但利用蒸餾取酒心的變化，以及橡木桶和熟陳環境的差異，製作出風味不同的威士忌。美威呢？穀物配方不同、酵母菌株不同，但一般都使用連續式蒸餾和加倍器（doubler）取出酒心，再使用全新燒烤的橡木桶以及大型層架式倉庫來快速萃取橡木桶物質，最後製作出風味相近的威士忌，不是嗎？

穀物的糖化

讀者們手中若有拙作《威士忌學》或《新版威士忌學》，不妨複習一下第二篇〈原料〉以及第三篇〈原料的處理〉，有關糖化的原理和澱粉酶的作用已經在這兩篇中說明得相當完整。相對於蘇格蘭麥芽威士忌，美國威士忌使用的原料中，除了大麥在發芽的過程已經被「修飾」（分解圍繞在澱粉顆粒周邊的細胞壁和蛋白質框架結構，以釋放出澱粉顆粒），其餘穀物，無論是玉米、裸麥、小麥或較為罕見的小米、藜麥等，都不會先發芽再使用（裸麥芽威士忌中的裸麥為比較少見的例外）。原因很簡單，製作麥芽所需的浸水－發芽－烘乾工序，不僅耗時，同時也耗成本，如果來自麥芽的澱粉酶，或是人工合成酵素，已經足以糖化所有的穀物，何苦再多浪費時間和金錢？

糊化反應

一般麥芽蒸餾廠進行糖化時，必須先將麥芽依一定的粗細比例碾磨，再將磨碎的麥芽與一定溫度的熱水混合，讓澱粉糊化形成麥芽漿（mash），而後麥芽的內原酶開始工作（主要包括 α - 澱粉酶、β - 澱粉酶和極限糊精酶），將澱粉轉化為酵母菌可消化的葡萄糖、麥芽糖（2個葡萄糖單元）以及麥芽三糖（3個葡萄糖單元）等小單位糖。由於麥芽威士忌業者通常只取用麥汁（wort）來進行發酵和蒸餾，因此接下

美格酒廠使用的穀物碾磨機（攝於 Maker's Mark）

來便是將液態的麥汁及固態的麥芽穀殼分離，麥汁經降溫後注入發酵槽（washback）發酵，殘存的麥芽穀殼也不浪費，可做為動物飼料使用。

讀者們應該大致熟悉上述麥芽的糖化過程，但是玉米、裸麥或小麥等其他穀物呢？幸運的是，這些穀物的糖化原理與麥芽差異不大，同樣也必須先將穀物碾碎、糊化，解放蛋白質框架內的澱粉顆粒，再利用澱粉酶轉化為糖。不過由於不同穀物內所含的澱粉不盡相同，所需糊化溫度也不同，如下表所示：

澱粉來源	糊化溫度（℃）	澱粉來源	糊化溫度（℃）
玉米	62～72	小米	67～77
裸麥	57～70	藜麥	75～95
小麥	58～64	米	68～77
大麥（麥芽）	52～59	高粱	68～77
燕麥	53～59		

在了解糊化之前，必須先了解澱粉組成和構造。穀物所含的澱粉由直鏈澱粉和支鏈澱粉所構成，兩種澱粉都鏈結了大量的葡萄糖單元，直鏈澱粉為葡萄糖長鏈，支鏈澱粉則形成樹枝狀，兩種澱粉緊密的團聚形成微小的澱粉顆粒。不同穀物的澱粉顆粒形狀和尺寸多有不同，如下表所示，玉米的澱粉顆粒大多介於 10 ～ 15 微米（ μm），小麥則約 20 微米。

穀物	澱粉顆粒形狀	澱粉顆粒尺寸（μm）	直鏈澱粉含量（%）
玉米	球狀或多面體	15	28
小麥	柱狀或球狀	20 ～ 25	22
大麥（麥芽）	球狀或橢圓體	20 ～ 25	22
米	多邊體	3 ～ 8	17 ～ 23
燕麥	多面體	3 ～ 10	23 ～ 24

直鏈澱粉會跟水結合，形成交纏的結構，支鏈澱粉分子則不會，形成的結構比較密實。直鏈澱粉含量高的澱粉吸水能力較佳，而且長鏈分子的交纏結構將半困住其他澱粉顆粒，讓顆粒較難移動，也讓澱粉溶液變得較為濃稠，這便是富含直鏈澱粉的馬鈴薯與水結合的能力十分驚人的原因，增稠效果也勝過支鏈澱粉比例較高的玉米澱粉。

由於穀物的澱粉結構以支鏈澱粉為主，因此在室溫下加水不會有太劇烈的反應，水只是被吸收在澱粉的空間中，導致體積輕微膨脹。但如果將澱

粉混合適量的水分並加熱，則會產生所謂的糊化反應（gelatinization），澱粉間的鍵結被破壞，直鏈澱粉或支鏈澱粉的鏈結開始溶解，水分子趁隙插入，澱粉與水的接觸面積增加，進而產生膨脹現象。如果提供足夠的水和熱能，顆粒結構崩解，水分子將會包圍澱粉分子，此時 α-澱粉酶得以將分子量大的澱粉一一剪成分子量較小的澱粉，穀物糊將由黏稠的糊化狀態轉變成不黏稠的狀態，形成澱粉溶解在水中的現象，稱為液化（Liquefaction）。這個階段主要是由 α-澱粉酶參與反應，因此 α-澱粉酶又被稱為液化酶。至於最後的糖化（Saccharification），主要由 β-澱粉酶負責，將糊化與液化後的澱粉進一步切成麥芽糖與極限糊精，因此 β-澱粉酶又被稱為糖化酶。

從以上的敘述可知，澱粉的膨脹導因於糊化，而澱粉分子的破壞則為液化，或稱為「水解」（hydrolysis）。由於過多的名詞可能擾亂讀者閱讀，因此本書將以上的反應統稱為「糊化」。

糊化穀物的方式

根據上述，澱粉的糊化與水量和溫度有關，但也和環境的 pH 值、脂質、蛋白質、鹽類和糖類有關，因此不同穀物的糊化溫度將與上述因子交互影響。對麥芽威士忌業者而言，麥芽的糊化溫度大致與澱粉酶的作用溫度相同，因此注入約 65°C 的熱水，可同時進行糊化及糖化。但是美國威士忌業者使用不同的穀物，而玉米、裸麥的糊化溫度都在 70°C 以上，雖然 α-澱粉酶仍可以發揮作用，但活性下滑，而 β-澱粉酶則完全失去活性，因此必須將溫度降低才能投入麥芽來進行糖化。

請讀者們注意，前頁表中所列的糊化溫度只是個參考值，當處理大量的穀物時，所有的美威業者都會告訴你，假如不想花時間慢慢等待穀物糊化，最佳辦法還是將溫度提高到 90 ～ 100°C，而且這種做法還有個極大的優

點：高溫可殺死絕大部分附著在穀物的雜菌。不過裸麥和小麥的處理比較麻煩，尤其是裸麥，因為跟玉米比較起來，裸麥內含較多非澱粉的多醣類（NSPs），如 β-葡聚醣（beta-glucans）和木聚醣（xylans），這些 NSPs 不溶於水，假如溫度過高，會讓穀物糊變得非常濃稠而帶有黏性，如果強迫使用攪拌方式來打散，還可能導致攪拌棒斷裂。

　　為了解決高黏滯性問題，傳統上可將裸麥發芽製成裸麥芽，利用裸麥本身的內原酶來降低這些高分子醣類的黏稠度。美國威士忌的分類中出現一種相當特殊的「裸麥芽威士忌」，定義與波本、裸麥、小麥或麥芽威士忌相同，唯一的差別是必須使用 51% 以上的裸麥芽。據此可以推測，由於裸麥威士忌在禁酒令之前原本就是美威的主要酒種之一，裸麥芽的使用應該是早期蒸餾業者解決黏稠問題的智慧，也因此才會流傳成為固定的酒種。但如果完全使用裸麥芽的內原酶來進行後續的糖化，糊化溫度必須控制在 70°C 以下，因此拉長了糊化時間，也難以消滅各種雜菌。

野牛仙蹤使用的小型蒸煮鍋以及內部裝置的攪拌槳（圖片由 Alex Chang 提供）

以乳酸菌為主的雜菌之所以形成問題，在於這些菌種的繁殖速率比酵母菌還要快。一般而言，雜菌可在 20 ～ 30 分鐘繁殖出下一代，而形體較大也較複雜的酵母菌就算環境適宜，仍需要 40 ～ 60 分鐘才能分殖出子代，兩者速率相差 1 倍，假如雜菌領先一步開始繁殖，那麼酵母菌可能無法形成優勢菌種。問題在於，當酵母菌尚未投入時，雜菌的數量可能已經領先，若不能利用高溫殺菌，那麼雜菌不僅將與酵母菌競食糖分，產生的風味也將不如預期。

美威的穀物原料通常不會只有一種，可依據不同穀物的糊化溫度在不同的蒸煮槽內分批處理，但太過耗時費工，最佳策略是利用各種穀物的特性採取分階降溫法：鍋內準備熱水，先投入玉米，將溫度快速拉高到超過 90°C，完成玉米糊化後冷卻降溫，當溫度降到 70°C 時投入裸麥繼續糊化，30 分鐘後再投入麥芽。假如不用裸麥而改用小麥，由於小麥的糊化溫度與麥芽差不多，可與麥芽同時投入。

這種做法的好處是加快玉米的糊化速度，節省時間之外也消滅雜菌，不過一開始的水溫不宜過高或過低，假若水溫高於 50°C，碎玉米將團聚形成一顆一顆的玉米球，外表呈黏黏的糊狀，而內部仍然乾燥，無法達到整體糊化的目的，進而減少了糖化後的糖分。若低於 15°C，同樣也會形成顆粒飄浮在水上或沉入鍋底，此後就算努力攪拌也難以打散，而且還會衍生雜菌問題。

為了解決這個問題，工業級大型酒廠採用噴射蒸氣（steam jet）或是蒸氣注入（steam infusion）方式，在高壓下將超過 100°C 的高溫蒸氣噴射注入磨碎的穀物中，一方面提高溫度，一方面利用高速的蒸氣流產生的剪切力來破壞澱粉顆粒並攪拌鍋內的碎玉米。至於使用直火加熱的小型酒廠，則必須設置馬力夠強的攪拌裝置，在加溫的同時快速擾動穀物糊，除了達

到均勻糊化的目的，也避免鍋底產生梅納反應而燒焦。

　　威士忌酒廠大小有別，穀物的處理方式也大不相同。創立於 2009 年、位在西肯塔基州的 MB Rolland 蒸餾廠，是一間號稱「從穀物到酒杯」（Grain to Glass）的工藝酒廠，創立者 Tomaszewski 說明糖化和發酵的做法如下：

> 磨碎的玉米混合了裸麥（或小麥）之後，將溫度提高到 200°F（～93°C），60 分鐘後經由熱交換器將溫度降到 148°F（～64°C）投入麥芽，很快的原本厚重的穀物糊變得輕而水感，並散發出許多甜美的滋味。把溫度降低到 90°F（～32°C）之後，泵送到 600 加侖的發酵槽，在控溫環境下進行 5～7 天的發酵，發酵期間工作人員利用手持攪拌器均勻混合穀物糊，完成後再送入蒸餾器。

熱騰騰冒著蒸氣的穀物糊（攝於金賓酒廠）

大酒廠之大絕非小酒廠可比，金賓酒廠擁有21座45,000加侖的發酵槽，每一座的容量都是 MB Rolland 的75倍，這麼大的設備當然不可能倚靠人力，所以酒廠工作人員日常面對的是控制儀表板，工作時緊盯著螢幕和按鍵。但儘管如此，2020年銷售量占全美第三的美格酒廠，穀物糖化的方式和小酒廠差異不大：

> 先加熱糖化槽內的水，倒入碎玉米和前置麥芽（pre-malt），而後持續加熱到212°F（～100°C），靜置一段時間後降溫，到170°F（～76°C）時加入風味穀物如裸麥或小麥，等到溫度低於150°F（～65°C）時加入麥芽。

細心的讀者注意到了嗎？美格在投入碎玉米的同時，也投入少部分的麥芽，目的在於利用麥芽的澱粉酶先快速分解部分玉米，避免玉米團聚成玉米球，而後再將溫度提高。除了使用麥芽之外，另外一個選擇是外源酵素。

外源酵素

分階降溫法的優點多，但拉高初始溫度將耗費能源、提高成本，而且還得花長時間來降溫，否則過高的溫度將導致麥芽內原酶失去作用。因此，假如不想等待，唯一的辦法便是使用可耐高溫的外源酵素（exogenous enzyme）。

麥芽的內原酶具有很高的轉化能力，因此可轉化任何可用的澱粉，包括其他穀物的澱粉，如未發芽的大麥、玉米、裸麥或小麥。所有的穀物都有內原酶（否則如何發芽生長？），但必須歷經浸水發芽才能活化，而且其作用力也不如麥芽般強大，假如不用麥芽而使用其他，例如裸麥芽，則需要更大量的裸麥芽以及更長的時間，否則澱粉轉化率不足，導致單位穀物的酒精產出率也隨之下降。

　　不過就算是麥芽內原酶轉化能力強大，但仍有環境條件限制，如果脫離特定的溫度和 pH 值範圍，就無法在最恰當的時間發揮功效。外源酵素不同，經由人為設計，可在優選的溫度和 pH 值環境下工作，具有更大的澱粉轉化能力，因此可針對不同的澱粉特性選擇效率最佳的酵素來使用，讓糖化過程更快、更一致。

　　美威以玉米、裸麥及小麥為主要原料，並不強制規範使用天然內原酶，可自由選用適宜的外源酵素，這些酵素大多利用各種細菌來培養，例如 Novozymes 公司所生產的 Termamyl SC 酵素，便是先以基因轉殖方式研發出可產生特定酵素的質體（plasmid），而後培育出可殖入這種質體而不產生排斥作用的菌種，最後經由細菌繁殖製作出富含 α - 澱粉酶的酵素。根據網站說明，Termamyl SC 產品在不同的 pH 值環境下可耐受不同的高溫，pH>6 時甚至可以在 95°C 的溫度下工作，因此無須等候降溫，可立即投入剛以高溫殺菌完成的玉米進行糊化和糖化。

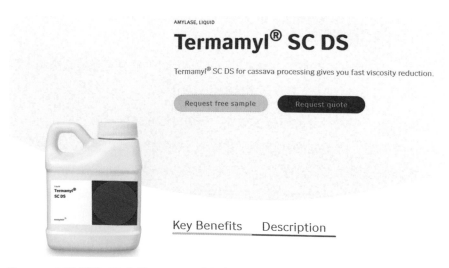

Termamyl SC 酵素（取自 Novozymes 公司官方網站）

基本上，外源酵素的作用主要分為兩個階段：首先是協助穀物糊化時的水解作用，在提供充分水分的環境下，酵素直接分解穀物澱粉，將長鏈分子剪切為較短的糖分子，因而優化水解反應、減少穀物糊的黏度；第二階段才是糖化，酵素進一步將澱粉分子分解為酵母菌可消化的葡萄糖、麥芽糖和麥芽三糖等短鏈分子。

由於精釀啤酒和蒸餾事業的蓬勃發展，市面上找得到各種品牌的外源酵素，不過並不是每種品牌的效用都相同，而是針對不同的穀物和環境條件來選擇，例如：

◎ 在糊化、水解階段，需要的是能耐高溫且富含 α- 澱粉酶的酵素，前面所提到的 Termamyl SC 或 Alphazyme SK5 等品牌都十分適用；

◎ 在糖化階段，需要富含各種澱粉酶的酵素來分解直鏈澱粉和支鏈澱粉，如 Glucomyl Ultra，可將長鏈的糊精剪切成葡萄糖單元；

◎ 針對將穀物糊變得濃稠黏滯的裸麥或小麥，則需要纖維素酶，如 Celluferm Pro 1X，可催化木聚醣等纖維素分解為葡萄糖、纖維二糖和多單元葡萄糖的聚合物，從而降低黏度；

◎ 假如節省水源而採用酸醪（sour mash），結合了纖維素酶和木聚醣酶的 Betaxyl 2X 能有效增進糖化效果。

總而言之，選擇外源酵素極富彈性，酒廠可準備不同品牌、不同功能的酵素，在升溫、降溫的恰當時機分批投入，達到糊化及糖化的最佳效果。堅持傳統的蒸餾業者或許嗤之以鼻，不過就像蘇格蘭威士忌法規允許添加焦糖著色劑一樣，在效益考慮下，或許哪天蘇格蘭也會允許使用外源酵素也不一定（當然指的是穀物威士忌酒廠）。

最後，所有的品飲者都可能提出如下的疑問：到底外源酵素會不會影響風味？答案是很難避免，因為儘管外源酵素的功效強大、投入量不

需多，但所有的改變都可能影響最終產品的風味，尤其是完全捨棄麥芽而改用酵素時，最明顯的差異便是去除了麥芽風味，另外也多出 10 ～ 15% 其他穀物的風味，以及酵素本身可能的風味。不幸的是，假如酒廠連穀物配方都不願透露，自然無法查知哪些品牌使用外源酵素而哪些品牌不用，也自然無法了解外源酵素對風味的影響了。

酸醪製程

　　為了解釋美威中極為特殊的酸醪製程（sour mash），許多人喜歡拿老麵種來比喻，也就是將一小部分的麵糰保留下來，等製作下一批麵糰時再揉入，這種方法不僅能保留優勢酵母，也能延續風味。威士忌的做法類似，當穀物糊發酵完成後，保留部分（約 1/4）混合了低度酒、穀物汁、死亡的酵母菌和其他雜菌的酸性液體，加入下一批的穀物汁，其功效就和老麵麵種一樣，讓相同的風味代代相傳下去。

　　在衛生環境不佳、缺乏商業酵母的年代，酒廠如何確保風格不變是個相當大的考驗，除了慎重儲藏自家的酵母菌種，利用「老麵種」式的酸醪也是重要的關鍵。不過「酸醪」這個名詞來自國家教育研究院雙語詞彙的翻譯，而顧名思義，所謂的 sour mash 只是酸化的穀物糊，至於如何酸化穀物糊則有許多種做法，加入前一批的酸性發酵穀物糊只是其中之一，如果追溯到威士忌剛剛發展的年代，方法完全不同，和今日絕大部分酒廠的做法也大異其趣。

　　讀者們還記得「波本界的賈伯斯」詹姆斯・克羅（James Crow）嗎？（詳見「工業革命與蒸餾產業」此節）他是一位來自蘇格蘭的醫生，1823年定居在肯塔基州，而後發展起蒸餾事業，身體力行的將科學方法引用在威士忌的製作上，所以有人把酸醪的「發明」也冠在他身上。不過歷

史證據顯示酸醪並不是他的發明，肯塔基州一位女性蒸餾者 Catherine Carpenter，早在 1818 年就已經記錄了酒廠製作酸醪的方式：

> 將 6 蒲式耳（bushel）註3 滾燙的熱水倒入桶內，加入 1 蒲式耳磨得比較粗的玉米，攪拌均勻後放置 5 天，然後加入 3 加侖溫水、1 加侖裸麥和 1 加侖麥芽，連續攪拌 45 分鐘，再添入溫水到半滿，利用細篩把所有團聚的顆粒攪散，靜置 3 小時後，再用溫水將桶填滿……

　　讀者們應該注意到，這段 200 年前留下的記錄和「老麵種」沒有任何關係，也無助於延續酒廠風味，純粹只是利用自然落菌——主要是乳酸菌——讓穀物汁發酸，反而更接近傳統酸啤酒的製作方法。今日少數工藝酒廠在穀物糊中投入乳酸菌，其效果類似，目的在模仿傳統，野牛仙蹤酒廠在改用乾式酵母之前，也會投入少數的乳酸菌。田納西威士忌業者，如傑克丹尼，在發酵前不僅投入乳酸菌，還會加入部分蒸餾完成後殘餘的酸性液體，這種被稱為 backset 的液體是目前酒廠製作酸醪的主流，後續將詳細討論。

　　野牛仙蹤於 2002 年進行一項遵古法實驗，依泰勒上校的配方製作酸醪，實驗前先訪談了 6 位年齡八、九十歲的老蒸餾者，他們雖然都無緣趕上泰勒上校的年代，但是都曾聽聞當時的處理方式。根據這些老蒸餾者的說明，酒廠將糖化槽內的穀物汁靜置好幾天，每天密切量測 pH 值的變化，等 pH 值降低到恰當時候，再投下酵母菌、蒸餾並入桶，9 年後裝出一款 Old Fashioned Sour Mash 波本威士忌。這項實驗完全成功，不

註3　蒲式耳是英制的容量及重量單位，通常表示「很大量」，主要用於農產品等乾貨，對不同的農產品有不同的轉換，如 1 蒲式耳玉米＝56 磅，1 蒲式耳大麥＝48 磅，1 蒲式耳小麥＝60 磅，等等，相當麻煩（也相當愚蠢）。

採用酸醪古法製作的 Old Fashioned Sour Mash（取自野牛仙蹤官方網站）

過實驗目的並不是為了複製泰勒上校的波本配方，而是驗證酸醪古法確實可行。

不過傳統古法過於耗時，「老麵種」方式又浪費發酵成果，兩種酸醪製程幾乎都被揚棄。對今日的酒廠而言，由於衛生環境條件改善，雜菌感染問題可完全控制，加上生化科技進步，酵母菌株得以純化，讓商業酵母盛行，絕大多數酒廠都能品質穩定的做出代代相傳的風格，所採用的酸醪製程，無論目的和方法都與上述兩種完全不同。

蒸餾完成剩餘的廢棄物，一般泵送到儲存槽，利用簡單的過篩或離心機做固液態分離，固體殘渣自古以來都作為動物飼料或農莊肥料，但液體無用，過去直接放流，今天則必須經過水質處理，經檢驗符合環保法規後才能排放。由於這種液體呈中度酸性（pH 約 3.7），可廢物利用的添入下一批穀物糊來降低 pH 值，通常被稱為 spent mash、spent beer、stillage 等，又因為回頭加入蒸餾系統，所以也稱 backset 或 setback。後面這兩個名詞常常搞得人暈頭轉向，猜測一開始只是俗稱，經口耳相傳後就顛來倒去了。不過無論是什麼稱呼，液體內並不含酒精、糖分，也沒有任何活酵母菌或雜菌，雖然仍有少量礦物質或營養素，可供下一批酵母菌生長利用，但顯然已經跟「維持風味的一致性」不太相干，頂多只是維持酒廠製作的一致性。

目前宣稱酸醪製程的酒廠幾乎都採用這種方式，加入的液體約為下一批穀物糊的 1/5 ～ 1/3，比例不可謂之不高，不僅可節約糖化用水，也減少

廢水處理和排放所需的費用，但最重要的目的還是降低穀物糊的 pH 值。
我們必須了解，糖化階段的穀物糊容易受雜菌感染，壓低 pH 值可抑制雜
菌生長（乳酸菌除外），而且澱粉酶或酵素在弱酸環境下活性較強。進入
發酵階段時，酵母菌也同樣適合在弱酸環境下生長繁殖，對於著重產量
的酒廠可說百利而無一害。至於會不會影響風味的問題，由於酸醪已經
是絕大部分酒廠的標準製程，所以缺乏比較基準，而酒廠根據使用的穀
物配方、水源和酵母菌株，決定最適宜的 backset 添加量，從這個角度來
看，也算是維繫酒廠風味不變的重要關鍵。

伯翰酒廠熱滾滾的 backset 流入收集槽 （圖片由橡木桶洋酒提供）

路易維爾市的伯翰酒廠（Bernheim）隸屬於天山（Heaven Hill）集團，
是目前全美產量最大的單一蒸餾廠。蒸餾完成的廢棄物從柱式蒸餾器底部
排出後，部分液體導流進入 backset 收集槽，部分液體則收集到固液體分

離槽。Backset 必須在幾個小時內盡速利用，否則溫度降低（約 70°C 以下）時，很容易受到雜菌感染，一旦出現感染就只能丟棄。這些 backset 在發酵前就加入穀物糊協助糖化，理想中開始發酵時的 pH 值為 5.4，不同的酒廠要求也不同，大多介於 4.8 ～ 5.4。萬一 pH 值降得太低，有可能抑制酵母菌的活性或甚至導致死亡，必須加水把 pH 值拉高，做法也很簡單，操控進水的工作人員按下「water mash」取代原先的「sour mash」即可。

　　肯塔基州十分自豪其水源，不斷告訴消費者地下水因流經石灰岩地層，能將影響風味的鐵離子濾除。實情是，今日酒廠的糖化用水絕不可能抽取地下水或地面水後直接使用，而必須依據食安法規定將有害物質先行濾除；位在路易維爾市內的伯翰或是百富門酒廠更乾脆使用自來水，水質穩定也不致匱乏。先不論近代的水處理要求，傳統流經石灰岩的水源呈中性到弱鹼性，加入穀物後 pH 值還會略微上升，不利於糖化及發酵，所以才需要添加 backset，讓澱粉酶和酵母菌發揮最大功效，這才是大部分的酒廠都採用酸醪製程的最大原因。

流經石灰岩層的水源（圖片由橡木桶洋酒提供）

　　然而每間酒廠都有缺乏 backset 的時候，也就是每年歲修保養後的第一次蒸餾，此時 backset 槽空空如也，也就只能使用「water mash」，這種做法稱為甜醪（sweet mash）。

　　田納西州於十九世紀初就開始使用酸醪，而肯塔基州一直以甜醪為主，得等到詹姆斯・克羅以科學方法研究酸醪的優點後大力提倡，酸醪製程才成為今日波本威士忌的標準。相對於酸醪的優點，甜醪的缺點是極度容易受到雜菌感染，糖化發酵效果不好，因此逐漸消失。大酒廠的甜醪每年頂多做 1、2 次，不致影響產量或整體風味，但是對於小型工藝酒廠，如 Castle & Key, Peerless，甜醪成為重要的宣傳重點。由於設備的更新進步，環境、管線的清潔已不是問題，只需要謹慎處理就不容易發生雜菌污染。小酒廠的產能本來就不是重點，糖化或發酵效率不高可反應在售價上，但就風味而言，由於甜醪的穀物糊酸性較低，擁護者信誓旦旦的宣稱製做出來的威士忌更為甜美。

　　是焉？非焉？只能說信者恆信，不過讓市場增添更多的可能性的確是好事一樁。

發酵

熟悉蘇格蘭麥芽威士忌的酒友們，應該都很清楚麥芽、水和酵母菌是威士忌的三大原料，但酒廠、酒公司在行銷酒款時，或許會提到水源，專業一些還會著重大麥品種和風土議題，但似乎從來沒聽過有哪間酒廠談論酵母菌株，記憶中格蘭傑私藏系列第十版「野生 Allta」可能是唯一的一次。這種情況在美國威士忌恰好相反，罕有人討論玉米品種，或許會提到水源，但是酵母菌種卻是酒廠或蒸餾者視為最重要的資產，可能跟隨著品牌流轉到不同的酒廠，只要酵母不死，品牌就不會消失。

酵母製造者

早在禁酒令以前、早在蒸餾廠最重要的人物被冠以「蒸餾大師」（Master Distiller）的名號之前，酒廠的頭號人物被尊稱為「蒸餾者與酵母製作者」（Distiller and Yeast Maker）。金賓酒廠的第六代蒸餾大師布克・諾伊（Booker Noe）時常提到他的外祖父金賓上校，如何在巴茲敦鎮家中的後院捕捉、製作酵母，並且在建立金賓酒廠開始生產後，把酒廠的酵母菌種儲藏在幾位重要的生產員工家中，每個週末金賓上校也會從酒廠帶回一些酵母菌種，慎重的藏在家裡的冰箱，為的就是怕萬一酒廠發生變故，只要酵母仍在，未來依舊能重建。

的確，在商業酵母尚未出現之前，每間酒廠都有自己的酵母菌種，一代傳一代的保留下來。早期由於酒廠的環境衛生條件不佳，穀物糊容易受到雜菌污染，因此發展出具有「老麵糰」功用的酸醪製程，將一部分發酵完成的穀物糊留下，加入下一批穀物進行發酵，同時也能保證優勢酵母不變。不過有一則流傳已久，但從未被證實的謠傳：老山謬（Bill Samuel Sr.）因禁酒令關閉了家族酒廠後，將家傳酵母菌種移到美國中西部某處保存，期盼東山再起。當美格酒廠於 1953 年重建，傳奇的蒸餾者「老爹」凡溫克斯（Julian "Pappy" Van Winkle）給了他老費茲傑羅（Old Fitzgerald），也就是史迪佐－韋勒酒廠的酵母菌株，老山謬不信邪，拿出祖傳酵母和新酵母偷偷辦了一場風味 PK 賽，結果呢？沒有結果，但是我們知道目前美格酒廠使用的酵母來自史迪佐－韋勒。這個傳聞有其可信度，因為除了酵母菌株，「老爹」同樣教導老山謬採用小麥取代裸麥作為風味穀物，因此今天市面上最著名的小麥波本，如美格、野牛仙蹤的 W.L. Weller 和 Pappy Van Winkle's Family Reserve，以及天山集團的 Old Fitzgerald，全都與「老爹」凡溫克斯有關。

當我們提到酵母菌時，通常指的無非是罐子裡的液態酵母，或是商業乾燥酵母，無論如何，全都是已經可以使用的酵母，但是酵母菌種如何捕捉、篩選、培養，現在的酒廠應該沒有人知道。布克回想當年他的外祖母老是抱怨，當金賓上校在製作

從酵母菌種的角度，W.L. Weller 和 Maker's Mark 可能系出同源

酵母時，家裡到處都臭得要命。一開始，金賓上校會做一小批穀物糊，這種穀物糊和酒廠使用的配方很不一樣，只有少少的玉米，還可能添加一些酒花和硫，放在屋子某個角落，而後耐心等待自然落菌。他會從穀物糊外表的變化，利用嗅覺、味覺，甚至仔細聆聽發酵時冒泡泡的聲音來判斷菌種的生長情形，不喜歡的話就倒掉，重做一份穀物糊並換個角落擺放。就這樣靠著運氣和耐心不斷的試誤，最後選定某個菌種開始小量培養，如果生命力旺盛而且風味都不會改變，表示菌種具有環境優勢，便可以用酒廠使用的穀物糊來試做。

　　早年缺少生物化學等專家協助，適合的酵母菌株需要花非常長的時間才能夠選定並培育出來，怪不得酒廠視作珍寶，通常會分裝在幾個稱為 dona 的密封罐裡。冰箱發明之前，必須將 dona 罐放在陰涼的地窖，使用時從密封罐中取出少許菌種投入穀物糊，這種穀物糊同樣不是製作威士忌的穀物糊，配方可能和捕捉酵母使用的相同，也可能稍微更改，總之，經過幾天重覆多次培育出足夠的量之後，才能夠真正使用。

　　可想而知的，以這種方式培育出來的野生酵母並未純化，難免摻有雜菌，可能幾代以後發生質變，酒廠必須持續捕捉，怪不得會被稱為「酵母製造者」，也怪不得今日已經沒有酒廠這麼做。不過，假如讀者們手中有《新版威士忌學》，不妨翻開第 209 頁，裡面提到格蘭傑私藏系列第十版

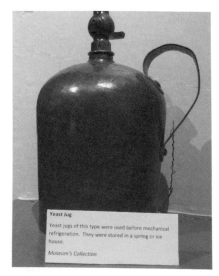

Oscar Getz 威士忌博物館展示的早期酵母儲存罐 （圖片由 Alex Chang 提供）

「野生 Allta」，使用的便是從酒廠大麥田中採集、培育出來的野生酵母。
LVMH 集團曾在另一間雅柏酒廠進行自然落菌實驗，但效果不佳，無法達
到裝瓶標準，最終還是得靠專家在實驗室內培育出適用的菌株，也足以證
明在科技不發達的年代，酒廠的「酵母製造者」是何等重要。

酵母菌種的流傳

前面提到美格酒廠酵母來源的軼事，摘自美國知名的威士忌部落客
Chuck Cowdery 的文章，內容則轉述自一位在老費茲傑羅工作的朋友，
這位朋友的老闆正是「老爹」凡溫克斯。Chuck 後來向老山謬的兒子小山
謬（Bill Samuels Jr.）求證，他並不承認也不否認，但也補充老山謬其實從
好幾位朋友那邊拿到不同的酵母菌種，其中也包括美格的第一位蒸餾大師
Elmo Beam 所帶來的賓家族酵母。Elmo Beam 的父親 Joe Beam 是金賓上
校的堂兄弟，當時正是史迪佐－韋勒酒廠的蒸餾大師，Joe Beam 的小舅子
Will McGill 又是老費茲傑羅的蒸餾大師，所以老山謬從兩處拿到的酵母菌
種其實系出同門。

老費茲傑羅早年在史迪佐－韋勒酒廠生產，目前屬於天山集團的品牌（圖
片由 Alex Chang 提供）

史迪佐－韋勒於 1992 年關門，當朱利安‧凡溫克三世（Julian Van Winkle III）於 1990 年代以祖父之名創造出 Pappy Van Winkle 品牌時，瓶中原酒實際上與老費茲傑羅相同，只是當史迪佐－韋勒的存酒逐漸用罄之後，凡溫克三世與野牛仙蹤簽訂契約，依據原始配方製作相同的原酒繼續裝瓶。不過當 Pappy Van Winkle 的價格水漲船高之後，市場流傳著「Pappy Van Winkle 就等於老費茲傑羅」的耳語，其實除了穀物配方，酵母菌種已經更換，因為老費茲傑羅早早就賣給了伯翰酒廠，又跟著酒廠在 1999 年賣給了天山集團，同一時間野牛仙蹤也買下了 WL Weller 品牌，所以 Pappy Van Winkle 與 WL Weller 反而更為相似，對於買不起、搶不到「老爹」的消費者，WL Weller 成為更便宜也更容易取得的替代品。

在過去幾十年間，美威的品牌換手頻仍，酒廠和蒸餾者相互糾葛非常複雜，就算是業內人也很難看清楚，不過有兩條線索提供重要的資訊：①穀物配方和②酵母菌種。細心的消費者只要掌握這兩大線索，就可以好好耙梳讓人眼花撩亂的品牌，而在眾多酒廠中，最重要的主線莫過於賓家族了。

毫無疑問的，賓家族是美國最大的波本家族，十八世紀末便移民到美國，而後隨著拓荒潮定居在肯塔基州，不僅源遠流長，家族成員更開枝散葉在許多蒸餾廠擔任蒸餾者，很自然的將家族酵母帶到其他酒廠，如天山、四玫瑰、美格、巴頓、史迪佐－韋勒、老時代等等。

賓家族的第二代大衛‧賓（David Beam）有 3 個兒子，最小的那位建立了老時代酒廠 (Early Times)，但傳到下一代之後沒有子嗣，所以不了了之。老大生了兩個兒子，其中一位是喬‧賓（Joe Beam），他的幾個兒子可不得了，分別在美格、法蘭克福、Michter（並非現在的酩帝）以及天山擔任蒸餾大師，孫輩則成為四玫瑰、巴頓的蒸餾大師。至於另一位兒子繼承家業，同樣也叫大衛‧賓（David M. Beam），生下了 3 個兒子，老大是金賓上校，老么的兒子厄爾‧賓（Earl Beam）則離開金賓酒廠，與堂兄弟以及接下來的兩代持續接掌天山集團的蒸餾大師。

　　這些用文字描述起來十分複雜的關係，筆者繪製了詳細的族譜，請參考〈酒廠巡禮〉的「金賓」篇。

　　從第二代以後分家的子嗣，雖然都是賓家族成員，不過 150 年前還沒有金賓酒廠，當然也就沒有目前金賓酒廠使用的酵母，所以四玫瑰、美格、巴頓、史迪佐・韋勒、老時代的酵母和金賓沒有太大關係。但是金賓上校在後院捕捉到的酒廠酵母，被他的姪子厄爾・賓帶到天山集團，目前是波本威士忌產量第二大的公司，但風格卻跟金賓具有的特殊動物毛皮（foxy）風味有別，難道是酵母菌株日後因不同的水土而產生變異嗎？

　　筆者的個人觀點很簡單，在商業酵母尚未盛行的年代，酒廠酵母確實掌握了酒廠、品牌的風味走向，但由於酵母無法純化，時間拉長後子代持續繁衍，原本微小的遺傳變異會持續放大，不太可能保持完全不變。等到 1960 ～ 1970 年代全球蒸餾事業大爆發，從原料到設備都產生極大的變化，其中商業酵母的酒精轉化率遠超過酒廠酵母，是否影響酒廠酵母不無可能，例如必要的純化會不會篩掉某些不純菌株？

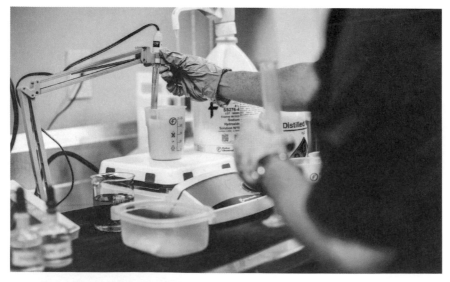

天山集團的檢驗員於實驗室內檢驗酵母（圖片由橡木桶洋酒提供）

　　目前天山集團的生產中心是位在路易維爾的伯翰酒廠，延用相同的酵母至今，金巴利集團（Campari）所屬的野火雞酒廠，同樣也是使用獨家擁有的酒廠酵母。至於前面提到的四玫瑰，早年屬於加拿大的施格蘭集團，曾經是全球最大的酒精飲料生產公司，在肯塔基州擁有 5 座蒸餾廠，包括老學徒（和四玫瑰的關聯請參考＜酒瓶裡的美國史＞之「鍍金年代」）、Cynthiana、Fairfield、Athertonville 和 Calvert，分別使用不同的酵母菌種。當這 5 間酒廠一間一間的關閉後，施格蘭創造出 5 種酵母，用以補償已經消失的酒廠，等集團解體，5 種酵母全歸四玫瑰所有。如今四玫瑰利用這 5 種酵母，包括代表清雅果甜的 V 酵母、濃郁花香的 Q 酵母、充滿肉桂、肉豆蔻等辛香的 K 酵母、果甜加上斯陶特啤酒（stout）暗示的 O 酵母，以及藥草風味的 F 酵母，加上 2 種不同的穀物配方，創造出 10 種不同的新酒風味。

酵母的預先處理

　　蘇格蘭麥芽威士忌的麥芽糊在糖化後，一般利用糖化槽底部的篩網過濾出澄清的麥汁，經熱交換器冷卻後，再打入發酵槽（washback）來進行發酵。美威不同，糖化後的穀物糊基本上不過濾，而是將所有的穀物糊冷卻到 77 ～ 86℉（25 ～ 30℃）之後，直接泵送到發酵槽（fermenter）。至於前面提到的酸醪製程，大部分酒廠是在糖化前或同時加入 backset 來協助澱粉酶運作，但也有少部分酒廠在發酵階段才添入。

儲存於冰箱的酵母菌（攝於 Maker's Mark）

發酵時投入的酵母菌可能是酒廠的罐裝酵母（jug yeast），也可能是液態或乾粉狀的商業酵母，但無論哪一種，投入前都必須預先處理。假若使用的是傳統罐裝酵母，培育的步驟大致如下：

① 將所有的容器利用高壓滅菌器（autoclave，一種以高壓蒸氣滅菌的裝置）進行消毒；

② 從酵母保存罐中取出約鉛筆尖大小的量，放入由麥芽或混合了其他穀物製成的培養液中，放置在玻璃圓瓶（bulb）內繁殖。培養液的初始pH值須介於5.4～5.8之間，不同的酵母菌種有不同的適應環境；

③ 培養出約半公升的量之後，換到較大的不銹鋼容器稱為 dona 罐（dona tub）中繼續培養；

④ 數量逐漸增多後，再轉換到更大的酵母槽（tun），此時已經準備妥當，可投入發酵槽進行發酵。

野火雞酒廠的 Dona tub （圖片由 Alex Chang 提供）

　　每間酒廠可能各有好幾個品牌，而每個品牌可能使用不同的酵母菌種，因此必須分別存放在不同的酵母罐中。從罐裝酵母培養到 dona 罐的過程只偶一為之，但如果受到雜菌污染，則必須從頭再來一次，因此罐裝酵母的保存極其重要。實際培養方式可以拿「老祖父」（Old Grand Dad）為例來說明。老祖父原本為國民蒸餾集團所擁有，1987 年與其他烈酒賣給金賓的母公司（Fortune Brands 控股公司），所以目前是賓三得利旗下的品牌，名聲在台灣雖然不算響亮，卻是全美最暢銷的十大純波本威士忌之一。下方的酵母處理方式寫在 1973 年的操作手冊中，至今仍沒有太大改變：

① 利用 15 psi 的高壓水沖洗清潔所有管線。

② 放入 15 英寸深的水，加熱到 120°F（～ 49.0℃）。

③ 加入麥芽並攪拌，攪拌的同時加熱到 145°F（～ 62.8℃），靜置 1 小時。

④ 量測所需要的液態酵母（dona）並記錄下來。

⑤ 冷卻到 128°F（～ 53.3℃），而後加入 3 加侖的乳酸物（lactic stock）。

⑥ 攪拌均勻後，取出試樣量測其糖度（Balling [註1]）並記錄。

⑦ 維持 128°F（～ 53.3℃）計 7 個小時。

⑧ 再經過 4 個小時後取出乳酸物。

註 1　Balling 刻度是由德國化學家 Karl Balling 於 1843 年所提出，指的是在 17.5℃ 的水中溶解的固體物質濃度，但目前通用的糖度單位為「白利糖度」（Brix），代表在 20℃ 情況下，每 100 克水溶解的蔗糖克數。

⑨ 當 pH 值降低到 2.8 ～ 3.0，將溫度拉高到 235℉（～ 112.8℃），維持這個溫度 1 小時。

⑩ 立即將溫度降低到發酵溫度，投入酵母，開始發酵。

⑪ 持續均勻攪拌，量測糖分，並將溫度維持在 86℉（～ 30℃）以下。

⑫ 當糖度（以 Balling 為準）降低到比原來的 Balling 數值的一半還要低 2 度，此時將溫度降低到 60℉（～ 15.6℃）即可投入酵母菌種開始繁殖。

⑬ 使用完畢後，將桶子沖洗乾淨，再放入 60 英寸深的水，加熱到 212℉（100℃），靜置 1.5 小時後，將熱水打入管線沖洗。

商業酵母的優勢在於純化後，每一批酵母的功效都一致，而且能適應不同的穀物和不同的配比，達到發酵最佳化的功效。由於酵母菌在發酵過程中，其生長繁殖將受到許多環境條件影響，如含糖量、pH 值、溫度、滲透壓、含氧量、含氮量、其他化合物以及鈣、鎂、鋅等微量元素，商業酵母須針對不同的條件進行培育和篩選，才能找出具有環境抗壓力和酒精產出率兼具的菌種。

舉 Ferm Solutions 公司為例，其創辦人也同時開設酒廠，銷售的產品包括酵素、酵母菌和營養添加物。就乾式酵母而言，官網上可看到針對波本、裸麥及小麥威士忌的蒸餾者酵母共計 6 種，每一種適用於不同的糖度（Brix）範圍或穀物糊比重，並說明需要的投入量和完成發酵的時間，還提供訓練課程及顧問服務，可說鉅細靡遺。

讀者們注意到上段文字中的「營養添加物」了嗎？蘇威與美威的法規在發酵時期再度出現差異，蘇威一切崇尚傳統、自然，不允許添加酵母菌的營養補給品，不過美威可以。由於酵母菌的生長繁殖除了需要糖分之外，

也需要許多化合物和微量元素，如果含量不豐，將影響酵母菌的活性，進而影響酒精產出率。

同樣的，市面上有許多添加物品牌可供選用，如混合了多種營養素的 Fermaid K™，便包含了氨基酸、固醇、不飽和脂肪酸和各種氨鹽，可增強酵母菌面臨的許多發酵挑戰。使用時只須與適溫水調和均勻，每 100 公升水約 25 ～ 50 公克的用量，便可直接倒入發酵槽內。

筆者比較「小人」，不由得想，蘇威並不允許使用營養添加劑，卻繼續使用商業酵母，假如商業酵母販售時早已經混入部分添加劑呢？

發酵槽與發酵

如同蘇格蘭威士忌酒廠，美威使用的發酵槽可能為不鏽鋼製，也可能為木製，過去不少酒廠曾建造嵌入地板下方的混凝土製槽體，四周再黏貼或鑲嵌不同的材料，如磁磚、銅片來圍阻滲漏。野牛仙蹤在 2016 年整建 O.F.C. 酒廠的老建築時，「挖掘」出掩蔽了 100 多年，由泰勒上校於 1883 建造的水泥發酵槽，總共有 8 座，每一座的容量為 11,000 加侖。這些槽體雖然都以水泥製造，不過四面牆上都覆蓋了銅板，怪不得泰勒上校將酒廠命名為 O.F.C.（Old Fire Copper），因為從頭到尾的製程都大量使用銅！老發酵槽經重新整理、打磨光亮之後，這棟建築被保留成展示間，大家暱稱它為「波本龐貝城」（Bourbon Pompeii.）。

不鏽鋼製發酵槽約在二次大戰後才逐漸流行，因容易清潔消毒且具有上蓋，所以不易受到雜菌污染，維持發酵成果一致。不過美格、野火雞、渥福、四玫瑰等許多酒廠至今依舊使用或部分使用開放式的木製發酵槽，這

種發酵槽使用的木材主要為柏樹（Cypress），因樹身挺直，可裁下夠長的
木材來製造深度夠深的巨大木桶，又因為木材非常耐腐蝕，得以經久使用
而無需更換。由於木製發酵槽的木質藏滿各種雜菌，不可能完全清潔消毒，
而開放式的槽體讓發酵室內的雜菌自由進入，這種「污染」由來既久，反
而是酒廠需要的風味來源。

野牛仙蹤酒廠裡的波本龐貝城（圖片由 Sazerac 提供）

為了控制發酵溫度不致上升太高而降低酵母的活性,發酵槽通常會設置水冷式降溫裝置,不鏽鋼槽體可製作成雙層結構,內部通水,也可以像木製槽體一樣,沿著內壁佈設盤繞的不鏽鋼管,同樣也是通水降溫。發酵通常可在 3 天內完成,少部分酒廠將發酵時間拉長,如渥福,使用 28,000 公升中等尺寸的發酵槽,需時 6 ~ 7 天。

完成發酵的穀物糊稱為「蒸餾者啤酒」(distiller's beer),因玉米所含的可發酵糖比麥芽高,酒精度約 8 ~ 10%,不過發酵時間和最終酒精度各家酒廠不一,端視其處理方式而定。

絕大部分的大型酒廠都使用連續式蒸餾器,而發酵又以批次方式進行,也就是必須等發酵完成,將發酵槽清空、清洗之後,才能輸入穀物糊進行下一批次的發酵,又由於比起其他作業,發酵所需的時間最長,為了能提供源源不絕的的蒸餾者啤酒,不僅發酵槽十分巨大,而且還會在發酵槽與蒸餾器之間設置不鏽鋼「啤酒井」(beer well)。啤酒井的尺寸一般比酒廠中最大的發酵槽還要大上許多,目的是做為緩衝,避免發酵槽清空之後管線切換產生空檔。

Willett 酒廠不鏽鋼發酵槽內的冷卻管
(圖片由 Alex Chang 提供)

伯翰酒廠的 Beer well (圖片由橡木桶洋酒提供)

　　批次發酵耗時費工，需要設置多座大型發酵槽，不僅成本高、占樓地板面積，且缺乏日後擴充的彈性，對於著重產量的蒸餾廠而言，連續式發酵裝置可能是最佳選擇。不過經過上百年的研發，目前僅有少數成功的案例，且集中在啤酒廠，如紐西蘭的 Morton Coutts 於 1930 年代所發明的 Coutts 系統，或是英國啤酒廠 Bass 於 1970 年代開始使用的「塔式發酵」（tower fermentation）。

　　美威酒廠雖然注重產量，但似乎找不到連續式發酵的相關資訊，反倒是蘇威的穀物蒸餾廠 Invergordon 採用了半套。為什麼是半套？因為由 16.7 噸的玉米、1.45 噸高氮麥芽和 37 噸水所構成的穀物糊，於控制溫度 62.7°C 之下，從串聯的槽體一端持續注入，連續發酵 24 小時後，從另一端持續流出，再分別注入單獨的槽體發酵 12～24 小時，完成後的酒精度可達 13～16%。這套系統投入一次酵母，便可在串聯的槽體中不斷繁殖增長，足夠注入 9 個獨立發酵槽。

　　連續發酵確實能提升廠房空間使用效率、提高產量以及產品的一致性，但也缺乏彈性，不太允許酒廠針對不同的需求進行調整，而且一旦發生雜菌污染，將造成非常大的損失。美威酒廠視酵母菌種為風格塑造者，自然不容閃失，就算是產量最大的伯翰酒廠，也不願意引進這種先進製程。

蒸餾

傳統上，美國威士忌採用二次蒸餾方式來取得新酒，使用的壺式蒸餾器由殖民者千里迢迢的從大西洋彼岸渡海帶到新大陸，或是因陋就簡的就地取材直接打造。有趣的是，當大量的愛爾蘭移民於十八世紀中來到美國，他們利用本土農作物製作的威士忌同樣拼成 whisk「e」y，但只做二次蒸餾，而不是愛爾蘭流行的三次蒸餾，或許是因為穀物原料關係，也或許移民生活艱苦，不想花費成本再多做一次。

早年簡易的蒸餾器（圖片由 Alex Chang 提供）

　　但是當大西洋彼岸的科菲蒸餾器（或稱為專利蒸餾器、柱式蒸餾器或連續式蒸餾器）已經成熟的使用於穀物威士忌蒸餾者時，美國同一時期也流行使用「三槽式蒸餾器」（Three-chamber still）。美國稅務局於1889年研究有關威士忌熟陳的稅務法規時，在16間裸麥威士忌酒廠中，有13間使用三槽式蒸餾器，其中9間為木製、4間為銅製，產量從2,000加侖到15,000加侖不等，顯然三槽式蒸餾器仍然是裸麥威士忌業者的首選。這種蒸餾器的外形類似向上逐漸縮小的錐體，內部由木板或銅板分割成3個體積約略相同的槽體。加熱蒸氣管設置於底部槽體，而引出管則設置在頂部槽體，槽與槽之間設置銅管讓蒸氣上升，而每個槽的底部則設置閥門讓蒸餾者啤酒滑落到下層。

　　在尚未引入形體巨大且價格較高的連續式蒸餾器前，三槽式蒸餾器大致從1850年使用到禁酒令時期，屬於壺氏蒸餾器和連續式蒸餾器的中間產物，用來彌補壺氏蒸餾器產量的不足。禁酒令後三槽式蒸餾器便消失在美威歷史中，直到近年，少數1、2間工藝酒廠，如位在丹佛市的Leopold Bros. 蒸餾廠，在滿是灰塵的歷史文獻中挖掘，才重新打造這種奇特的蒸餾器，據說可蒸餾出更多的油脂。

　　無論如何，今日的大型酒廠中只剩下渥福以壺式蒸餾器進行三次蒸餾，其他所有的酒廠都揚棄傳統的蒸餾設備和技術，雖然還是二次蒸餾，但第一次都是在連續式蒸餾器（或稱之為「啤酒蒸餾器」（beer still））中進行，第二次則是使用單槽體的蒸餾器。對於後者，對於後者，筆者之所以不願稱它為壺式蒸餾器，是因為這種蒸餾器分成兩種，包括輸入低度酒的「加倍器」（doubler）以及輸入蒸氣的「重擊器」（thumper），但依舊是連續式輸入，而非傳統批次做法（詳見後文）。利用這種改良式的二次蒸餾，每1蒲式耳的穀物大約可產出5酒度－加侖的新酒，換算成公制即為400～450 LPA／噸[註2]，比麥芽威士忌的390～420 LPA／噸稍微高一些。

註2　針對不同穀物，每1蒲式耳換算得到的公制重量不盡相同

美格酒廠的連續式蒸餾器由 Vendome Copper & Brass Works 製作（攝於 Maker's Mark）

目前絕大部分主要酒廠使用的蒸餾器都由肯塔基州的 Vendome Copper & Brass Works 生產，他們同時也打造壺式蒸餾器和流行於工藝酒廠的混血式蒸餾器（hybrid still，在壺式蒸餾器上加裝蒸餾柱做批次蒸餾），以及其他所有蒸餾設備。當他們為新酒廠設計蒸餾器時，不會只單純考慮短期的產能，而是與業主一起規劃更長遠的營運模式，而且根據他們的經驗，雖然許多小酒廠喜歡訂製壺式蒸餾器，但也有越來越多的新興酒廠採用較小尺寸的連續式蒸餾器，因為可以提供較為一致的蒸餾品質。

各種不同蒸餾器的運作方式說明如下。

連續式蒸餾器

有關連續式蒸餾器的發展史及蒸餾原理，可參考《新版威士忌學》第四篇〈蒸餾〉P.287 ～ P.298。簡言之，今日絕大部分酒廠使用的連續式蒸餾器是由愛爾蘭人埃尼斯·科菲（Aeneas Coffey）於 1830 年取得的專利，透過蒸餾器內一層層的蒸餾板，分離（stripping）蒸餾者啤酒中的酒精，逐層提高蒸氣中的酒精濃度，直到酒廠設定的濃度為止。

蘇格蘭的穀物蒸餾廠一般將此種蒸餾器拆成兩座，稱為「精餾柱」（Rectifier）以及「分析柱」（Analyzer），發酵完成後的酒汁先導入精餾柱進行預熱，而後再從頂部進入分析柱，得到的蒸氣重新導回精餾柱底部，透過多層蒸餾板最終取得酒精度接近中性酒精（蘇格蘭法規的定義為 94.8%）的新酒。美威使用的啤酒蒸餾器通常只有一座，其構造和功能與分析柱相同，但由於內部設置的蒸餾板數量比較少，所進行的蒸餾次數自

然也比較少，最終取得酒精度約 120～130 proof （60 ～ 65%）左右的低度酒（low wine），能保留較多的風味物質。

　　由於目的不同，蒸餾器的尺寸也不同。一般小型工藝酒廠多半使用直徑 12 英寸～24 英寸（約 0.3～0.6 公尺）的瘦長型蒸餾器，如路易維爾市內具有現代風格的 Rabbit Hole 酒廠。大型酒廠中，美格使用的啤酒蒸餾器是最小的一座，直徑僅 36 英寸（約 0.91 公分），而最大的波本威士忌酒廠金賓，其蒸餾器直徑則為 72 英寸（約 1.8 公尺），產量最大的美威酒廠傑克丹尼，使用的啤酒蒸餾器直徑為 76 英寸（約 1.93 公尺），不過都比不上野牛仙蹤所擁有全美最大的蒸餾器，其直徑為 84 英寸（約 2.1 公尺）。

歐佛斯特酒廠的瘦高型連續式蒸餾器　（圖片由百富門提供）

　　這些蒸餾器的內部設備，可以拿美格酒廠為例來說明。在全長37英尺（約11.2公尺，4層樓高）的蒸餾器內，設置有13層銅製蒸餾板，每層蒸餾板設有約200個通氣孔，同時也設置讓蒸餾者啤酒往下層流的導流管，左右交叉間隔。導流管的上端突出蒸餾板一小段高度，其功能類似「堰」，板面上的啤酒必須累積一定高度後，才能越過「堰」進入管內，而後往下一層流動，示意圖如下：

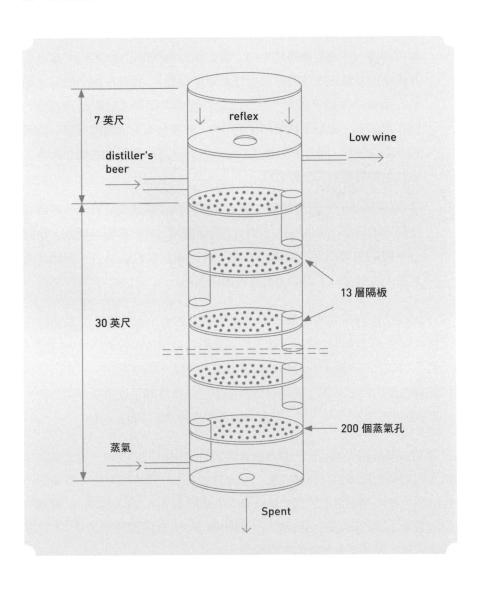

實際的做法如下：

① 預熱後的「啤酒」從第 13 層蒸餾板上方送入蒸餾器，攤流在蒸餾板上。板上雖然開了 200 個開孔，但開孔下方由蒸氣壓力托著不讓啤酒滴落，必須等累積到一定高度後，從導流孔沿著導流管流到下一層蒸餾板。

② 高溫蒸氣從下方輸入，當蒸氣碰到蒸餾板上的啤酒時，將帶走部分相對揮發性較高的酒精及其他物質，並產生讓啤酒攤流的動力（讀者可想像一下遊樂場裡常見的「桌上氣流曲棍球遊戲機台」，桌上小孔噴流的氣壓可托住圓形曲棍球而隨意滑動）。如此一層一層向上蒸發，酒精濃度越來越高，往下流動的啤酒其酒精濃度則越來越低，到了最底部，由於酒精度已接近 0%，收集後可把固液態分離，固體作為動物飼料，液體則稱為 backset，摻入下一批穀物之糖化用水，也就是前面提到的酸醪製程。

③ 酒精蒸氣上升到頂部第二層，大部分將被導流到冷凝器，經冷凝後即為酒精度 120 proof （60%）的低度酒，貯存於暫存槽內，小部分更輕的氣體則透過中央小孔壓入最頂層的銅製隔間內，但因無處可去，冷凝後向下回流，而後再繼續蒸餾。

不同的酒廠有不同的蒸餾器高度和蒸餾板數量，啤酒輸入口大多位在蒸餾柱中央或 2/3 高的位置，輸入的蒸氣溫度為接近沸騰的 202 ～ 212°F（95 ～ 100°C），輸出的酒精蒸氣溫度則為 172 ～ 185°F（78 ～ 85°C），只要調整輸出口的位置，便能得到酒廠設定的低度酒。以美格酒廠為例，如果將輸出位置往下移一層，低度酒的酒精度將低於 120 proof。

連續式蒸餾器之美在於，當蒸餾者啤酒持續從輸入口流入，固定溫度、壓力的蒸氣也持續從底部輸入後，整套設備有如一個密閉系統，等運作一段時間，便可達到穩定狀態，此時輸入的酒精量（＝ 輸入速率 × 啤酒的酒精含量）等於輸出的酒精量（＝ 輸出速率 × 低度酒酒精含量），只需持續監控，便可源源不絕的取得新酒。

不過由於蒸餾者啤酒內含許多固體物質，隨著蒸餾時間拉長而逐漸堆積在蒸餾板上，蒸餾效率因而降低，每隔一段時間須停止蒸餾以進行清洗。停機前，先將輸入啤酒的閥門切換為熱水，仔細監測低度酒的酒精度，一旦低於收集標準，便將後續的所有液體導入暫存槽，同時停止輸入蒸氣，等底部的固態物質全都流乾淨後，則可停止輸入熱水而完成停機作業。

野牛仙蹤酒廠用於收集停止連續蒸餾之酒尾及重新開始蒸餾之酒頭所用的暫存槽（圖片由 Alex Chang 提供）

重新開始運作時，必須先注入熱水以預熱蒸餾柱內的所有管路及蒸餾板，而後開始輸入蒸氣，再輸入混合了上一批酒尾的啤酒。剛開始取得的新酒因酒精含量不高，所以先導入暫存槽，並密集測試，等達到酒廠預期的酒精度標準，系統也達平衡後，便可開始正式收集。

加倍器與重擊器

筆者於 2016 年首次參訪金賓和美格酒廠時，對於蒸餾使用的 doubler 感到十分疑惑，而且不單單是我個人，一同參訪的其他達人們通通都露出困惑的表情，即便美格的導覽員不斷解釋，依舊無法解開我們深鎖的眉頭。原因很簡單，我們太熟悉蘇格蘭威士忌業者利用壺式蒸餾器所進行的二次、三次或甚至 2.81 複雜的蒸餾工藝了，就算是不熟悉的穀物威士忌，大概也了解連續式蒸餾器的原理；所以，美威製作時為什麼透過啤酒蒸餾器取得足夠純淨的新酒（稱為低度酒）之後，還要利用壺式蒸餾器進行再一次的蒸餾，只為了將酒精度提高 5 ～ 10% 而已？而既然是壺式蒸餾器，那麼是

否和蘇威的蒸餾技法相同，採用批次方式取出酒心，酒頭和酒尾則混合下一批次的低度酒再度蒸餾？

　　各位讀者如果嫌這些解釋不夠麻煩，那麼加上一個 thumper「重擊器」如何？

　　簡單說，大型美威酒廠利用啤酒蒸餾器產製出來的低度酒，經冷凝儲存於暫存槽後，幾乎都會泵送到加倍器進行再一次的蒸餾，因為是第二次蒸餾，所以這種壺式蒸餾器稱為 doubler。如果蒸氣不冷凝成液狀，直接以金屬管輸入壺式蒸餾器的底部，那麼具有壓力的蒸氣將衝擊部分已冷凝成液體的低度酒，產生一波一波的砰擊聲響，所以稱為 thumper。就我所知，目前只有天山集團的伯翰酒廠、百富門集團的百富門酒廠，以及全美最大的酒廠傑克丹尼使用重擊器，其他所有酒廠都是用加倍器。

（左）DHR 酒廠（老爹帽）使用的加倍器（圖片由嘉馥貿易提供）／（右）伯翰酒廠使用的重擊器（圖片由橡木桶洋酒提供）

接下來的問題是，為什麼不直接使用啤酒蒸餾器得到預想中的新酒，而必須大費周章的冷凝再蒸餾？這個問題同樣的必須從啤酒（連續式）蒸餾器的構造和原理上獲得解答。請讀者們參考《新版威士忌學》P.287～P.298，連續式蒸餾器內部裝設了許多層蒸餾板，每一層都相當於一座小型蒸餾器，由於酒精的相對揮發性比較高，上升的蒸氣將每一層啤酒中的酒精往上帶，因此隨著高度升高，蒸氣中的酒精度也不斷提高。但是對於美威業者來說，都有心目中最完美的新酒酒精度，大概介於 125～143 proof 之間（62.5～71.5%，大概和蘇格蘭二次蒸餾的新酒酒精度差不多）。但問題是，假如蒸氣在第 12 層蒸餾板已經來到 120 proof，再往上一層的話，可能就會超過理想酒精度，唯一的辦法，就是將 120 proof 的蒸氣導出，而後再以壺式蒸餾器再蒸餾一次。

不過參觀酒廠時，導覽員不會講得這麼務實，而是從風味的角度切入。美格的導覽員用牛排來比喻，他說連續式蒸餾器就如同剛剛把牛排切下來，直接煎來吃也十分美味，但如果透過加倍器將一些筋骨雜質挑去，那麼這塊牛排就更加完美了。換句話說，就是精餾的概念，只是這種美化說法反而讓工程師如我的死腦筋更難理解。

至於如何利用加倍器將酒精度提高，例如 10 proof（金賓：125 proof 提高到 135 proof；美格：120 proof 提高到 130 proof）？這個問題對於熟悉蘇格蘭威士忌的讀者來說似乎有點不可思議，因為在我們的刻板認知裡，一次蒸餾後的低度酒酒精度約 25～30%，二次蒸餾後可直接拉高到 65～70%，小小的 5% 如何控制？筆者曾就加倍器的操控方法詢問金賓酒廠的蒸餾大師弗萊德‧諾伊，他回答說其實很簡單，只需要嚴密控制蒸餾溫度，便可以得到想要的酒精度。

　　所以還是得回到蒸餾原理。請讀者們翻開拙作《新版威士忌學》P.248，
這一頁利用「酒精－水平衡曲線」來解釋蒸餾理論，當某一水／酒比例的
混合液加熱至某特定溫度時，可將混合液處於氣態與液態並存的範圍，此
時氣態中的酒精濃度可提高到某個特定值；如果只想稍微提高蒸餾酒精濃
度，例如5%，那麼只需要將蒸餾溫度提高即可。所以弗萊德‧諾伊的說
明很清楚，由於低度酒的酒精度固定在125 proof（想像成水／酒比例固
定），只需要固定蒸餾溫度，持續輸入低度酒即可持續取出135 proof的新
酒了。

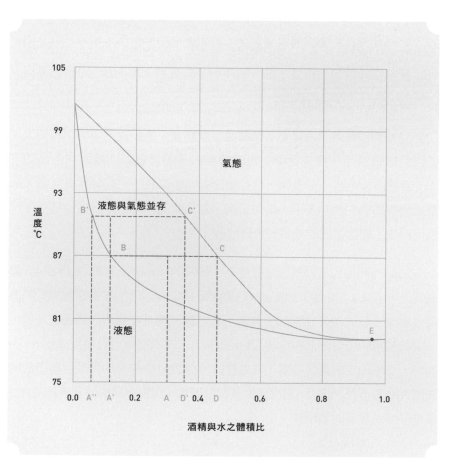

酒精－水平衡曲線（詳細說明請參考《新版威士忌學》P.248）

從以上的說明可得知，加倍器的形狀雖然是單體壺式，但並非採用批次蒸餾，所以不是取出酒心，當然也沒有酒頭和酒尾，而是將啤酒蒸餾器冷凝後的低度酒源源不斷的輸入壺中，同時也輸入特定溫度的蒸氣（以蒸氣間接加熱而言），如此一來，新酒如瀑布般源源不斷的流出，就如同筆者於酒廠中所看見的不可思議現象。不過加倍器的功能和構造可以複雜一些，由於少部分酒廠的啤酒蒸餾器是不鏽鋼製，所以利用銅製的加倍器，或是在蒸氣通過的頂部裝設一層銅質網狀吸附層（copper sponge），稱之為 deminster，可讓蒸餾氣體與銅反應，將酒廠不想要的重脂類分子（heavy oil）吸附濾除，產製出更為乾淨的新酒，所以美格導覽員說的也沒錯，這就是精餾。

至於大部分人都搞不懂的重擊器，比加倍器的使用歷史更為久遠。最原始的設計十分簡單，如下圖所示，先將部分冷凝成液態的低度酒放入重擊器內，而後加熱壺式蒸餾器進行第一次蒸餾，產生的蒸氣導入重擊器的底部，利用蒸氣殘餘的熱能將低度酒蒸發，進行第二次蒸餾。蒸餾出來的氣體送入蟲桶冷凝器內進行冷凝，即成為新酒，而第一次蒸餾的氣體則部分冷凝成低度酒保留在重擊器底部，如此一進一出，完成二次蒸餾作業。

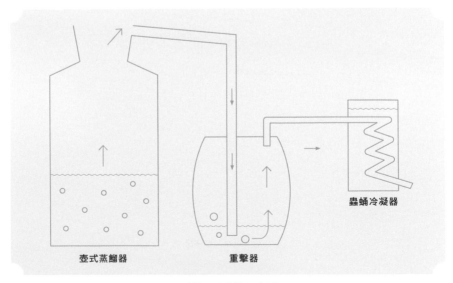

壺式蒸餾器　　　　　　　重擊器　　　　　　　蟲蛹冷凝器

重擊器的蒸餾示意圖

　　重擊器的功能類似烈酒蒸餾器，但不需要額外提供熱能，而且低度酒也無須冷凝，所以花費的能源成本比較低。假如來自壺式蒸餾器的蒸氣熱能夠強，經過第一座重擊器後還具有足夠的餘熱，那麼可以串聯第二座重擊器進行第三次蒸餾，或甚至四次蒸餾。這種簡易的蒸餾方式盛行於加勒比海鄰近的蘭姆酒廠，以及美國早期的月光酒私釀者，對他們而言，只需要準備一座直火加熱的金屬蒸餾器，重擊器則直接使用木桶，桶蓋上挖 2 個洞一進一出，除了就地取材，由於木質較不易散熱，比起金屬桶更能夠維持熱能不易喪失。

　　上述簡易的二次蒸餾方式終究不能跟連續式烈酒蒸餾器相比，主要原因是酒精度無法提升太多，而且風味也較雜，但如果以重擊器的形式接在啤酒蒸餾器之後，缺點反而成為優點，當低度酒蒸氣源源不絕的輸入，便能夠源源不絕的輸出酒精度稍微提高一些的新酒。

熟陳

金賓倉庫裡的天使 （圖片由 Alex Chang 提供）

從穀物原料、穀物配方、糖化、發酵到蒸餾，每一項製程都是蒸餾廠或品牌津津樂道的特殊工藝，行銷無不強調其傳承百年的穀物配方、珍藏的酵母菌種、新酒提取的酒精度等等。不過美威和其他種威士忌的最大差異在於橡木桶，也因為橡木桶的嚴格要求，幾乎讓前面強調的差異幾乎都被抹平。

　　舉凡全球威士忌的製作規範中，或許是筆者見識不夠寬廣，到目前為止只看到蘇格蘭和美國是唯二要求使用「橡木」桶的國家，其他國家通通都是「木」桶。不過美國比起蘇格蘭更嚴格，由於歷史因緣和木材業者的遊說，占美威 95% 的波本、裸麥、小麥、麥芽和裸麥芽威士忌，都必須使用全新的橡木製成，並經過燒烤（charred）處理的木桶。這種橡木桶不論燒烤等級，皆會釋放出大量的香草、焦糖、布丁、奶油、椰子和煙燻風味，新酒入桶歷經幾年的熟陳後，也將吸取這些風味。因此毫無疑問的，橡木桶扮演著美威中不可或缺的風味角色，甚至可以說就是美威愛好者追求的風味。

　　這種用桶方式與蘇格蘭威士忌大不相同，也造就了兩方對於風味的認知差異。對於習慣喝蘇威的酒友來講，過多的橡木桶風味，俗稱吃桶過深，屬於一種缺陷，但是對美威來講卻是一種美。不過近十年來由於全球威士忌風潮大起，美威業者開始求新求變而不再固守傳統，越來越多的業者採用蘇威的「過桶」工藝，未來會如何演變值得繼續關注。

美威的橡木桶

　　有關橡木桶的種種基本知識，請讀者們參考《新版威士忌學》第五篇＜熟陳＞，其中特別舉筆者曾參訪的「獨立木材公司」（Independent Stave Co., ISC）為例，來說明波本桶的製作（P.338～P.345）。ISC 是目前全球最大的木桶廠，除了製桶以外，也販售、收購和整修二手木桶，擁有 5 座分佈在美國、澳洲、智利和法國的製桶廠，依據各地需求製作烈酒或葡萄酒所需要的木桶。筆者於 2016 年參訪的肯塔基製桶廠（Kentucky Cooperage, KYC），位在肯塔基州 Lebanon 小鎮，距路易維爾約 1 個半小時車程，專注於製作波本威士忌所需要的全新燒烤橡木桶，賓三得利、賽澤瑞、天山、帝亞吉歐、野火雞等各大酒商集團的橡木桶都交由 KYC 製作。

用於製桶的美國櫟木，學名為 Quercus Alba，或俗稱白橡木，主要產於 Ozarks 和 Appalachain 的森林地帶，這些地區的山林常因冬季嚴寒、強風或龍捲風而遭受破壞，大雨及陡峭的坡地也會阻礙伐木工人上山採收，加上工藝酒廠興起，以及威士忌需求增加，導致橡木桶從 2012 年起開始出現短缺現象。美國最大的酒業公司百富門於 1946 年即擁有自家製桶廠，不過 2014 年於阿拉巴馬州又為傑克丹尼另外興建了一座，同時還擁有 4 座鋸木廠，除了可自我管控需求，也可根據風味和實驗所需，製作各種不同烘烤和燒烤程度的木桶。

用於製作橡木桶的櫟木需要約 60～70 年的生長期，凡是樹瘤過多、枝節破損、樹幹歪斜的樹木，都代表樹木在生長時養分、水分供應出了問題或不平均，都無法成為良好的橡木桶木材。伐木工人選擇節與節之間能完整切割出 4～6 英尺長的樹木，每英寸寬度約具有 10～12 圈年輪，才能組合成水密性高的木桶。過老的樹木也不佳，因為輸送養分的效率變慢，容易在樹幹內部形成缺陷，導致該部分的半纖維素和木質素不足，製成木桶後將缺少足夠的焦糖、香草酚等化合物。

傑克丹尼擁有自己的製桶廠（圖片由百富門提供）

　　裁切完成後的木條寬約 5.5 英寸、長 37 英寸，排列整齊的堆積起來，進行製桶前最重要的工作：風乾。風乾不完全是「風」和「乾」，而是在自然環境和長時間下，透過微生物的分解作用改變木質內的化合物，並利用大自然的雨雪風霜將粗糙、苦澀和乾緊的單寧洗去，時間越長效果越佳。美國白橡木的單寧含量遠比西班牙橡木來得低（約為西班牙橡木的 1/9 ～ 1/10），對於一般普飲款使用的橡木材，大約需要 6 個月的風乾時間，但對於較高階（價格較高）的酒款則拉長到 9 個月，某些特別酒款則使用風乾 3 年的橡木材來製桶。

　　風乾完成後，便可以將木條組合製桶，利用蒸氣、烘烤和最終的燒烤作業，製作出符合酒廠需求的橡木桶。眾所皆知的，明火燒烤是美威橡木桶製作時的重點，有其歷史因緣和意義，也是美威於世界威士忌光譜中獨樹一幟最重要的元素，不過來到科學化製酒的今日，燒烤的重要性包括：

① 利用大火燒烤，可讓橡木中的半纖維素、木質素和橡木內酯於高溫下產生熱裂解，釋放出焦糖、香草醛、癒創木酚等風味物質，同時柔化單寧；

② 在木桶內壁形成炭化層，可濾除硫化物及長鏈脂類等物質；

③ 燒烤後的橡木桶內壁形成微小的裂隙，除了提高酒液與木質的接觸面積（即比表面積），也能讓酒液透過裂隙更快速的深入木質內層，萃取出風味物質，也加深酒液的色澤。

一般燒烤程度由淺到深共分四級，每一級的大略標準和效果如下：

◎ 第一級：大火燒烤約 15 秒，很淺的炭化層，保留原來的辛香、土地和雪松（cedar）等木質風味，與烘烤方式處理的效果差異不大，一般少用於大型酒廠。

◎ 第二級：大火燒烤約 30 秒，少許的焦糖甜、香草、咖啡和辛香味，但也偏向於木質風味。與第一級相同，罕見於大型酒廠。

◎第三級：大火燒烤約 35 ～ 45 秒，是許多酒廠的標準燒烤程度，

可帶來充分的焦糖、香草種種甜味，也能快速的增添威士忌色澤。

◎ 第四級：大火燒烤約 55 秒，木質表面將形成一塊塊的炭化層，稍微用力便可剝離，俗稱 Alligator Char，也是許多酒廠的標準燒烤等級。由於比表面積大增，除了更豐富的焦糖、香草甜之外，更有平衡甜味的大量煙燻、木炭風味。

以上的分級只是籠統敘述，級與級之間還可能細分，每一級的燒烤時間和方式各製桶廠不完全相同，同時也會根據酒廠的需求來做調整。勇於實驗的野牛仙蹤在 2012 年曾裝出一款「實驗系列」的 15 年波本威士忌 Experiment: #7 Heavy Char Barrel，便是請 KYC 做七級重燒烤，桶內大火總共燒了 210 秒。酒廠的蒸餾大師 Harlen Wheately 針對這個實驗提到，橡木桶內壁的炭化層幾

Evan William 體驗中心展示的燒烤程度（圖片由 Alex Chang 提供）

乎都快崩解掉下來了，如果再多個 30 秒，整個木桶大概就會被燒毀。我的想像力大爆發，腦袋裡浮出當年可能的對話如下：

HW 問 KYC：「依照你們的經驗，木桶大概能撐幾分鐘？」

KYC：「沒試過欸，不過這種大火，了不起 4 分鐘吧！」

HW：「好，那麼我們來試試 3 分鐘半如何？」

由於木質部分幾乎都被燒成木炭，酒液能輕易的滲入木桶木質而後發散在酒窖中，可想而知天使分享量超大，必須擺放在最陰涼的地方。即便如此，根據酒標上的說明，15 年後僅存 31%，而風味？我沒機會嘗試，不過猜想應該充滿著木炭與煙燻，收藏的價值也應該大過於品飲。

運抵酒廠的新橡木桶仍須細心檢查（攝於 Maker's Mark）

完成燒烤後的木桶以目視檢查外型大致完好無缺後，兩側裝上側板、鑽設注入孔，必須經過滲漏試驗才能出貨。KYC 的做法是將 2 加侖的熱水注入桶內，打入氣壓為 7 psi（磅／平方英寸）的空氣，再塞緊桶塞，放置在滾輪上慢慢滾動木桶，由品管人員檢查是否有任何滲漏現象。如果出現滲漏斑點，則先在該位置以鐵鑽鑽個小洞，而後將長條圓錐狀的木栓（barrel spile）打入縫隙進行填補，再切除多餘的部分，並以砂紙磨平。等滲漏試驗完畢，即可置換全新的桶箍準備出貨。

用過的橡木桶何處去？

雖然美威法規中所謂的「威士忌」分為 41 種，但絕大多數都落在《飲用酒精手冊》（The Beverage Alcohol Manual, BAM）第四章表列裡的 1 ～ 5 種（波本、裸麥、小麥、麥芽和裸麥芽威士忌），因此使用的都是全新燒烤的橡木桶。接下來的問題是，這麼多的橡木桶在使用過後到哪裡去了？

很多去處，少量供應給使用二手桶的美威業者，如玉米威士忌，絕大部分都供給我們熟知的蘇格蘭威士忌業者和其他的烈酒業者，如蘭姆酒、龍舌蘭酒以及少數啤酒業者，都伸手歡迎這些用過的橡木桶。有趣的是，另外一個去處是食品業者，而其中最大宗是塔巴斯科（Tabasco）辣椒。這種暢銷全球的辣椒醬雖然是以墨西哥的 Tabasco 省命名，使用的辣椒主要

也產自墨西哥，卻不折不扣是美國產品，其生產基地位在路易斯安那州。當手摘辣椒去蒂、磨碎並混合了 Avery 島的礦物鹽之後，必須填入橡木桶熟陳 3 年，更高階的 Reserve 品牌更長達 8 年，所以橡木桶的需求量相當大。

當然塔巴斯科辣椒、蘭姆酒或龍舌蘭酒不會註明採用的橡木桶來自何處，不過今日的蘇格蘭威士忌越來越透明，過去不曾標示的酒桶來源，慢慢的也在少數裝瓶看得見。讀者們可以思考，以美威而言，產量最大的酒廠應該是哪一間？根據「烈酒事業」（Spirit Business）網站的統計，2020年銷售量最大的依舊是傑克丹尼，但傑克丹尼不是波本威士忌，自然不可能標示為 Bourbon Cask，所以只能含混的稱呼它是 American Cask。相同的情況，不是波本威士忌的裸麥、小麥、麥芽和裸麥芽威士忌，用過的橡木桶當然也不是 Bourbon Cask，也就是說，不是所有的美威橡木桶都是波木桶，喜愛蘇威的讀者必須有能力去分辨。

熟陳倉庫

位在肯塔基州巴茲敦鎮的巴頓 1792 酒廠，擁有 29 座熟陳倉庫，很不幸的，在毫無外力因素情況下，其中一座在 2018 年 6 月突然坍塌一半，18,000 桶存酒中高達半數滾落一地，酒廠人員無法靠近也不敢收拾，所以約 2 個星期後，另一半也跟著坍塌，這些破裂木桶中流出的酒液傾洩到附近的溪流，導致超過 800 隻魚類死亡。

這座倉庫建於 1940 年代，在混凝土基底上構築木造桁架來存放橡木桶，屋頂為鋁製浪板，可吸收大量的太陽熱能，加速酒液與木桶的化學交互作用。這是肯塔基州最標準的倉庫類型，原型來自 Frederick Stitzel 於 1879 年發明、並在 1880 年取得美國專利證號 9175 的木桶層架，而這個不幸事件，剛好讓我們有機會看到熟陳倉庫的「斷面秀」。

一座典型的 9 層倉庫如 329 頁圖所示，稱為 rickhouse 或 rackhouse，每一層設置可容納 3 層木桶的木架（rick 或 rack），分別稱 1 High、2

High 以及 3 High，所以從底層到頂層總共 27 層木桶。利用這種簡單的木製結構，整座倉庫可放置 20,000 個橡木桶，假設每個橡木桶容量為 53 加侖，總容量超過 100 萬加侖（約 400 萬公升），而每個木桶重 525 磅，總重量超過 1,000 萬磅（4,700 噸）。

要如何將這麼大量的橡木桶搬上去？傳統上使用建築在倉庫內側或外側的垂直升降機，或使用斜坡型的電扶梯搬動到每一層，再以人力或堆高機來移動。傳統方式最耗人力，必須從升降梯一路滾到預定的木層架位置，而且還存在一個技術困難，也就是橡木桶的桶塞必須朝上以避免漏酒，同時也方便日後取酒；相較之下，木桶直立放在棧板上，而後以堆高機來移動的現代方式就輕鬆多了。

巴頓 1792 酒廠倒塌一半的倉庫（圖片／美聯社，達志影像）

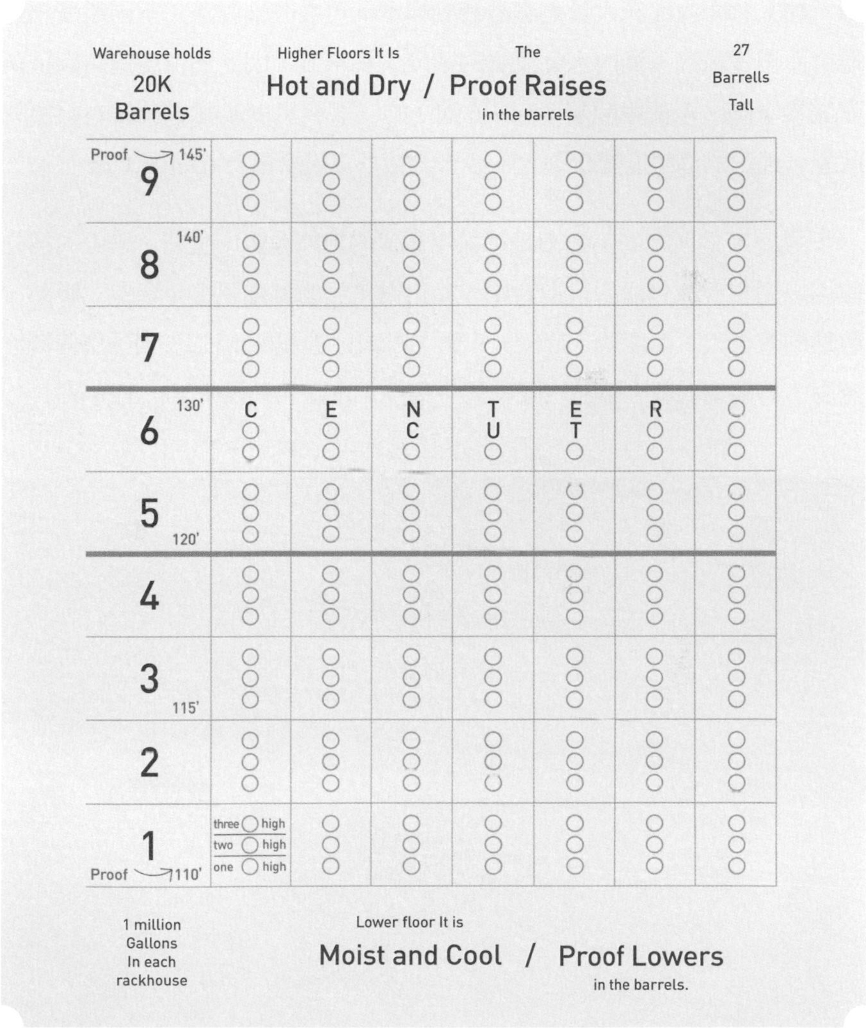

Warehouse holds

20K
Barrels

Higher Floors It Is

Hot and Dry / Proof Raises

in the barrels

27
Barrells
Tall

Proof ⟶ 145'
9

140'
8

7

130'
6 C E N T E R

5

120'

4

3

115'

2

1

three ◯ high
two ◯ high
one ◯ high

Proof ⟶ 110'

1 million
Gallons
In each
rackhouse

Lower floor It is

Moist and Cool / Proof Lowers

in the barrels.

典型 9 層倉庫之儲存方式

在圖示型式的倉庫裡，上層（7～9層）接收最直接的日曬溫度，導致室內空氣乾燥炎熱，橡木桶內水分喪失的速度比酒精快，因此酒精度隨時間拉長而不斷升高。下層（1～4層）相反，由於熱空氣上升和冷空氣下

降，加上倉庫內堆滿大量充滿酒液的橡木桶可吸收輻射熱，室內溫度相對穩定而濕度較高，桶內水分流失的速度比酒精慢，因此酒精度隨時間拉長而緩慢下降。至於中間層（5～6層）的溫度與濕度剛好處於較為平衡的狀態，桶內的酒精度變化不大，金賓酒廠把這幾層稱為 Center Cut。

不過並不是所有的美威酒廠都採用類似的熟陳倉庫，金賓、天山大部分使用以鋁製浪板包覆的巨型倉庫，和台灣常見的鐵皮屋廠房類似，吸熱、散熱的效果大，溫度變化幅度大；野牛仙蹤、渥福和 MGPI 則採用傳統的磚砌、石砌或混凝土牆體，隔熱效果較佳，倉庫內的溫度變化幅度較小。

野牛仙蹤酒廠擁有各種類型的倉庫（圖片由 Sazerac 提供）

　　每間酒廠的管理邏輯也不一樣，端看倉庫所處的地理環境和酒廠追求的風味而定，如：

　　◎ 金賓的巨型 9 層倉庫可讓上下左右各區間熟陳條件不一，木桶所需要的陳年時間和風味譜也不一樣，調和時以 X 形方式取用各區的橡木桶。此外，倉庫內除了層架式儲放，也利用棧板直立式堆疊，增加木桶的風味變異，讓調酒師有更多的素材可選用。

　　◎ 實驗精神最強的野牛仙蹤，擁有木製、錫皮、磚砌及混凝土牆面各式各樣的倉庫，造就多樣性的熟陳環境，讓調酒師手中滿滿的材料來展現技藝。而渥福酒廠的部分倉庫也設置控溫設備，不讓室內溫度過高或過低。酒廠從 2013 年起進行一項大型倉儲實驗，稱為 Warehouse X，詳細情形在下一小節敘述。

　　◎ 美格雖然採用大型倉庫，卻是筆者所知唯一交換木桶儲放位置的酒廠。他們先將橡木桶放置在上層倉庫至少 3 年，根據風味判斷已經達到預期標準後，移置到溫度較低的下層倉庫繼續熟陳，以避免在上層環境中萃取過多的橡木桶物質。想當然爾的，系統性的酒桶移動必須耗費大量的人力和時間。

　　◎ 四玫瑰的倉庫僅有一層，在所有大型酒廠中不僅特殊也是唯一，由於桶與桶間的微氣候條件相似，可得到一致的熟陳效果，而他們之所以不在倉庫上花腦筋，是因為酒廠使用的 5 種酵母菌株和 2 種穀物配比已提供足夠的變異。不過不要小看一層倉庫，內部層架有 5 ～ 6 層高，以 2020 年底新建完成的 Warehouse Y 為例，可存放超過 24,000 個橡木桶。

　　◎ 渥福擁有部分控溫倉庫（cycling warehouse）來增加調和酒款的變異性。他們在倉庫底層裝置測溫儀，當溫度降到 60℉（約 15.6℃）時，便打開暖氣讓室內溫度回升，直到溫度達到 85℉（約 29.5℃）

時關掉暖氣，讓室溫慢慢下降。至於在夏季時，則使用風扇來提高倉庫內的空氣流動，以達到降溫的效果。利用控溫設備，除了可讓橡木桶在較為恆定的溫濕環境下熟陳，也增加冷－熱的循環次數以加速熟陳。便因為如此，當平均 7.3 年的酒熟成裝瓶時，約有 50% 已經被天使分享去了。

◎ 酪帝酒廠同樣也使用控溫設備，在冬季時加熱室內溫度產生冷－熱循環，不過由於酒廠的產量不大，新酒暫存槽只有 20 桶的容量，所以倉庫僅有 4 層，又由於酒廠做了許多單一桶裝瓶，因此管理邏輯是盡可能的讓所有的橡木桶在一致的環境條件下熟陳。

控溫熟陳倉庫並不是新科技，早在十九世紀便已經存在，通常在冬季時輸送暖氣把倉庫內的溫度提高到 80°F（約 26.7°C），維持約 10 天，再停止蒸氣供應讓室溫下降，同樣維持 10 天，只是因為耗費能源成本，鮮少酒廠採用。

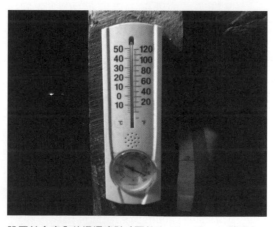

設置於倉庫內的溫濕度計（圖片由 Alex Chang 提供）

此外，假如橡木桶採用橫躺方式，層架與層架以及走道之間存在許多空間，加上開設的窗戶，足以讓空氣流動而形成微氣候，發展出不同區間的熟陳效果。相較之下，假如橡木桶是以直立的方式放置在棧板，可緊密的靠在一起而節省空間，但也因此而阻礙空氣流動，可能導致熟陳效果不佳，而且若堆疊過高，下層木桶將承受較大的壓力而容易破裂滲漏。金賓為了解決棧板陳放的空氣流動問題，在倉庫內設置大型風扇，這些木桶主

要做為酒齡較低的年輕裝瓶使用，如金賓白牌，但仍需調入儲放於傳統層架的酒液。

由於影響熟陳的因素太多，酒廠各自發展出不同的管理模式和邏輯，並沒有絕對標準。但若從科學研究的角度，野牛仙蹤的 Warehouse X 實驗可提供部分參數來解答橡木桶熟陳的相關問題。

野牛仙蹤的倉庫實驗

野牛仙蹤酒廠正進行 Warehouse X 長期熟陳實驗 （圖片由 Sazerac 提供）

2006 年 4 月，一場龍捲風襲擊了位在肯塔基州 Frankfort 小鎮的野牛仙蹤酒廠，摧毀了 2 座熟陳倉庫，其中一座是由泰勒上校於 1885 年興建的 Warehouse C。這座歷史古蹟建築的屋頂和北側磚牆都被颶風掀開，幸好存放的橡木桶安好無損，不過整個夏季因而曝曬在炎熱的陽光下，一直到

倉庫修復完成。隔年酒廠人員發現這批存酒的風味居然異常豐富，特別裝出了 Warehouse C Tornado Surviving Bourbon 以茲紀念。

便因為這個契機，酒廠人員開始思考熟陳的各種可能影響因素，因而萌生了 Warehouse X 實驗的念頭。這個實驗於 2013 年具體實現，利用一座 30 英尺×50 英尺（約 42 坪）全新打造的實驗倉庫，測試酒窖內的自然光／UV、溫度、濕度和空氣流動對於熟陳可能造成的影響。倉庫區分為 5 個獨立空間，每個空間都可放置 30 個橡木桶來進行實驗。位在中央的空間是個只有屋頂的廊道（breezeway），環境與外界相通，可作為 4 項實驗的對照組，其餘空間則設置了控制溫度、濕度、氣壓、照度的設備，同時也在室內和室外裝置各種監測儀器，預計將收集超過 7 千萬筆監測數據來進行分析。

自然光的實驗於 2016 年完成，控制條件如下：

◎ 空間 1：室內照度比自然光減少 50%，溫度與 breezeway 相同

◎ 空間 2：全黑，並維持 72°F 的溫度

◎ 空間 3：全黑，溫度與 breezeway 相同

◎ 空間 4：自然光，溫度與 breezeway 相同

經過 2 年的實驗，收集了 350 萬筆資料，證明了溫度將影響桶內壓力，這一點似乎完全不需要實驗便可理解。另一方面，過去許多酒廠認為倉庫內靠近窗戶的橡木桶風味最好，把這些酒桶稱為 honey barrel，但試驗結果推翻了假設，無論是色澤或酒精度都不受光線影響。蒸餾大師 Harlen Wheately 對這個結論有點難以接受，他說：「好吧，光線沒影響，但 honey barrel 還是存在，因為溫度、濕度、氣壓和空氣的流動都可能是其他影響因素。」所以接下來的實驗針對的是溫度。

溫度實驗一共進行了約 3 年，於 2019 年底完成，控制條件如下：

◎ 空間 1：比 breezeway 的溫度高 10°F

◎ 空間 2：維持 80°F

◎ 空間 3：維持 55°F

◎ 空間 4：比 breezeway 的溫度低 10°F

Breezeway 的溫度從 -5°F（冬季）變化到 105°F（夏季）。這項實驗尚未公布完整的報告，只籠統的宣稱溫度、桶內壓力以及色澤之間存在強烈的正相關，風味、品質和容量也都會因溫度而改變，但是又與時間因素相關，也因此只有時間能證明什麼才是最適宜的溫度。

以上 2 項實驗的橡木桶都移到正常倉庫繼續熟陳，截至本書出版前，酒廠尚未決定如何處理。從筆者的角度看，自然光實驗有點匪夷所思，很難把 honey barrel 與光照度扯上關係，所以蒸餾大師的說明有其道理，如果窗邊木桶的熟陳效果特別好，應該是其他因素的影響。而溫度實驗截至目前的結論過於簡略，我相信仔細分析桶內外壓力和化學物質（利用氣相層析儀 GC 或液相層析儀 HPLC），並與感官測試結果進行比對，應該會有做出更有趣的結論。

AMERICAN

WHISKEY

DISTILLERIES

04 ★ 酒廠巡禮 ★

no.2022

全美以生產威士忌為主的酒廠已近 2,000
間，但是近 9 成的產量都是由八大集團
旗下的 13 間酒廠所生產，而這幾間酒廠
在過去的歷史長河中互有淵源，更可以
從穀物配方和酵母菌種的異同去把梳。
只需要瞭解這幾間酒廠的製作，大致就
掌握了其他美威酒廠的製作原理……

位於肯塔基州路易維爾市內的「天使嫉妒」（Angel's Envy）酒廠（圖片由 Alex Jhang 提供）

提供肯塔基「波本之旅」（Kentucky Bourbon Trail）的旅遊巴士

　　自禁酒令以降，美國威士忌產業的巨頭歷經多少勾心鬥角或風雨飄搖的拆、購、併、合，截至今日 90% 以上的產量 註1 都由以下集團／公司旗下的蒸餾廠製作，包括：

◎ **百富門集團（Brown-Forman）：** 全美最大的烈酒公司，擁有全美產量最大，也是全球銷售量最大的田納西威士忌酒廠傑克丹尼，2020 年的銷售量達 12.3 百萬箱（9 公升／箱，依據 Spirit Business 網站的統計資料）。除此以外，也擁有位在肯塔基州的百富門／歐佛斯特（Old Forester）以及渥福（Woodford Reserve）等 2 間波本威士忌酒廠。

◎ **賓三得利集團（Beam Suntory Inc.）：** 全球第三大的烈酒公司，於肯塔基州擁有 3 間酒廠，包括金賓、Booker Noe 以及美格，其中金

註 1　一般通用說法，但並無佐證統計資料

賓為全美產量最大的波本威士忌酒廠，2020 年的銷售量為 10.7 百萬箱，以美威而言已逐步逼近傑克丹尼的龍頭寶座，另外美格酒廠的銷售量為 2.4 百萬箱，全美排名第四。

◎ **天山集團（Heaven Hill）：**為家族擁有、全美第二大的波本威士忌酒廠，主要的生產基地已搬遷到路易維爾市內的伯翰（Bernheim）酒廠，並且成為目前產量最大的單一波本酒廠，最大的品牌為伊凡‧威廉斯（Evan Williams），2020 年的銷售量為 3.0 百萬箱，若以單一品牌而言，僅次於傑克丹尼的 Old No.7 而排名第二。

◎ **賽澤瑞集團（Sazerac）：**肯塔基州內擁有野牛仙蹤（Buffalo Trace）酒廠和巴頓 1792（The Barton 1792）酒廠，其中野牛仙蹤具有強大的實驗精神，歷年來曾展開多種實驗也裝出許多實驗性裝瓶，是筆者最想一窺究竟的酒廠。

◎ **日本麒麟酒業（Kirin）：**日本著名的酒業集團，於二十一世紀初從帝亞吉歐集團手中接下了四玫瑰（Four Roses）酒廠，以透明的標示讓美威 geek 津津樂道。

◎ **金巴利（Campari）集團：**義大利最大的烈酒集團，擁有肯塔基州的野火雞（Wild Turkey）酒廠，以父子檔雙蒸餾大師著稱。

◎ **帝亞吉歐（Diageo）集團：**雖然是全球最大的烈酒集團，但是在美國卻未積極搶占烈酒版圖，只擁有位於田納西州的喬治迪可（George Dickel）酒廠以及肯塔基州的布雷特（Bulleit）酒廠，規模都不算大，不過 Bulleit 品牌創造出 1.8 百萬箱的銷售量，以美威而言，排名第五。

◎ **MGPI（MGP Ingredients, Inc.）：**位在印第安納州的 Midwest Grain Products 是全美最大的 OEM 酒廠，為全美各酒廠、裝瓶廠量身訂做各種類型的原酒，直到近年內才正式推出自家裝瓶。

以上 13 間酒廠大概囊括了全美威士忌產量的 9 成以上，因此只需要了

美威品牌年銷售量

單位：百萬箱（9公升／箱）

品牌	酒商／公司	2016	2017	2018	2019	2020
傑克丹尼	百富門	12.5	13	13.3	13.4	12.3
金賓	賓三得利	8	8.9	9.7	10.4	10.7
伊凡‧威廉斯	天山	2.3	2.4	2.6	2.8	3
美格	賓三得利	1.7	1.9	2.2	2.4	2.4
傑克丹尼田納西蜂蜜	百富門	1.5	1.7	1.8	1.9	2
布雷特	帝亞吉歐	1.3	1.5	1.6	1.7	1.8
野火雞（含野火雞蜂蜜）	金巴利	1.5	1.5	1.6	1.6	1.7
渥福	百富門	0.5	0.6	0.7	0.9	1

（取自 The Spirits Business）

解這幾間酒廠，便足以認識美國威士忌的主流製法。不過，位在印第安納州羅倫斯堡的 MGPI 最為神秘，是所有美威 geek 最想深入了解，卻也最不得其門而入的一間酒廠，網路上幾乎找不到資料，也因此沒辦法向讀者們介紹。有興趣「sourcing」的讀者，不妨直接造訪官方網站 [註2]，某些資訊還是值得留意。

　　對一般消費者，尤其是只熟悉蘇格蘭威士忌的消費者，例如大部分的台灣酒友，美威最困難的部分是沒有「單一」這個名詞，酒標上通常看不到真正蒸餾製作的酒廠名稱，全部以品牌行銷，加上多不勝數的小型工藝酒

註 2　https://www.mgpingredients.com/

廠，烈酒專賣店內充滿了琳瑯滿目的品牌，很難分辨這些品牌到底是由哪間酒廠製作出來。

舉例而言，天山集團的品牌錢櫃（Elijah Craig），瓶身側面的小酒標標註的是「DISTILLED AND BOTTLED BY THE ELIJIH CRAIG DISTILLERY CO.」，我們若以刻板印象在腦中搜尋，將會發現全美並沒有任何一間蒸餾廠叫做 ELIJIH CRAIG；又如天山最暢銷的品牌伊凡·威廉斯，酒標上找不到 Heaven Hill 或甚至 Beinhelm 的名稱，就算連上官網查詢，同樣也找不到生產的酒廠。這種情況不勝枚舉，即便是少數引入台灣的工藝酒廠，如老爹帽，是在 Mountain Laurel Spirits（MLS）進行蒸餾及裝瓶，筆者不太相信有人會注意到 MLS，顯然以酒廠名稱行銷的裝瓶少之又少，而且由於酒廠裝出太多品牌，成為研究美威的最大障礙。

另外一個困擾是，許多酒廠、品牌在歷史的洪流中不斷被收購、併購、改名，以致追蹤這些酒廠的前身時，儘管官方網站或網路（如維基百科）可以找到許多資料，但常常不甚齊全或互相矛盾，必須非常小心。同樣舉個例子，從 1923 年起便由百富門集團製作銷售的老品牌「時代」（Early Times），於 2020 年賣給了巴頓 1792 酒廠，但因為資訊太新，使用 Google 搜尋時，許多網路資料（如維基百科）都來不及更新修正，酒友們查詢時勢必會被誤導。

努力克服這些重重障礙後，先撤下千間小型工藝酒廠，筆者以公司／集團為單位，鑽入一間間的酒廠中往來耙梳，慢慢歸納出某些很難述說清楚的邏輯。首先，禁酒令以前的酒廠歷史基本上都不重要，或是說，僅提供「酒」餘飯後的閒談說嘴，與今天我們看到的酒廠甚至毫不相干。其次，大酒廠的製作方式可說大同小異，不過這些「小異」，如酒廠最愛談論或噤口不談的穀物配方、酵母菌種、新酒酒精度、熟陳倉庫和環境，都足以構成各酒廠，或是同一間酒廠的各品牌間的差異（或者是毫無差異）。此外，蒸餾大師在酒廠的發展和酒款的創新過程中，占有舉足輕重的地位，

除了如同蘇格蘭酒廠的「首席調酒師」所扮演的角色之外，更進一步涉及生產管理，因此這本書中提及的幾位大師，請讀者們務必牢牢記住，其中好幾位大師的名字更是已轉化成品牌名稱。

　　所以，本篇就來帶領讀者們探訪這 11 間酒廠（扣除金賓二廠 Booker Noe 和 MGPI），或許也能如筆者一般驚喜的發現，每一間酒廠都有其特殊迷人之處，然後整裝待發，當疫情告一段落，就來一場 Kentucky Bourbon Trail 或 Tennessee Whiskey Trail 之旅吧！

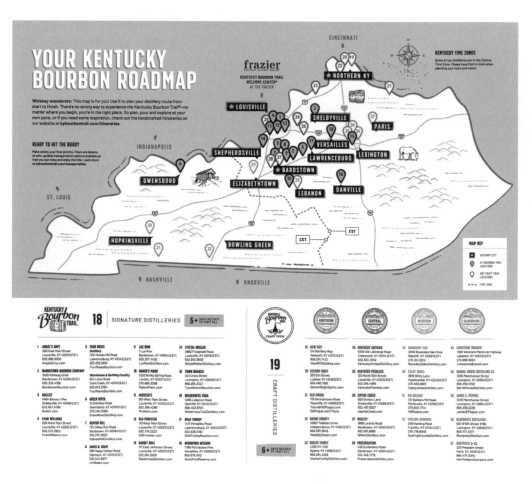

肯塔基波本之旅地圖（圖片取自 Kentucky Bourbon Trail 官方網站：https://kybourbontrail.com/）

―❷―

金賓（Jim Beam）

✕ 歷史 ✕

　　金賓威士忌的包裝外盒上，印著從 1770 年雅各·賓（Jacob Beam，原來的姓氏為 Boehm）自德國移民到美國以來，一直到今天酒廠掌門人弗來德·諾伊為止，總共七代的賓家族畫像，酒廠歷史綿延 200 多年，幾乎與美國同壽，家族成員開枝散葉，主掌了大半波本威士忌產業，「波本第一家族」的名號毫不為過。

　　不過酒廠本身並非如此的源遠流長，事實上，金賓酒廠以及金賓品牌

在禁酒令以前並不存在。來自德國的賓家族在十八世紀遠渡重洋抵達美國之後，先落腳在馬里蘭州，而後舉家遷移到當時仍屬於維吉尼亞州的波本郡，以務農為業，同時也使用自家農作來蒸餾烈酒。當時的農場式酒廠製作的烈酒當然十分粗糙，合理猜想沒歷經時間熟陳，「波本」的名稱也還未存在，所以今日的金賓若如其行銷所言：「Time-Honored Family Recipe Since 1795」，也就是和 1795 年所賣出的第一桶酒相同，那麼可想而知，絕不會有超過 1,000 萬箱的銷售數字。

不過第二代大衛・賓（David Beam）具有遠見，當他接下老爸的產業時，已擁有超過 324 公頃的農地，但並不打算務農為生。他看準蒸餾是個好事業，購買了連續式蒸餾器取代原來的壺式蒸餾器，酒廠的生產規模一舉擴大，正式從農場經營跨入商業經營。由於當時的烈酒以「桶」為單位販售，消費者帶著他們的陶罐、錫罐或鍋碗瓢盆到酒館買酒，因此大衛將酒廠命名為 Old Tub，一方面指的是用來糊化穀物的老木槽，一方面也是「打酒」使用的盆，連帶著他的酒也被稱為 Old Tub。關於這一點筆者的理解有些模糊，因為「品牌」在玻璃瓶裝酒出現之前並沒有意義，也沒有法律保護，所以猜想大衛並沒有創立 Old Tub 品牌，只是酒館、酒客指名要買產自 Old Tub 的酒而已。

第三代大衛 M. 賓（David M. Beam）同樣具有雄才大略，當他知道鐵路延伸計畫後，於 1854 年將酒廠搬遷到尼爾森郡（Nelson），並將酒廠更名為 D. M. Beam & Company，藉此 Old Tub 可經由鐵路北送南運，更可直接穿越阿帕契山脈，而不需要靠著水運繞道紐奧爾良出海再海運到東岸，進而逐漸打開知名度，不再是僅於肯塔基州販售的地酒。另一方面，賓家族成員也開始往外發展，大衛的弟弟 John "Jack" Beam 於 1860 年創立了時代酒廠，這間酒廠的後續事跡請看「百富門／歐佛斯特」篇。

因此當第四代金賓上校、弟弟帕克・賓（Park Beam）以及妹夫 Albert Hart 於 1894 年接手酒廠時，Old Tub 已經是全美數一數二的知名品牌，公司名稱也更改為 Beam & Hart。酒廠的經營採分工模式，帕克主管生產

技術，金賓上校（當時還沒得到這個尊號）則主掌對外銷售，兩人合作無間，酒廠的生意蒸蒸日上，只不過 1920 年的禁酒令讓一切戛然停止。

　　有關禁酒令這段時期的慘狀，已經寫在前面篇章，唯一的喜事，可能是金賓上校的女兒瑪格麗特嫁給了弗萊德‧諾伊（Frederick Booker Noe），他們的大兒子布克‧諾伊二世（F. Booker Noe II）後來接管酒廠，成為第六代掌門人，不過這是後話。至於為什麼禁酒令後酒廠／公司名稱會更改為 James B. Beam Distillery Co. 也就是金賓？根據官方說法，Old Tub 已經被他人買走了，所以必須另取名稱。這一點有其可信度，因為禁酒期間六大酒業集團大舉搜購存酒和品牌，不過美國知名部落客 Chuck Cowdery 在文章 註1 中提到，就算是禁酒令廢止後，金賓依舊持續生產銷售 Old Tub，只是規模越來越小，到了 1970 年代波本大蕭條時終於消失。等到進入二十一世紀後，金賓復活了 Old Tub，推出酒廠專賣的特殊款，2020 年再度於一般酒專通路上架。

一～七代賓家族成員（拍攝於金賓酒廠旅客中心）

註1　https://www.smithsonianmag.com/history/how-india-pale-ale-got-its-name-180954891/

　　因此禁酒令才是讓金賓站上波本舞台的分水嶺。70 歲的金賓上校買下了位在克萊蒙（Clermont）的 Murphy Barber 酒廠，120 天後完成改建和重新命名，同時生產 Old Tub 和金賓兩個品牌。實際負責生產的是上校的弟弟帕克，以及帕克的兩個兒子厄爾・賓（Earl Beam）及卡爾・賓（Carl Beam）。一開始的營運並不順利，因為許多家族成員在禁酒令時期轉往其他酒廠發展，禁酒令結束後回過頭來與金賓競爭，例如金賓上校的堂兄弟喬瑟夫・賓（Joseph "Mr. Joe" L. Beam）在禁酒時期先遠赴墨西哥，而後在史迪佐－韋勒（Stitzel － Weller）酒廠擔任蒸餾大師，他和兩個兒子曾在 Frankfort 酒廠製作四玫瑰，小兒子哈利・賓（Henry M. "Harry"Beam）是天山（Heaven Hill）的第一任蒸餾大師。

　　當金賓上校在 1946 年將酒廠交給傑若麥・賓（T. Jeremiah "Jere" Beam）時，酒廠的經營依然辛苦，並不怎麼賺錢，帕克只得在前一年將蒸餾大師的頭銜傳給小兒子卡爾，自己到巴茲敦鎮的 Shawhan 酒廠擔任蒸餾大師以減輕人事負擔。或許有人自動腦補，以為大兒子厄爾因不滿父親的決定憤而出走加入天山酒廠，後來成為天山的第二任蒸餾大師，不過實情是，兩間酒廠相距 20 英里，卡爾完全支持厄爾的離開並允諾給予大力協助，此後兩邊的賓家族持續維繫著友好關係且相互支援。厄爾的兒子派可・賓（Earl"Parker"Beam）和孫子克萊格・賓（Craig Beam）陸續擔任天山的蒸餾大師，也就是說，天山的蒸餾技術由賓家族代代相傳，直到 2014 年來自美格的丹尼・波特（Denny Potter）加入與克萊格並列為止，這部分的事跡請參考「天山－伯翰」篇章。

　　二次大戰後波本產業大爆發，傑若麥展現行銷長才，周遊世界各國介紹波本威士忌並講述賓家族的傳奇，推動金賓成為國際品牌。他還在克萊蒙廠內修建了一棟白色建築，此後一共有 4 位蒸餾大師居住在這棟房子內，人人稱它為「傑若麥之屋」（T. Jeremiah House），屋前有一口井，可以汲水飲用，稱為「雅各之井」（Jacob's Well），後來也由此衍生出一支酒款。

傑若麥之屋

雅各之井

布克‧諾伊二世的銅像

　　筆者於 2016 年造訪時，弗萊德‧諾伊便是在「傑若麥之屋」和我們聊天，而「雅各之井」前方有一座布克‧諾伊二世的銅像，帶著一頂寬邊帽，手中端著一杯金賓，悠閒的坐在搖椅上微笑。

隨著波本的需求量不斷增加，克萊蒙酒廠的生產供不應求，因此傑若麥在 1954 年買下了 10 英里外、波士頓（Boston）鄰近的 Churchill Downs 蒸餾廠，改建成金賓二廠。這座新酒廠引進了所有當時最新的設備，產量比舊廠大上許多，如今被稱為布克・諾伊廠，因為布克・諾伊二世在 1960 年被任命為新酒廠的蒸餾大師。另外值得一提的是，卡爾在 1959 年任職金賓副總，熟知生產製作的一切細節，可說是行動百科全書，指導了許多肯塔基州的蒸餾者，包括他的兩個兒子貝克・賓（Baker Beam）和大衛・賓（David Beam），也包括布克・諾伊二世。

金賓酒廠告示牌

棕色烈酒在 1960 年代不敵白色烈酒熱潮開始走下坡，成為布克・諾伊二世在 1965 年接管金賓之後，被賦予振衰起敝的最大挑戰。金賓歷史上，布克被譽為「創新者」，他在 1978 年推出了金賓黑牌，利用比 4 年長一倍的熟陳時間創造出豐富的滋味。不過金賓黑牌只是小試身手，1987 年裝出的小批次原品博士（Booker's）才真正展現了他的開創性，被稱為振興波本威士忌產業的三大創作之一，不冷凝過濾、不加水稀釋，與當時所有美威產品都不同，直接呼應了大西洋對岸蘇格蘭威士忌的最新潮流。而後一發不可收拾的，於 1992 年裝出「小批次波本系列」，除了原品博士，另外新增了貝

金賓現任的蒸餾大師弗萊德‧諾伊

克（Baker's）、巴素海頓（Basil Hayden's）以及留名溪（Knob Creek）等 3 款，將波本威士忌推升到另一個層次，而留名溪很快的就成為全球銷售量最大的高檔波本。

就在布克‧諾伊二世位居創造顛峰的同一年，他將酒廠交棒給弗萊德‧諾伊（全名為 Frederick Booker Noe III），而隨著威士忌風潮大興，弗萊德加緊生產，於 2005 年產製出第 1,000 萬桶金賓。但產量只是簡單的成就，弗萊德繼承老爸的創新精神，2009 年做出在某些衛（波本之）道人士眼中顯然大逆不道的紅牡鹿金賓（Red Stag）──在標準 4 年金賓中摻入黑櫻桃（Black Cherry）萃取物，分類上已經不是波本，而是加味威士忌，後續還有我們熟悉的「魔鬼珍藏」（Devil's Cut）、「大師精選」（Signature Craft）12 年、「大師之作」（Distiller's Masterpiece）等，以及在 2016 年，他得意洋洋向我們端出的「雙桶熟陳」（Double Oak）。喜愛威士忌的讀者們不要瞧不起加味威士忌，2015 年推出的蘋果口味，短時間內就成為全球銷售冠軍，其中尤以法國賣得特別好。筆者十分好奇，法國身為文化大國，怎麼會青睞相對「粗鄙」的美國產製的烈酒？原來從小喝葡萄酒長大的法國人，將這種加味威士忌當成餐前飲料，反而造就了熱銷盛況。

如今賓家族的第八代，弗萊德的兒子布克‧諾伊四世（Frederick Booker Noe IV）已經加入酒廠陣容，並創造了＜小書冊系列第三章：返家之路＞（Little Book Chapter 03: The Road Home）。弗萊德對兒子讚譽有加，認為他更像祖父布克‧諾伊二世；所以，我們期待下一代賓家族的接班，終究這個家族影響的不僅僅是金賓，如同以上提及的大量「‧賓」字輩，還擴及整個波本威士忌產業！

賓家族的族系譜如下，紅字標示則是榮登肯塔基「波本名人堂」的家族成員，共計 11 位，非常驚人！

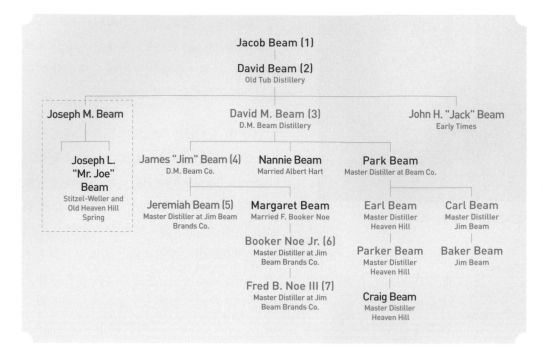

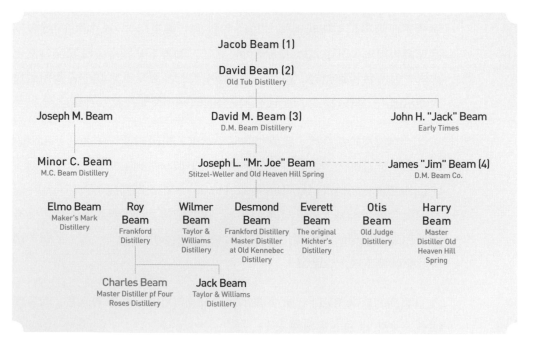

「肯塔基波本名人堂」的賓家族成員

年份	家族成員	酒廠／事蹟
2001	Parker Beam	天山／第三任蒸餾大師
	Frederick Booker Noe, Jr.	金賓／第六代掌門人和蒸餾大師
2002	Colonel James B. Beam	金賓／第四代掌門人
2003	Earl Beam	天山／第二任蒸餾大師
2005	T. Jeremiah Beam	金賓／第五代掌門人
2006	Carl Beam	金賓／1940 年代克萊蒙廠蒸餾大師
2007	Edward Baker Beam	金賓／Booker Noe 時期主要蒸餾者
2009	David M. Beam	金賓／第三代掌門人
	John Henry "Jack" Beam	時代／創辦者，金賓第三代
2010	Charles Beam	四玫瑰／第四任蒸餾大師
2013	Frederick Booker Noe III	金賓／第七代掌門人和蒸餾大師

⋊ 製作 ⋉

1. 穀物和處理

　　金賓也是屬於不願意透露穀物配方的酒廠，但同樣可以在網路上查到許多資料。最主要的穀物配方為 75% 的玉米、13% 的裸麥和 12% 麥芽（另一說為 77% 玉米、13% 裸麥和 10% 麥芽），大部分的酒款都是採用這種配方，至於如巴素海頓、老祖父（Old Grand Dad）則是使用 63% 的玉米、27% 的裸麥和 10% 麥芽，也就是所謂的高裸麥配方。網路上流傳金賓的

裸麥威士忌並不是自行製作,而是從他廠買回,筆者曾就此寫信詢問弗萊德‧諾伊,他斬釘截鐵的反駁這項謠言。不過還真的找不到金賓裸麥威士忌(Jim Beam Rye, Old Overholt, Knob Creek Rye)的配方。

在克萊蒙廠(舊廠),金賓使用錘擊式碾磨機來磨碎穀物,而後以 10,000 加侖的蒸煮鍋來糊化及糖化穀物。蒸煮前,鍋內先注入 25% 的 backset 作為酸醪,目的是讓穀物糊的 pH 值降低到 5.4 ~ 5.8,正是酵母菌最喜愛的生長繁殖環境。在稍微加壓的環境下,先加熱碎玉米到 220°F(104°C),等溫度下降到 180°F(82°C)時投入裸麥,150°F(65°C)再投入麥芽。與其他酒廠比較,蒸煮的溫度高了一些,但可以加速穀物的糊化。

使用穀物說明

金賓的發酵槽

2. 酵母菌和發酵

酒廠使用的酵母菌種是金賓上校於禁酒令後親自採擷,採擷的方法寫在〈製作解密〉,酒廠視若珍寶,但由於用量大,每天必須小心培育以避免雜菌污染。不過在生化科技發達的今日,相信酵母菌種早已經純化處理,無須秘藏在家族的冰箱中。

克萊蒙廠內擁有 19 座不鏽鋼發酵槽,每座的容量為 45,000 加侖(約 17 萬公升),非常巨大,需投入 600 加侖(約 2,270 公升)經活化後的酵母,槽內裝設一圈圈環繞在壁體的冷卻水管,用來控制發酵溫度。完成糖化的穀物糊經熱交換後,以約 60 ~ 70°F(16 ~ 21°C)的溫度泵送注入發酵槽。

經過 3 天的發酵後，酒精度可達約 10%，全數打入啤酒暫存槽，再泵送到蒸餾器進行蒸餾。

低度酒（Low wine，左）及高度酒（High wine，右）

3. 蒸餾

克萊蒙廠各有一座連續式蒸餾器和加倍器，其中連續式蒸餾器直徑 6 英尺（1.8 公尺）、高 65 英尺（19.8 公尺），內部設置 23 片蒸餾板，從底部輸入 205°F（96°C）的高溫蒸氣，每分鐘可輸出 200 加侖（757 公升）、125 proof（62.5%）的低度酒。冷凝後的低度酒連續泵送進入加倍器，在固定的溫度下，可得到 135 proof（67.5%）的高度酒，每天的產量約 50,000 加侖（18.9 萬公升）。

廠內的低度酒和高度酒從安全箱內如噴泉一般的嘩啦嘩啦流出，流量十分驚人，習慣於蘇格蘭麥芽威士忌酒廠的酒友（如我），大概一時很難接受安全箱內的景象。假設每日 24 時，每週 7 天不停的工作，每年 50 個星期，換算成年產量約為 4.5 億公升純酒精（LPA），約為蘇格蘭所有麥芽蒸餾廠年產量總和的 1.5 倍，而這還只是比較小的克萊蒙廠！

4. 熟陳

　　金賓於禁酒令後重新生產時，由於倉庫的需求十分急迫，第一棟倉庫在 180 天內便興建完成，不過當橡木桶開始滾入陳放時，上層的木層架仍在組裝中。其他倉庫的興建的速度也相當快，4 年內完成 A ～ E 共計 5 座，裡面存滿了 8 萬個橡木桶。到了 1939 年，金賓上校舉辦了一場派對，慶賀他所做的第一款酒終於上市。

　　如今分散坐落在廠內的熟陳倉庫十分巨大，每一棟的樓層數不完全相同，7 層或 9 層不等，每一座可陳放約 2 萬個橡木桶。所有的橡木桶都由 ISC 製作，所有的木桶都做四級燒烤處理。

　　倉庫不做控溫，木桶放入後也不再移動，目的是讓上下左右不同位置的橡木桶，隨季節變換產生對應的微氣候，進而發展出不同的熟陳效果。上層溫度高但濕度低，酒液與橡木桶的交互作用強烈，酒精度快速升高；下層溫度穩定但濕度高，酒液與橡木桶的交互作用緩慢，酒精度逐漸下降；靠窗的中間層通常是倉庫的「甜蜜點」，溫度、濕度適中，較高酒齡的酒款如「大師精選 12 年」便是取自於附近。不過對於一般普飲款，如最大量的金賓白牌，為達到每個批次一致的調和成果，以 X 形的原則取用上下左右裡裡外外不同陳放位置的橡木桶，即可融合微氣候條件下產生的差異，而無須像美格一樣辛辛苦苦的移運橡木桶。

金賓酒廠的 9 層樓標準倉庫

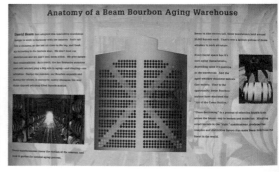

倉庫內的木桶配置及 X 選桶說明

　　金賓的倉庫歷年來發生不少次大火，最近的一次是在 2019 年 7 月，燒毀了一座內部陳放 45,000 桶的巨型倉庫，熊熊烈焰燃燒好幾天。由於酒精是易燃物，倉庫容易因雷擊而起火，除了設置足夠的避雷針和內部灑水設備，似乎也沒有其他辦法。不過目前的消防策略已經修改，燒就由它盡量燒，最好把酒精燒光光，不用費心澆灌反而讓水酒混合流到鄰近溪流而污染水源，只需控制不致跳火到其他倉庫即可。此外，金賓公關人員告訴記者，這場大火只損及金賓庫存的 1%，酒廠總共擁有 126 座熟陳倉庫，約 330 萬個橡木桶，非常驚人！

5. 裝瓶

台灣常見的金賓酒款（圖片由台灣三得利提供）

　　金賓的裝瓶廠一定十分繁忙，因為總共擁有超過 90 種威士忌品牌，主要的品項包括：

美格（Maker's Mark）

※ 歷史 ※

　　有關美格酒廠的種種，已分別記述於＜酒瓶裡的美國史＞和＜製作解密＞而不再贅述。在 2016 年 3 月下旬造訪之後，酒廠的美景至今依舊深印在筆者的腦海中，淺淺溪流旁搖曳的垂柳和盛開的桃花，襯在湛藍天空下，不禁憶起年輕時背誦的詞句「暮春三月，江南草長，雜花生樹，群鶯亂飛」。

　　不過山謬家族最早的商業酒廠並不在這裡，而是在距離今天的金賓酒廠不遠的 Samuel's Depot 農場，在南北戰爭前的 1844 年由 T.W. Samuels 所創立，一直營運到禁酒令之後停止，從此便荒廢至今，酒廠早已殘破不堪而無法蒸餾，僅有部分倉庫被天山集團拿來熟陳橡木桶。到了 2020 年，某開發商宣布將重新打造酒廠，稱為 Old Samuels，但暫時不生產威士忌，而是以觀光旅遊為主，提供旅客住宿體驗，當然也能在附設的酒吧喝喝波本威士忌。

　　所以禁酒令以前的往事俱已矣，一切還是得 T.W. Samuels 的第四代曾曾孫老山謬（T. William （Bill） Samuels, Sr.）談起。老山謬於禁酒令廢止後的 1933 年開始思考復廠的可能性，但是他的思想前衛，並不希望延續「祖傳秘方」來製酒，反而認為山謬家族自移民美國以來 170 年的秘方早已過時，應該棄之而後快。這種接近離經叛道的想法，當然和他的老爸有所衝突，而他也鐵了心，直接在字紙簍裡點火燒掉祖傳秘方，但據說火勢突然冒出引燃了旁邊的窗簾，差一點把整棟房子燒掉。

　　老山謬應該是美威產業中唯一不靠賣祖產的創業者，他在長達 6 年半的時間裡，不斷的研究各種穀物配方。傳說中，他認為直接做酒來實驗太耗時間，乾脆以 7 種不同的穀物配方烘焙出 7 條麵包，然後請家人評斷優劣好壞，因此流傳著「The Baker Maker of Maker's Mark」的說法。我個人覺得傳說就只是傳說，因為麵包的味道和酒實在相差太大，就算麵包好吃，也不一定能用相同的配方做出好喝的酒。至於為什麼會採用小麥作為風味穀物？主要還是好友「老爹」老凡溫克的教導，以及其他酒廠提供酵母菌株的幫助，等他在 1953 年耗資 35,000 美金買下 Burk's 酒廠 [註1]，一切準備就緒。

Burks 被金氏世界紀錄列為美國持續營運至今最古老的酒廠 （圖片取自美國國會圖書館館藏）

　　但是在創廠之初，反正也還沒有酒可以裝瓶出售，所以並未考慮到底要幫品牌取什麼名稱。等到 1958 年終於出現足以讓老山謬滿意的作品時，取個響亮的名稱成為當務之急，這時候，必須提到美格的最佳推手：老山謬的賢內助瑪姬（Margie Samuels）。老山謬既然推

註 1　Burks 酒廠於 1805 年開始蒸餾，被金氏世界紀錄（Guinness Book）登錄為美國持續營運至今最古老的酒廠。

翻了家族傳統的製酒方法，自然不想使用家族姓氏，因為會讓人聯想起過去 Samuels 酒廠採用裸麥為風味穀物時帶來的辛香刺激，而瑪姬有收集歐陸白蠟器皿的嗜好，她發現這些器皿底部都打上製作者的名稱當作信譽保證，所以很直接的，就把品牌稱為 Maker's Mark，意思是「製作者的戳記」。

　　接下來，瑪姬針對品牌 logo 發想，她創造了現在每個酒標上都看得見的圓形商標，內部寫著 SIV。S 當然是 Samuels，而 IV 則代表了從 1844 年的 T.W. Samuels 起算，老山謬為家族蒸餾的第四代（也有一說是當時寫錯，應該是 VI，代表移民美國的第六代）。戳記左下有個星星符號，是位在巴茲敦鎮的老家 Star Hill 農場，而圓戳記右下似乎有點斷斷續續的小點，意義比較隱晦，除了暗示這個戳記是人工蓋上去所以不完整之外，也暗示著蒸餾產業因禁酒令、一次和二次大戰被迫中斷的黯淡時期。

　　這些微妙的設計元素展現著女性巧思，不僅如此，由於瑪姬也是個書法高手（沒錯，英文也有書法）和干邑的愛好者，因此從字體的選擇到瓶身形狀設計全都出自她手。最重要的是紅色沾蠟，1958 年 5 月 8 日瑪姬在家裡廚房利用鍋子把蠟油融化，然後倒過瓶身把蠟油沾滿瓶口，這種特殊的「封緘」，放上貨架成為最醒目的商品，消費者一眼就可以找到，馬上成為美格的註冊商標。凝固的蠟油底下埋了一條細綿繩，一拉便可撕開封蠟，同樣也是瑪姬的巧手設計。

　　這道裝瓶程序一直到今天絲毫未變，不使用機械代工，完全仰仗人力，一般裝瓶

美格的標準裝瓶及裝瓶線

廠的裝瓶速度約每小時 200 ～ 400 瓶，但由於人工沾蠟耗時，沒辦法超過 125 瓶／小時。今日使用的蠟油成分經重新設計後，融點為 350°C，因此沾了蠟油擺正後可快速凝固，不致向下漫流到瓶身，不過偶而工作人員一不小心把瓶身壓入蠟油過深，導致紅蠟蓋滿近半個瓶身，被喜愛美格的消費者取了個 Slam Dunk bottle 的暱稱，反而成為可遇不可求的逸品。

美格自詡他們的特色是由 4 個 W 所購成：水（water）、小麥（wheat）、橡木桶（wood）以及蠟（wax），由此可知紅色沾蠟對美格有多重要。便因為如此，美格為它取得 73526578 的商標專利字號，當帝亞吉歐的 José Cuervo's 龍舌蘭酒於 2011 年同樣也在瓶口沾上紅蠟時，立即引爆「紅蠟之戰」（wax war）而對簿公堂，歷經一年多的訴訟，最終判決美格勝訴。

我認為 4W 並無法說盡美格的特色，應該加入第 5 個 W：woman，也就是瑪姬，因為美格的名聲一半是由她所建立。不唯我做如此想，肯塔基蒸餾者協會（KDA）同樣也這麼認為，因此瑪姬雖然在 1985 年去世，但 KDA 特別在 2014 年將她引薦進入「肯塔基波本名人堂」，是當年度的唯一得主，也是第一位名人堂的女性，她與老山謬（2001 年）兩人自然成為名人堂中唯一的夫妻檔。

不過，有人說瑪姬是消費者掏錢購買第一瓶美格的理由，但老山謬才是買第二瓶的原因，事實上，其子小山謬的貢獻也不容忽略。小山謬在 1954 年便進入酒廠工作，擔任生產經理，多年後升任為蒸餾大師，1975 年成為董事總經理，直到 2011 年才退休。在他的堅持下，美格建立起輪調橡木桶的熟陳策略，一直到今天依舊如此，同樣也是在他的思考下，創造出美格開廠 57 年後的第二個品牌──美格 46。他的兒子 Robert Samuels 接下酒廠後，2014 年首度推出原桶強度，2015 年再展開 Private Select 計畫。與其他酒廠相較，品項確實不多，但也因為如此，打造出消費的忠誠度。根據統計，2020 年的銷售量為 240 萬箱（9 公升／箱），約為金賓老大哥的四分之一，在所有美國威士忌中排名第四。

✕✕ 製作 ✕✕

1. 穀物與處理

穀物配方上，美格採用 70% 的高玉米比例，16% 的紅冬小麥以及 14%
麥芽，玉米和小麥都來自鄰近農場。當地的農民習慣種植菸草，等菸草收
成後，改種紅冬小麥，由於菸草的需求量逐漸減少，所以農民也部分改種
大麥。所有的穀物送進酒廠之前，必須抽樣檢查以確保都屬於非基改作物，
含水量也必須在 14% 以下，避免儲存時發霉病變。

老山謬認為，錘擊式碾磨機與穀物摩擦產生的熱會釋出穀殼苦味，因此
很特殊的選用滾軸式研磨機（roller mill）來碾磨穀物，而且也磨得比較粗，
最終殼、粉比例約為 2：8。這套穀物研磨方式沿用至今，而且美格認為，
殼、粉比和蒸煮溫度、時間之間具有重要的依存關係，若穀物磨得較細，
且以高溫來煮，則因連殼帶粉都被液狀化（liquified），將會萃取過多的穀
殼風味而顯得苦澀，因此酒廠使用較粗的碎穀物，僅讓粉的部分達到液狀
化即可。

蒸煮穀物前，先在鍋內混合水與 backset，而後倒入磨碎的玉米及少許麥
芽，稱之為「pre barley」，其功用是讓玉米均勻的溶在水中，不致凝結成一
團一團。玉米漿緩慢加溫及攪拌，約 3 個小時後可達到沸騰狀態，而後停
止加溫但持續攪拌 5 分鐘。當溫度降到 160°F（71°C），加入小麥放置 10
分鐘，再等溫度掉到 150°F（65.6°C）
以下時，將剩餘的麥芽全數加入，維持
這個溫度 15 分鐘，然後冷卻到 68 ～
82°F（20 ～ 27.8°C，視季節和環境溫度
而定），泵送到發酵槽進行發酵。

2. 發酵

酒廠內每個開放式柏木發酵槽的容

穀物採用粗研磨（右）與細研磨（左）的比較

量為 96,000 加侖，空槽中先放入約 4 英寸深的 backset，投入 150 加侖的酵母菌，而後再打入穀物糊，進行 3 ～ 4 天的發酵。美格擁有自家的酒廠酵母，由 3 種不同的酵母菌種組成，96,000 加侖的蒸餾者啤酒，完成蒸餾後可填滿 18 ～ 19 個橡木桶。

開放式木製發酵槽

3. 蒸餾

正如其他大型酒廠，美格也採用兩套蒸餾設備，全銅製的連續式蒸餾器直徑為 3 英尺、高 37 英尺（約 5 層樓），內部裝設了 16 片蒸餾板，製作出 120 proof 的低度酒。冷卻後的低度酒收集於槽體，再連續泵送入頂部為洋蔥形、以蒸氣管加熱的加倍器，最終流出的新酒（白狗）酒精度為 130 proof。

4. 熟陳

酒廠使用的橡木桶由 KYC 製作，橡木來自 Ozarks 森林。美格於橡木桶有些與其他酒廠不同的特殊要求，例如板材放置於堆放場風乾至少 9 個月，而且必須度過一個夏天，將較為粗糙的單寧洗去，並發展出更多的香蘭素（vanillin）。此外，1.25 英寸的木板厚度比一般木桶來得厚，利用 32 片木

板條組成木桶也比一般的 34 片來得少，如此一來，可減少滲漏的機率。至
於燒烤程度，則採用第三級。

　　白狗稀釋到 110 proof 入桶，遠低於規範要求的 125 proof，意味著橡木
桶和儲存空間都必須增加。美格最令人津津樂道的是，它是唯一一間輪調
橡木桶存放位置的大型酒廠（小型酒廠不確定，但相對簡單），方式如下：
每棟倉庫為 7 層樓，每一層樓設置 3 層的木框架，新木桶先放入倉庫的高
樓層至少 3 年，而後將 7 樓的木桶移到 1 樓，6 樓的木桶移到 2 樓，5 樓
的木桶木桶移到 3 樓，4 樓維持不動。藉由這種耗費人力、時間的方式，
可讓每一個橡木桶在 6 ～ 7 年的熟陳時間中，發展出一致的風味，不致發
生吃桶過深或風味不足的現象，而每個橡木桶的天使分享量也較為均勻。
此外，美格還將倉庫外表漆成深黑色，目的在於均勻吸收太陽熱能來產生
室內對流。

連續式蒸餾器

熟陳倉庫（圖片由 Alex Chang 提供）

5. 裝瓶

　　美格從 1958 年裝出 Maker's Mark 之後，一直到進入二十一世紀，依舊堅持著只裝出一款常態品牌。到了 2008 年，酒廠成立 55 年後，小山謬聘請 Kevin Smith 擔任酒廠的蒸餾大師，兩人共同商議如何創造出另一款具有強度、酒體但減少辛辣刺激又保留美格個性的酒，最終根據 Smith 的建議採用流行於蘇格蘭威士忌的「過桶」工藝。只不過試了許多不同的橡木桶，找不到滿意的成果，所以他們找上了 ISC 的總裁 Brad Boswell。當時 Boswell 發明了一種新技術，將法國橡木條兩側進行輕燒烤，可減輕其單寧含量，還具有充分的焦糖和香草甜。美格在木桶裡放入 10 根這種橡木條，填入已經熟成的酒，放置在特殊的石灰岩酒窖中 9 個星期，成果讓兩人十分滿意。由於這種木條的風味譜在 Boswell 的名冊編號為 46，所以品牌就被命名為「美格 46」，2010 年正式上市。

美格的裝瓶廠

新品牌啟發了酒廠靈感，從 2015 年開始提供客製化 Private Select，可從 5 種不同風味的橡木條中選擇最多 5 種，同樣放入 10 條來進行過桶，根據官網，總共有 1,001 種不同的組合，但是數學很弱的我怎樣都算不出來。5 種不同風味的橡木條包括：

① P2 － Baked American Pure：添增黑糖、香草、焦糖和辛香

② Cu － Seared French Cuvée：將法國像木以紅外線焦烤，可增添煙燻和焦糖甜

③ 46 － Maker's Mark 46：法國橡木於烤箱中進行焦烤，傳遞乾果、香草和辛香調，若放入 10 片，則與 Maker's Mark 46 相同

④ Mo － Roasted French Mocha：法國橡木在傳統烤箱中進行高溫烘烤，可產生焦炭、楓糖和可可亞的風味

⑤ Sp － Toasted French Spice：法國橡木在傳統烤箱中先以高溫烘烤，而後再換成低溫，製作出煙燻、皮革和辛香感

（左）美格 46 使用裝有 10 片木條的橡木桶做過桶，並放置於石灰岩酒窖（右，圖片由 Alex Chang 提供）

　　此外，酒廠從 2014 年起，每年裝出原桶強度（Cask Strength）裝瓶，
2019 年開始裝出美格 101。以上少數幾個常態品牌，都是美格堅持近 70
年的表徵。

台灣找得到的美格酒款 （圖片由台灣三得利提供）

百富門與歐佛斯特（Brown-Forman／Old Forester）

百富門位在路易維爾市內的「起家厝」（圖片由百富門提供）

✖ 歷史 ✖

　　讀完＜酒瓶裡的美國史＞之「鍍金年代」，各位不知是否還有印象，1870 年創立的歐佛斯特是第一個裝在玻璃瓶販售的品牌，至今 logo 的最上端仍清楚標示著「FIRST BOTTLED BOURBON」。更重要的是，歐佛斯特自從被創造後，是唯一在禁酒令前、中、後持續裝出一直到今天，毫無間斷的持續超過 150 年，而且從頭到尾都隸屬於百富門集團的品牌，這種情形在公司、品牌不斷換手的美威產業可說絕無僅有。

　　正如大家所熟知，威士忌在十九世紀中葉多以「桶」為銷售單位，再從大桶換成小桶或其他各種陶罐、陶甕，不一而足，玻璃瓶非常稀少而且售價昂貴，必須等到 1880 年代才逐漸盛行，所以瓶裝的歐佛斯特確實是領先潮流趨勢。玻璃瓶的優點在於確保品質，避免任何人在可開啟的桶、罐、甕中添加各種不必要的添加劑，不過另一個原因是，當時的威士忌屬於處

方用藥，玻璃瓶的容量遠比其他容器小，比較容易向醫生推銷，也是百富門取用 Dr. William Forrester 的姓氏為品牌名稱的原因。自此以後，越來越多的品牌在市場上出現，歐佛斯特也成了威士忌廣告行銷的先趨。

歐佛斯特的大型實體廣告（圖片由百富門提供）

由於美國威士忌產業於禁酒令時期幾乎完全被斬斷，今天的美威酒廠大多得從禁酒令廢止後重新開始，很幸運的，百富門不是。或許是因為歐佛斯特的市場形象，讓百富門得到一紙合約，得以在禁酒期間繼續生產銷售醫療用酒，並且在 1923 年買下了「時代」（Early Times），這一點又牽涉到後續百富門酒廠的興起，不過暫且按下不表。總而言之，當禁酒令廢止後，百富門立刻聯合其他幾家大公司成立了遊說組織，也就是今日美國蒸餾烈酒協會（Distilled Spirits Council of the United States, DISCUS）的前身，共同推動責任飲酒運動，同時也將公司股票上市，公開募集資金而逐漸壯大。

百富門在二次大戰期間，就算許多酒廠暫停營業，但因為協助政府生產工業用酒精，同樣未曾熄火，而且還完成重要的收購，將 Labrot & Graham 酒廠——也就是今日的渥福——納入旗下。二戰結束後，威士忌大爆發，百富門的「時代」酒款一舉成為全國銷售量冠軍。乘勝追擊的百富門於 1956 年擊退軒利集團，完成公司最重要的收購，將田納西州的傑克丹尼併入版圖，而公司的營業額也在 1960 年首度突破 100 萬美金。

百富門並未因此而停止擴張，在後續的幾年吃下了愛爾蘭威士忌酒廠 Old Bushmills、龍舌蘭品牌 Pepe Lopez 以及 Bolla 義大利葡萄酒；1970 年代再併入加拿大威士忌、法國苦艾酒，卻也放棄了 Labrot & Graham 的經營。集團經改組後，1980 年代跨入包括水晶飾品、行李箱等外部事業，營運規模橫跨全球。不過公司內部的飲料事業仍專注在酒類產品，不僅

成立葡萄酒部門，也在 1991 年搶下格蘭傑（Glenmorangie）單一麥芽威士忌在美國的經銷權，同時大力推銷傑克丹尼調酒飲料，並進軍印度威士忌。1996 年買回 Labrot & Graham 酒廠之後，重新整修並發行 Woodford Reserve 波本威士忌，酒廠名稱也在 2003 年更改為 Woodford Reserve。到了 2016 年，百富門買下了 The BenRiach Distillery Co.，交易中包括 BenRiach、Glendronach 和 Glenglassaug 等 3 間蘇格蘭威士忌酒廠，成功跨入蘇威領域。

從以上說明，可大致了解百富門集團如何一步一腳印的成為美國最大的酒業集團，不過，回到「起家厝」百富門／歐佛斯特酒廠，由於美威品牌換手頻仍的特性，以及只重品牌、不重酒廠的觀念，讓我花了好一番功夫才了解歐佛斯特是由哪間酒廠生產，而且得從另一個品牌「時代」談起。

時代於 1860 年由 John "Jack" Beam（賓家族的第三代，也就是金賓上校的叔叔）創立，幾年後也成立了時代酒廠，當時便打出了「hand made」以及「old fire copper」（這又和泰勒上校與野牛仙蹤有關）等種種宣揚口號，但銷售表現平平，所以在 1923 年將品牌和存酒全部賣給百富門。當禁酒令被廢止後，百富門為了擴張產能，於 1940 年買下了位在夏夫利（Shively）市的 Old Kentucky 酒廠，更改名稱為「時代酒廠」，並重新發行時代，銷售情況非常好，在接下來的 20 年間，時代逐漸成為美國屬一屬二的大品牌。

不過好景不長，等到百富門買下傑克丹尼之後，經營重心轉移，時代不再受到眷顧，而且百富門在 1983 年做了一個重大決定，將部分時代新酒放入二手橡木桶，導致美國境內銷售的「時代」不再是波本威士忌，只能標上 Kentucky Whiskey。這個決定顯然是受到波本大蕭條的影響，因為原本的時代波本威士忌在海外市場銷售情況並不差，而且在日本賣得特別好，所以依舊採用合乎法規的波本。只是上述策略在美國市場並不成功，也未料到進入二十一世紀後波本風潮反而大盛，時代因名聲拖累導致銷售量持續下滑，即便 2010 年終於回頭製作符合規定的波本威士忌，情勢依

舊沒有太大起色，最終在 2020 年將品牌賣給了賽澤瑞集團，目前由巴茲敦鎮的巴頓 1792 酒廠製作。

早年的裝瓶線　（圖片由百富門提供）

　　為什麼提起時代？因為百富門買下時代酒廠之後，改稱為百富門酒廠，重要的波本品牌如歐佛斯特、渥福、時代等全都在這間酒廠生產，1996 年才把渥福獨立出去，不過仍持續供應原酒給渥福做調和使用。由於波本風潮越吹越盛，老酒廠的產製能量越來越不足，因此百富門於 2014 年宣布斥資 4,500 萬美金，在路易維爾市中心興建一座全新的酒廠，地點正是百多年前商賈雲集的「威士忌街」，也是當年創立歐佛斯特的「起家厝」。雖然很不幸的，2015 年「威士忌街」發生大火，整個計畫被迫延宕，不過總算在 2018 年順利開幕，酒廠名稱就叫做歐佛斯特，十九世紀風格的外觀擁有濃濃的思古幽情風。

　　不過不要被歐佛斯特酒廠佈滿歲月痕跡的外觀給騙了，內部不僅新穎，更是一座全功能的酒廠，從製桶、製酒、熟陳到裝瓶一應俱全，絕對是全美第一間也是唯一的一間，參觀者可以完整的了解波本威士忌製作的每一

個步驟。因位於市中心，規模
不算大，製桶廠每天只能做出
26 個橡木桶，其餘的橡木桶都
依舊在集團擁有的百富門製桶
廠製作；每年平均可蒸餾出 10
萬酒度－加侖（約 19 萬公升純
酒精）的新酒，或換算成 10 萬
箱（9 公升／箱）威士忌，而
裝瓶廠每天可裝 2,400 瓶。熟
陳倉庫也不大，最多只能容納
900 個橡木桶，其餘產製的新
酒必須載運到百富門老酒廠去
裝填和熟陳。

歐佛斯特酒廠內新穎的內觀（圖片由 Alex
Chang 提供）

　　除了開設新酒廠，百富門於 2021 年 2 月向媒體宣布，預計將投入 9,500
萬美金翻新老酒廠，除了新增蒸煮鍋、發酵槽和蒸餾器，也重新設計並改
善製作流程和安全需求，增加穀物儲存設備和廢棄物處理設施，完工後產
能將翻倍成長。此外，為了進一步研究橡木桶熟陳的科學機制，廠內還設
置橡木育材中心。這種種作為，加上渥福酒廠預計於 2022 年完成擴張，
完全展現了百富門集團對未來市場需求的信心和企圖。

⚔ 製作 ⚔

1. 穀物和處理

　　無論是百富門或歐佛斯特酒廠，波本威士忌採用的穀物配方都是 72%
的玉米、18% 裸麥和 10% 的麥芽，另外酒廠也做裸麥威士忌，採用的配
方為 65% 裸麥、15% 玉米和 20% 麥芽。讀者們如果眼尖，可以發現渥福
酒廠的波本配方和歐佛斯特一樣，顯然百富門集團統一了旗下波本威士忌
的配方，有利於酒液供輸或交換，不過由於兩間酒廠都位於市區，因此水

源取自公共自來水系統，並經過 RO 逆滲透處理，不像渥福有鄰近泉水可用。

　　兩間酒廠用來磨碎穀物的是一種特殊的籠式碾磨機（cage mill），與我們熟悉的滾軸式或錘擊式都不相同，穀物餵入中央 cage，靠著外圍反向旋轉的滾軸（可能有多層）將穀物磨碎。糊化穀物時，先將水煮沸到 212°F（100°C），投入碎玉米以及部分麥芽糊，同時也添加約 20% 的 backset，麥芽酵素可發揮短暫的功效，避免碎玉米集結成糰而導致糖化不完全。等溫度降低到 190°F（87.8°C）時投入裸麥，再等溫度降低到 145°F（62.8°C）時將剩餘的麥芽投入。糖化完成後，利用熱交換器將溫度降低到 68°F（20°C），打入發酵槽進行發酵。

2. 酵母菌與發酵

　　兩間酒廠持續使用歐佛斯特的酵母菌株，稱為 1B，並使用 backset 來調整 pH 值。百富門酒廠擁有 12 座 42,000 加侖（約 160,000 公升）的發酵槽，而歐佛斯特酒廠則擁有 4 座 4,500 加侖（約 17,000 公升）的發酵槽，兩間酒廠的

歐佛斯特酒廠使用的發酵槽（圖片由百富門提供）

規模差異極大。所有的發酵槽都是不鏽鋼製，內壁上都裝置了盤繞的不銹鋼冷凝管，用來控制發酵溫度。

　　在 3 ～ 5 天的發酵時間中，第一天穀物糊的酒精度約為 4.5%，而後第二天 6.8%、第三天 9.2% 的每日遞增，等到 ABV 約等於 10% 時，代表發酵完成，可以泵送到蒸餾器進行蒸餾。

3. 蒸餾

　　百富門酒廠擁有 2 座連續式蒸餾器，直徑分別為 48 英寸（1.2 公尺）和 60 英寸（1.8 公尺）。2018 年新建的歐佛斯特酒廠僅有 1 座連續式蒸餾器，尺寸也比較小，直徑為 24 英寸（0.6 公尺），因此每天只能產製約 15 個橡木桶的新酒，年產約 10 萬箱（9 公升／箱）。兩間酒廠的低度酒酒精度為 120 proof（60%），但是二次蒸餾時，百富門裝置的是重擊器，而歐佛斯特使用加倍器，最終取得的新酒酒精度為 140 proof（70%）。

歐佛斯特酒廠使用的連續式蒸餾器和加倍器 （圖片由百富門提供）

4. 橡木桶與熟陳

　　提到百富門集團，不能不提百富門是唯一擁有自家製桶廠的公司。早在 1946 年，百富門便買下了一間木製家具廠，而後改建為製桶廠，名為「藍草製桶廠」（Bluegrass Cooperage），提供客製化製桶服務，從此集團擁有完整的上下游產業，可依照酒廠風味的需求製作橡木桶，不必假手他人。藍草製桶廠的名稱一直到 2009 年才更改為「百富門製桶廠」（Brown-Forman Cooperage），同時也開放給大眾參觀，為因應美威大爆發的需求，目前每天可製作 2,500 個橡木桶。

　　新酒稀釋到 125 proof（62.5%）入桶，符合法規的上限，並將不同品牌的木桶分區放置。比較特殊的是，百富門酒廠總共有 7 座熟陳倉庫，內部都設置以蒸氣輸送的暖氣系統，在冬季倉庫室溫降低到 60°F（15.6°C）時，則啟動增溫設備，慢慢的讓室溫在 8 個星期內上升到 85°F（29.4°C），維持這個溫度 2 個星期而後關閉，讓室溫掉回到 60°F，如此往復循環。這個系統除了能加速熟陳，也能避免上下層的環境溫度差異太大，同時讓每一個橡木桶的天使分享量大致相同，藉此獲得一致的熟陳效果。

歐佛斯特酒廠內的製桶廠 （圖片由百富門提供）　歐佛斯特酒廠內的倉庫 （圖片由 Alex Chang 提供）

5. 裝瓶

　　由於時代酒廠已經賣給了賽澤瑞集團，因此歐佛斯特酒廠的主力為歐佛斯特系列，官方網站上可以找到的裝瓶便包括 86 和 100 Proof 的肯塔基純波本、100 Proof 的肯塔基純裸麥、100 Proof 的單一桶以及 95 Proof 的 Statesman。此外，同樣的歐佛斯特品牌也開設了「Whiskey Row 次系列」，包括：

◎ 1870 Original Batch：系列首發，調和了來自 3 間熟陳倉庫的精選橡木桶，以 90 Proof 裝瓶，師法 1870 年喬治‧布朗調和 3 間酒廠的創意。

◎ 1897 Bottled in Bond：1897 年就是《保稅倉庫法》通過的那一年，所以裝出 100 Proof 的 BIB 也是很合理的。

◎ 1910 Old Fine Whisky：老酒廠的裝瓶廠在 1910 年發生火災，原本等候裝瓶的酒只能緊急填回到橡木桶，結果出乎預料的美妙。為了紀念這個事故，選擇小批次做第二次桶陳，93 Proof 裝瓶。

◎ 1920 Prohibition Style：禁酒令開始的那一年，小批次 115 Proof 裝瓶，很好奇為什麼是這個酒精度。

歐佛斯特酒廠的全系列裝瓶酒款 （圖片由百富門提供）

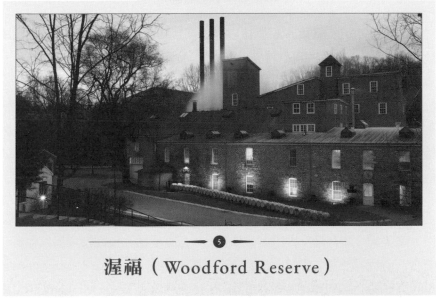

渥福（Woodford Reserve）

外觀有蘇格蘭酒廠風格的渥福蒸餾廠（圖片由百富門提供）

❖ 歷史 ❖

　　酒廠的歷史可一路往前追溯到十八世紀晚期，由沛博（Pepper）家族所經營的農莊式蒸餾，不過大部分的資料都從 1812 年開始寫起，當時伊利亞·沛博（Elijah Pepper）於 Glen's Creek 溪畔興建了一座磨坊和酒廠，溪邊湧現的正是肯塔基州引以為傲、經石灰岩濾去鐵離子、並富含鈣離子的泉水，提供製酒所需源源不絕的水源，而潺潺溪流轉動水車又提供碾磨穀物所需的動力。伊利亞去世後，酒廠由其子奧斯卡·沛博（Oscar Pepper）繼承，就稱為 Oscar Pepper 蒸餾廠。

　　奧斯卡子承父業，但仍視自己為農夫，因此聘請了來自蘇格蘭、「波本界的賈伯斯」詹姆斯·克羅負責蒸餾工作。他們兩人合作無間，雖然沒有嶄新的設備發明，但是將所有已知的工藝技術臻至完善，例如重視記錄細節、強調生產過程的衛生與安全，以及針對酸醪製程的研究等。此外，奧

斯卡在 1838 ~ 1840 年間大興土木，將父親遺留的木造建築改建為石砌建築，一直保留到今天。

詹姆斯·克羅在酒廠工作到 1855 年，當年的產量僅僅為 80 個木桶，由此可知這種「酒廠」的規模有多小，也跟絕大部分南北戰爭前的酒廠類似。奧斯卡於 1865 年去世，後繼無人下，酒廠在 1870 年賣給了 Gaines, Berry & Co. 公司，其中一位合夥人便是大名鼎鼎的泰勒上校，不過當時他只是個單純的金融投資客，今天我們記得的是他另一件投資案，也就是野牛仙蹤酒廠的前身。Gaines, Berry & Co. 遵循克羅的製酒方法，推出 Old Crow 威士忌，可說是品牌行銷的先驅，而酒廠也順勢改名為 Old Crow 蒸餾廠。

Old Crow 威士忌名聲逐漸打響，甚至還從紐約、紐奧爾良出口到歐洲、南美洲、墨西哥及古巴等海外各地。但是泰勒上校因投資項目太多，資金一時周轉不靈，從另一位金融投資客史迪格（George T. Stagg）取得金援，酒廠也因而轉手，並且在 1878 年交易給了 James Graham 和法國葡萄酒商 Leopold Labrot，名稱也更改為「Labrot and Graham」，開始接下來長達 62 年的營運。

Labrot and Graham 在禁酒令之前做了許多改建，包括將玉米倉庫拆除並在熟陳倉庫 C、D 棟旁興建了儲藏棚，空出位置留給鐵路使用。肯塔基州的鐵路終於在 1911 年闢建到酒廠，如此一來，無論是將穀物運送入廠或是將威士忌運送出廠都方便許多，順勢提升了酒廠的產量。只是很不幸的，在產能還沒十足發揮之前，禁酒令發布了。

在酒廠空置的漫長 13 年期間，部分設備被搬離，建物也損壞不少，但是等禁酒令一廢止，酒廠立即開始重建，他們將損毀

利用鋼軌以重力運輸橡木桶（圖片由百富門提供）

的老建築物拆除，但保留石塊用來構築新蒸餾廠和倉庫的基礎，完美展現如何利用當時的人工技術，將舊建築、舊材料與當代的建築和材料相互結合，成為今日酒廠最重要的資產。此外，酒廠整修時也考慮了地形特色，將穀物儲存倉庫設置在坡地的高處，如此一來，便可以利用重力輸送穀物進入蒸餾廠。運用相同的原理，熟陳倉庫設置在較低緩的區域，裝填完成的橡木桶靠著鋼軌便可自動滾送到倉庫區。

除了以上的修建，Labrot & Graham 在 1934 ～ 1940 年期間新增了 3 座熟陳倉庫 E、F 和 H，都是 4 層半高，長度各不相同，建造在石灰岩基礎上，採用釉面陶土磚牆身。這些倉庫厚實的造型與色彩搭配，不單純只是模仿歷史悠久的石灰岩建築，更使用了當時最流行的防火材料，與其他酒廠普遍使用的木製框架及金屬外皮倉庫比較，材料優質且耐用，而放大後的結構可容納更多的橡木桶。除此之外，非金屬材質的牆身可隔絕外界氣溫變化，內部還設計了蒸氣暖氣系統，讓酒廠得以控制熟陳效果。這幾個倉庫結合地形和運桶鋼軌，在河岸精心陳設，今天我們到酒廠參觀，還可以看到其他陶土磚構造的小型建築物，這些都是禁酒令廢止後興建的建物。

但很可能因整建經費過於龐大，就算是酒廠在 1940 年的存酒超過 25,000 桶，仍然在 1941 年以 75,000 美金的價格賣給了百富門集團。百富門當時擁有歐佛斯特和時代兩個重要的品牌，收購酒廠之後，酒廠經理發現水源不足以供應增產所需的水量，因此在溪邊增建了攔水壩和引水道，並修建了一座占地 2.75 英畝的水塘，做為蒸餾用水和消防用水使用，也成為酒廠重要的景觀。百富門另外也新增了發酵室，石灰岩與金屬屋頂呼應著舊建築，最後則是把刻有銘文的磨石放在門口，做為 Labrot & Graham 的百年紀念。

很可惜的，即使度過了二次大戰的難關，但熬不過波本產業的逐漸衰退，酒廠在 1957 年停止蒸餾，等到存酒慢慢的裝完，只得關門，並在 1973 年將土地資產一併都賣給了當地農人，房舍被用來儲藏農作物，偶而也生產燃料酒精。這種慘淡的情況隨著波本的復興有了改變，百富門又重燃使用傳統技術製作波本的興趣，開始考察肯塔基州境內適合的地點，

老酒廠 Labrot and Graham 很快的被提出來討論。董事會最終決定於 1994 年買回並重新整修，除了完全修復蒸餾設施，其外觀也修復為早年的形式，最重要的是使用原始的壺式蒸餾方式來製作傳統波本，同時投入 740 萬美金新建了遊客中心，1996 年 10 月正式對外開放參觀。

酒廠於 1996 年首度推出 Woodford Reserve 品牌，並於 2005 年將酒廠名稱改為渥福（Woodford Reserve），產量雖不大，卻是肯塔基州最古老的酒廠之一。近 200 年的酒廠建築，在 1995 年被列為歷史古蹟，2000 年更被指定為「國家歷史地標」（National Historic Landmark）。如果各位讀者有機會造訪酒廠，首先映入眼簾的便是由古樸的石灰岩構造的外牆，與全美各地的酒廠大異其趣。走入廠內之後，一定會注意到 5 座木製發酵槽和 3 座銅製壺式蒸餾器，在所有美威酒廠中可說是獨一無二。假如參觀者經由「波本之旅」路線從其他酒廠來到此處，很可能會產生置身蘇格蘭的疑惑。

百富門集團於 2021 年 3 月宣布，為慶祝渥福酒廠的 25 週年慶（從 1996 年起算），並因應渥福酒款的需求，投入 9,500 萬美金來進行擴建，除增添一套 3 支壺式蒸餾器之外，也包括發酵槽、鍋爐、穀物儲存槽、橡木桶堆置場種種設施，預計在 2022 年夏季完工後，產能可擴大 1 倍。

美威酒廠罕見的石砌倉庫（圖片由百富門提供）

⋊ 製作 ⋊

1. 穀物與處理

酒廠的穀物配方採用 72% 玉米、18% 裸麥和 10% 麥芽，屬於波本威士忌的高裸麥配方，而所有的穀物都堅持非基改作物，且都來自 Shelby 郡的鄰近農場。水源從創廠之初就來自「沛博之泉」，因流經石灰岩層，已將水中的鐵離子濾除，但富含鎂、鋅、鉀等離子，有助於酵母菌的生長繁殖。此外，酒廠延續詹姆斯·克羅的酸醪製程，backset 取自啤酒蒸餾器蒸餾後的糟粕，在進行下一批穀物蒸煮時加入以降低 pH 值，不過用量並不多，僅約 1 ～ 6%。

酒廠使用錘擊式碾磨機來磨碎穀物，所有的穀物都碾磨到接近粉狀的細度。糊化穀物的步驟與百富門酒廠的方式相同，先將水煮沸到 212°F（100°C），投入碎玉米以及部分麥芽，同時也加入 backset，等溫度降低到 190°F（87.8°C）時投入碎裸麥，再等溫度降低到 145°F（62.8°C）時將剩餘的碎麥芽投入。完成糖化後，利用熱交換器將溫度降低到 68°F（20°C），打入發酵槽進行發酵。

開放式柏木發酵槽（圖片由百富門提供）

2. 酵母菌與發酵

糖化完成後，穀物糊送到開放式柏木發酵槽，投入特別為酒廠培養的酵母菌株 WR78B，進行 5 ～ 7 天的發酵。酒廠擁有 8 座發酵槽，容量均為 7,500 加侖（約 28,400 公升），內壁上裝設有不鏽鋼冷凝管，可用以調整發酵溫度，最終取得酒精度約 10% 的蒸餾者啤酒。

酒廠的發酵策略很清楚，開放木製發酵槽與長發酵（相對於一般酒廠的 3 天），可讓乳酸菌等雜菌入侵，賦予蒸餾者啤酒更豐富的酯類（果香）物質。

3. 蒸餾

接下來就是渥福最特殊的「三次蒸餾」
了。早在禁酒令以前，渥福的前身 Labrot
and Graham 便是全肯塔基州碩果僅存的
三次蒸餾酒廠，所以今日的渥福堅持的
是 100 多年來的傳統，不過酒廠蒸餾大師
Chris Morris 在某次訪談 註1 中提到：「上
個世紀的 1990 年代，美威愛好者開始了解
來自壺式蒸餾器的單一麥芽威士忌是如此
優質……我是蘇格蘭單一麥芽威士忌和愛
爾蘭威士忌的粉絲，這一點雖然會讓肯塔
基州人大為驚訝，但我真心喜愛這些酒。」

渥福是全美唯一採用壺式蒸餾器進行三次蒸餾
的酒廠（圖片由百富門提供）

事實上，Morris 曾經在蘇格蘭的泰斯卡（Talisker）和歐本（Oban）學習
壺式蒸餾技術，這兩間酒廠就如同絕大部分的蘇格蘭酒廠一樣，都採用二
次蒸餾，所以當他來到渥福時，是他第一次操作 3 支蒸餾器的組合。而更
大的問題是，蘇格蘭送進酒汁蒸餾器的是比較澄清的酒汁，但肯塔基州的
美威業者通常會把未過濾的蒸餾者啤酒直接送去蒸餾，Morris 希望維持這
種做法，只是處理起來非常麻煩。他的解決辦法是利用錘擊式碾磨機將穀
物磨到幾近麵粉的細度，盡可能減少蒸餾者啤酒中的粗顆粒，而以懸浮液
的型態進入蒸餾器，避免沉降在底部而產生燒焦現象。此外，啤酒蒸餾器
的底部呈錐形，可較輕易的集中並排除蒸餾後殘留的固體物質，每天完成 4
回蒸餾後，必須清洗啤酒蒸餾器，以清除所有附著在內壁上的物質。

最早的啤酒蒸餾器由蘇格蘭著名的弗賽斯（Forsyths）打造，但由於穀
物等固態物質很容易侵蝕、刮傷銅壁，所以後來就由肯塔基州的 Vendome
Copper & Brass Works 製作。

註 1　https://www.whiskyadvocate.com/complex-process-triple-distillation/

　　三次蒸餾的方法如下圖所示，啤酒蒸餾器、高度酒蒸餾器（High Wine Still）和烈酒蒸餾器（Spirit Still）的容量分別為 2,500、1,600 和 1,600 加侖（約 9,500、6,000 和 6,000 公升），相對於蘇格蘭麥芽威士忌酒廠，這 3 支壺式蒸餾器都算是小型。啤酒蒸餾器製作出來的低度酒，酒精度約 80 proof（40%），進行第二次蒸餾之後，可製作出酒精度為 110 proof（55%）的高度酒，不過酒尾部分將混合下一批次的啤酒重新進行第一次蒸餾。高度酒於烈酒蒸餾器進行蒸餾後，提取平均酒精度為 158 proof（79%）——略低於規範規定的 160 proof——的酒心，酒頭和酒尾則與低度酒混合重新蒸餾。酒心提取方式由蒸餾時間和酒精度決定，但也仰仗蒸餾者對於風味的判斷。

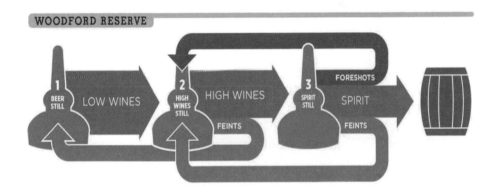

4. 熟陳

　　渥福使用的橡木桶全都由位在路易維爾的百富門製桶廠製作（詳見「百富門與老佛斯特」篇章），大火燒烤前先經過 22 分鐘的烘烤作業，加深木質的熱裂解並釋放出更多芳香物質。新酒稀釋到 110 proof（55%）入桶，酒精度遠低於規範要求的 125 proof 上限，由於酒精度將隨熟陳時間而上升，所以酒廠認為利用較低的入桶酒精度，裝瓶時便無須添加太多的水，可避免減損風味。

　　填注完成的橡木桶，靠著鋪設在廠內的鋼軌，以很聰明的重力方式滾動

到倉庫進行熟陳。這些倉庫都由厚厚的磚石砌成，可發揮良好的溫度阻絕效果，不容易受到外界氣候影響。目前酒廠擁有 17 座倉庫，內部均裝設了由蒸氣傳輸的暖氣系統，可在冬季時提高室內溫度來增加冷─熱循環次數。但酒廠強調，這種做法的目地不在於加速熟陳，而是更能夠萃取橡木桶風味。每個橡木桶的平均熟陳時間為 7.3 年，天使分享約為 50%，但由於酒廠堅持以風味作為裝瓶標準，因此所有的酒款都沒標上酒齡。

利用鋼軌運送的橡木桶（圖片由百富門提供）

層架式的熟陳倉庫（圖片由百富門提供）

5. 裝瓶

渥福同樣也製作裸麥和麥芽威士忌，但是從水源、酵母菌種、發酵時間和三次蒸餾等製程都和波本完全一樣。不過 Morris 在訪談中指出，酒廠的核心酒款如渥福精選波本、渥福精選雙桶或渥福精選裸麥威士忌，全都添加了部分來自歐佛斯特酒廠的酒，但到底添加了多少則並未明言，《威士忌的科學》作者 Tristan Stephenson 自行猜測大概一半一半；酒廠針對我的詢問則回答：「一切根據風味和裝瓶量需求而定」。雖說如此，我們還是有機會喝到 100% 三次蒸餾的 Master's Collection，或是在酒廠才能買得到的特殊版。此外，渥福也是肯塔基賽馬（Kentucky Derby）活動的官方贊助商，每年都會為賽馬盛事裝出一款特殊酒款。

台灣常見的渥福酒款（圖片由百富門提供）

天山－伯翰酒廠（Heaven Hill-Bernheim）

天山目前的生產中心伯翰酒廠（圖片由橡木桶洋酒提供）

╳ 歷史 ╳

　　由肯塔基蒸餾者協會（KDA）設置的「肯塔基波本名人堂」，第一屆於 2001 年公佈，選入了天山集團當時的蒸餾大師帕可・賓（Parker Beam），第二屆則選入天山的創始人夏皮拉五兄弟（Gary、George、David、Ed 和 Mose Shapira），到了第三屆，天山的第三任蒸餾大師，也是帕可・賓的父親厄爾・賓入列。為什麼 KDA 如此看重天山？原因無他，因為這是全美唯一從創立至今依舊由家族經營的烈酒集團，且伯翰酒廠的波本威士忌產量全美第一，集團手中波本威士忌的庫存僅次於金賓全美第二，加上其他各式威士忌和白色烈酒、蘭姆酒等，簡單說，這是一間喊水會結凍的事業體。

　　正如〈酒瓶裡的美國史〉之「浴火重生」篇所提及的創廠簡史，夏皮拉五兄弟確實擁有極敏銳的商業嗅覺，才敢在禁酒令廢止後 2 年大膽從百貨零售業跨入酒業。當時不會有人能預測，這間酒廠能渡過風雨飄搖的

70、80 年代，並茁壯成為今日波本威士忌的巨頭，而且在產業黯淡的年代，許多原本家族經營的酒廠紛紛尋求外部金援，例如金賓在 1967 年被 American Tobacco 買下，史迪佐－韋勒在 1972 年為 Norton Simon 收購，工藝酒廠的先趨美格也在 1981 年落入海倫沃克手中。但天山依舊堅持著家族經營，進而成為今日最大的私有波本威士忌酒廠。

不過我們必須牢牢記住，天山從創廠之初到今日，一直都牽涉了兩大家族：夏皮拉家族和賓家族，其中夏皮拉家族對外管經營銷售，而賓家族對內管製作，兩者合作無間。至於這兩大家族結合的緣由，得回到禁酒令結束後的 1935 年，當時人稱 Mr. Joe 的約瑟夫・賓（Joseph L. Beam）和幾位投資者，找上了夏皮拉五兄弟，合資在巴茲敦鎮興建了一座酒廠，稱為 Old Heaven Hill Spring。

夏皮拉兄弟繼承父親在路易維爾的百貨商店（Louisville Department Store），擁有商業頭腦、懂得行銷，但毫無製酒經驗，因此由經驗豐富的約瑟夫主掌酒廠。約瑟夫是金賓上校最年長的堂兄，過去曾擔任許多酒廠的技術指導，但禁酒令下無酒可做，只得遠赴墨西哥繼續從事蒸餾。當他接下酒廠工作後，不負所託的為酒廠擘劃藍圖，包括生產設備及製作方向，除了鉅細靡遺的完成建廠之外，更從一開始便將生產重心押注在「純波本威士忌」（Straight Bourbon）這種至少需要 2 年熟陳時間、緩不濟口渴之急，也僅屬於小眾喜好的酒種。由於必須花時間陳年，投資人等不及看到酒廠茁壯，兩年後便將股份賣給了夏皮拉兄弟，包括約瑟夫的股份，從此 100% 的股權都握在夏皮拉家族手中。

當酒廠生產逐漸步上軌道後，約瑟夫便將製酒重任交給了兒子哈瑞・賓（Harry Beam），不過一開始的生意並沒有預想中那麼好，還遭逢二次世界大戰，因此哈瑞的兒子們無人想繼承老爸事業。為了繼續生產，夏皮拉兄弟在 1946 年延攬了賓家族的旁支厄爾・賓入廠，很幸運的是，從 1950～1970 年代的這段期間，正是美威的爆發期，就算當時主宰市場的四巨頭無比龐大，但小眾市場依舊足以維持天山持續成長。

接下來的幾年，天山又陸續收購幾個著名品牌，如 Elijah Craig、Old Fitzgerald 等，並創造了 Evan Williams 這支旗艦酒款，暢銷至今，是全球第二受歡迎的純波本威士忌。此外，厄爾也推出了 BIB（Bottled-in-Bond）裝瓶，這是依據十九世紀末《保稅倉庫法》的要求衍生出來的裝瓶方式，酒廠必須清楚標註在每年的上半年或下半年生產，於保稅倉庫內熟陳 4 年以上，裝瓶酒精度為 100 proof 整數。因為條件較為嚴苛，消費者也不習慣高酒精度，因此相當罕見。不過自從厄爾推出之後，消費者居然趨之若鶩，銷售量很快的在肯塔基州攀升第一。

第三任蒸餾大師厄爾·賓（Earl Beam）（圖片由橡木桶洋酒提供）

受人尊崇的帕可·賓於 1960 年進入酒廠，跟隨著父親厄爾學習，等到 1975 年繼任為蒸餾大師時，美威開始不敵白色

第四任蒸餾大師帕可·賓（Parker Beam）（圖片由橡木桶洋酒提供）

烈酒和葡萄酒的威脅而逐漸走下坡。不過帕可依舊發揮創造精神，做出酒廠的第一款單桶 Evan Williams Vintage Single Barrel，以及整個美威業界第一款小批次裝瓶「錢櫃小批次」（Elijah Craig Small Batch），這款酒於 1986 年裝出，被視作拯救波本產業的三大創作之一（另外 2 款為 1984 年的 Blanton's Single Barrel 以及 1987 年的 Booker's），讓世人從此對波本威

士忌改觀。也因此天山的總裁 Max 稱讚帕可：「在波本復興風潮之前，他已經是個產業巨人。」「毫無疑問的，他在蒸餾工藝上奉獻出無比的心力和熱情。」但最讓人津津樂道的，當屬他面臨 1996 年發生的巨變和考驗。

　　1996 年 11 月 7 日只是個平常的日子，雖然天氣預報有個暴風雨正在迫近，不過沒什麼值得擔心。這種正常情況在下午 2 點被打破，倉庫 I 先是冒煙，而後著火，在風速每小時 70 英里的狂風吹襲下，火勢一發不可收拾，15 分鐘後整座倉庫都捲入火海之中，烈焰竄高達 3、400 英尺。當消防車急急忙忙的趕到，基本上已經沒太多事情可做，只能往鄰近倉庫灑水以避免延燒。不過當倉庫裡的酒桶受熱爆炸，火苗跳燒到倉庫 J 和 K，從小部分著火到全棟燃燒僅僅 10 分鐘，消防員完全無法阻止，而且倉庫 I 坍塌後，燃燒的酒精形成流動的火河順著地勢漫延到倉庫 C、D，得一直燒到晚上 8 點風向轉變且風勢平息後，火勢才慢慢被控制。值得慶幸的是無人傷亡，但總共焚毀了 7 座倉庫、9.2 萬個橡木桶，最糟糕的是連蒸餾廠都化為灰燼，損失高達 3 千萬美金。

　　當年天山的董事長 Max 決定隔天一切如常的營運，裝瓶廠繼續裝瓶並運送到客戶手中，但是蒸餾設備已被焚毀而無法生產。這時候，驚人的事發生了，他接到許多來自其他酒廠的關切電話，提供產線讓天山能依自家的穀物配方和酵母菌種繼續生產，Max 感動得無以復加，他回憶說：「這真是一個非比尋常的產業，不會有人說『就看它下沉吧，誰叫它是競爭對手』，而是互相支援、共度難關。」只不過有個大問題，酒廠酵母只存放在蒸餾廠的冷凍櫃裡，沒有酵母，就沒有酒廠，在這種情形下，帕可死馬當活馬醫的冒險走入廢墟 5 樓，打開冰箱，驚人的事情再度

幾乎摧毀天山酒廠的 1996 年大火（圖片取自 Heaven Hill 官方網站）

發生，冰箱內居然還是冰冰涼涼的！他立刻把酵母菌種取出，趕快分存在不同的安全地方，其中之一，就是帕可家中的冰箱了。

　　雖然其他酒廠的義舉暫時讓天山度過難關，但總不能永遠寄人籬下（2010 年以前，裸麥威士忌均交由百富門協助生產），只是到底該原地重建還是乾脆買座酒廠，需要仔細的撥算盤。位在路易維爾市內、隸屬於帝亞吉歐的伯翰（Bernheim）酒廠於 1999 年與天山聯繫，探詢被收購的可能，天山沒有考慮太久，同一年立即出資買下。伯翰的名稱雖然來自德裔家族，禁酒令前也曾經成立了一間伯翰酒廠，不過後來賣給軒利集團，而這座伯翰酒廠是聯合蒸餾公司（帝亞吉歐的前身）於 1992 年興建的全新酒廠，與舊廠一點關係也沒有。

全美產量第一的伯翰酒廠（圖片由橡木桶洋酒提供）

　　因為全新，和已經被焚毀的骨董級天山酒廠大不相同，全部採用自動化的設備和流程來製作，讓初次進入酒廠的帕可和工作人員大感新奇也大感振奮。帕可依據他長年的蒸餾經驗，重新設計產線和製程，添加更多的銅元素——在 2 座重擊器內新增銅網——以製作他認可的新酒。當一切準備妥當，伯翰發揮了它驚人的高效產能，2007 年達到每年 20 萬桶的產量，而後增添了 4 座發酵槽和第三組工作人員，每天 24 小時、每星期 7 天連

續不斷的運作，2014 年的產量擴大到 30 萬桶。眼見美威的需求似乎無止無盡，伯翰第三度擴廠，再度耗資 2,500 萬美金增添第三座蒸餾器和 4 座發酵槽，年產量提升到 40 萬桶，共計 2,650 萬酒度－加侖。這個量有多大？換算超過 5,000 萬公升純酒精（LPA），比蘇格蘭前 2 大蒸餾廠（格蘭菲迪和格蘭利威）的總和還要大，成為全美產量最大的單一酒廠。

　　當新酒源源不斷的產製出來，後續的橡木桶熟陳也必須跟上，因此天山於 2016 年起在巴茲敦鎮鄰近的 Cox's Creek 闢建了新熟陳倉庫區，每座 7 層樓的巨型倉庫可容納 56,000 個橡木桶，全數完工後，總共可陳放 66 萬個橡木桶，成為肯塔基州法規允許下最大的陳儲區域。而既然有過慘痛的火災教訓，新倉庫特別著重防火規劃，確保不致再度發生。至於這件災難的註解是？Max 回答：「沒有任何有理智的人會想要燒掉舊廠來獲取另一間更大的廠，但事情發生就發生了，剛好我們碰上爆發期，只能說我們的運氣實在不錯。」

　　可惜帕可沒辦法參與酒廠火力全開的鼎盛景象，他在 2011 年被診斷出罹患「肌萎縮性脊髓側索硬化症」（Amyotrophic Lateral Sclerosis, ALS），也就是俗稱的漸凍人症，只能黯然的回家休養，而後於 2017 年 1 月去世，但臨終時依舊保有「榮譽蒸餾大師」（Master Distiller Emeritus）的至尊頭銜。克萊格‧賓（Craig Beam）從 1983 年起便和父親帕可一起工作，並繼任為蒸餾大師，但父親罹病後，為了照顧父親而無法全心投入，天山因而在 2014 年招聘了丹尼‧波特（Denny Potter），與克萊格搭配為酒廠的聯合蒸餾大師。克萊格最終仍於帕可去世的 2017 年離開天山集團，丹尼也因此成為第一位非賓家族的蒸餾大師，不過他在隔年離開，天山再聘請曾歷任百富門、渥福和隸屬於百加得（Bacardi）的天使嫉妒（Angel's Envy）酒廠經理等工作、經驗豐富的 Conor O'Driscoll 為蒸餾大師，成為第二位沒冠上「賓」姓氏的蒸餾大師。

酒廠目前的蒸餾大師 Conor O'Driscoll
（圖片由橡木桶洋酒提供）

如今天山集團所有的波本、裸麥和小麥威士忌都在伯翰酒廠生產，製作的品牌如 Evan Williams, Elijah Craig, Rittenhouse 和 Pikesvile 都十分知名。至於巴茲敦鎮的舊廠區，於 2004 年改建為「波本傳承中心」（Bourbon Heritage Center），提供導覽展示酒廠和波本的歷史以及製作流程，2021 年再花費 1,900 萬美金重新改建為「波本體驗中心」（ Heaven Hill Bourbon

路易維爾市內的伊凡威廉斯波本體驗中心
（圖片由 Alex Chang 提供）

Experience），旅客可在這裡品飲並購買特殊酒款。此外，2013 年於路易維爾市的「威士忌街」（Whiskey Row）也成立了一間小型的「伊凡威廉斯波本體驗中心」（Evan Williams Bourbon Experience），提供教育導覽，也有個非常小型的蒸餾器組，每天僅生產 1 桶。

⫸ 製作 ⫷

1. 穀物及處理

天山自 1940 年代起，便開始出售各式產品給裝瓶廠，在當時是一種非常新穎的商業手法，不過今日卻十分普遍。因為如此，酒廠生產各式各樣的威士忌，穀物配方當然也各自不同：

◎波本威士忌：78% 玉米、10% 裸麥和 12% 麥

玉米由卡車載運入廠儲存在穀倉內（圖片由橡木桶洋酒提供）

芽（原本為 75% 玉米和 13% 裸麥，1996 年火災後更改）

◎小麥波本威士忌：68% 玉米、20% 小麥和 12% 麥芽

◎裸麥威士忌：51% 裸麥、35% 玉米和 14% 麥芽

◎玉米威士忌：80% 玉米、8% 裸麥和 12% 麥芽

◎小麥威士忌：51% 小麥、37% 玉米和 12% 麥芽

◎麥芽威士忌：65% 麥芽和 35% 玉米

　　所有的穀物都來自方圓 50 英里內的農場，每日載運 20 ～ 22 卡車車次的穀物進入廠內，分別放入 8 個大小不一的儲存槽，玉米有 4 座，麥芽 2 座，另外 2 座則用來儲存裸麥或小麥。廠內有 3 座錘擊式碾磨機，分別處理玉米、裸麥或小麥，以及麥芽，是很聰明的工業級做法，因為不同穀物的處理量和碾磨程度都不盡相同。

　　酒廠 3 座壓力式蒸煮機每天可做 12 批次的蒸煮作業，每一批次大約可製作出 35 個橡木桶的新酒。穀物經粗磨之後，輸入蒸煮機並加入 25% 的 backset，先將 21,000 磅的碎玉米煮至沸騰，等溫度下降到約 180°F（82.2°C）時加入裸麥或小麥，靜候一陣子，再等溫度下降到約 150°F（65.6°C）時加入麥芽。

2. 酵母菌與發酵

　　酒廠並未說明酵母菌種從何而來，不過從發展歷史來看，猜測和金賓使用的菌種相同，也就是金賓上校在家裡捕捉到的酵母菌株，由他的堂兄約瑟夫帶到天山並一直繁衍到現在。

　　完成糖化後的穀物糊經熱

投入酵母（圖片由橡木桶洋酒提供）

交換將溫度降低到 80°F（26.7°C）之
後，打入發酵槽並投入酵母開始發酵。
伯翰經 3 次擴廠後，目前擁有 17 座巨
大的不鏽鋼發酵槽，每座發酵槽的容量
為 124,000 加侖（約 47 萬公升），內
部裝置環繞壁體的不鏽鋼冷凝管，將
發酵溫度控制在 78 ～ 83°F（25.6 ～
28.3°C）之間。經 4 天的發酵後，可得
到 10% 酒精度的蒸餾者啤酒。

暫時存放蒸餾者啤酒的 Beer Well（圖片由橡木桶
洋酒提供）

3. 蒸餾

　啤酒蒸餾器的直徑為 6 英尺（1.8 公尺），高 70 英尺（21.3 公尺），以
每分鐘 115 加侖（435 公升／分）的速率，於蒸餾器約 2/3 高度的位置輸
入啤酒，酒精蒸氣不斷往上升，最後導出輸入重擊器（thumper）做第二
次蒸餾，140 proof（70%）酒精度的新酒從 try box 源源不絕的流出。

　扣除必要的休停保養，伯翰酒廠平均每天可產出 73,000 加侖的新酒，
填滿 1,500 個橡木桶。不過所有的新酒都暫時先儲放在暫存池（cistern
room），再以罐車送到不同的倉庫區入桶熟陳。

連續式蒸餾器（圖片由橡木桶洋酒提供）

重擊器（圖片由 Alex Chang 提供）

如茵綠草上的白色熟陳倉庫（圖片由橡木桶洋酒提供）

4. 熟陳

天山的橡木桶採用大火燒烤 40 秒的 #3 級，讓木桶內壁產生 1/4 英寸的炭化層，但也有非常少數做到 #4 級重燒烤，主要用來做特殊的 Parker's Heritage Collection 系列裝瓶。當新酒運送到倉庫後，加水稀釋到 125 proof（62.5%，這也是法規上限）入桶。熟陳的第一年通常將損失 6% 的酒液，而後每一年約 3%。

根據 2021 年 12 月的資料，酒廠擁有 180 萬個橡木桶正在熟陳，分別放置在 63 座倉庫內，而這些倉庫則分別設置在州內 6 個不同的地區，且無論新或舊，倉庫的高度大多為 7 層。前蒸餾大師帕可認為，只要有空氣流動就有好波本，因此讓涼空氣從底層進入，藉助頂層的風扇流出，在倉庫內形成由下到上的空氣流，而每一層樓開設的窗戶也有助於形成更多的流動。當建築師設計 Cox's Creek 新園區的倉庫時，由於 56,000 桶的總容量比舊倉庫大上不只 1 倍，因此廣設 400 扇窗戶，加大維修走道和木層架的間隔空間，讓空氣更容易流動。

倉庫的窗戶扮演舉足輕重的角色，每年 4 月酒廠派員將所有倉庫的窗戶打開，到了 10 月再關閉。這可不是一件輕鬆的工作，因為倉庫分散在 7 處，數量總共為 11,768 扇，其中伯翰酒廠的廠區內就有 3,500 扇，需要 2 個員工花 60 個工作時數，相當於 7.5 個工作日，才能將所有的窗戶打開或關閉。

絕大部分的倉庫都沒裝置溫濕度的監測儀器，因為酒廠寧可一切順其自然，不願做太多的人為干預，直接讓冬季 0°F 的冷風或夏日 100°F 的熱浪透過金屬板外皮侵入室內。不過伯翰酒廠內仍保留部分磚造倉庫，而且也利用冬季加熱裝置，製造出較為恆定的溫濕度來熟陳某些高酒齡酒款。至

於如裸麥威士忌，因新酒風味較為粗獷，必須放在溫濕度變化大的倉庫，利用環境氣候將稜角磨平。

蒸餾大師 O'Driscoll 認為，從原料到蒸餾的所有製程都將影響最後的風味，但熟陳更是重要，其影響力絕對占 50% 以上，這便是天山費心打造傳統木製倉庫的原因。而橡木桶在熟成過程中，所遭遇的環境氣候條件也包括倉庫的位置，如山丘的頂端或下方、陽光直曬或側曬、因而導致的日夜溫差等等。酒廠充分利用分散在各地的 63 座倉庫，以及每座倉庫的底層或頂層所產生的變異，加上不同的熟陳時間，便能夠將相同配方的新酒經由熟陳效果，做出 Evan Williams、Elijah Craig 等不同的品牌。

5. 裝瓶

天山的裝瓶品項非常多，主要的酒款表列如下：

威士忌種類		品　牌
裸麥波本威士忌	Elijah Craig	Small Batch、Barrel Proof、18yo
	Evan Williams	Black、BIB、1783 Small Batch、Single Barrel
	Henry McKenna	80 Proof、10yo BIB
	J.T.S. Brown	80 Proof、Bonded
	Heaven Hill BIB、Fighting Cock、J.W. Dent	
小麥波本威士忌	Old Fitzgerald、 Larceny	
裸麥威士忌	Pikesville Rye 6yo、Rittenhouse Rye 4yo	
小麥威士忌	Bernheim 7yo	
玉米威士忌	Mellow Corn 4yo、George Moon	
特殊品項	Parker's Heritage Collection	

台灣常見的天山集團酒款（圖片由橡木桶洋酒提供）

　　帕可堪稱美威產業最偉大的蒸餾大師之一，畢生斬獲了幾乎所有的獎項，如 2001 年 KDA 第一屆的「肯塔基波本名人堂」、2015 年 KDA 的第一屆「終身成就獎」（The Lifetime Achievement Award），《Whisky Advocate》雜誌 2003 年的「終身成就獎」（Lifetime Achievement Award），以及《Whisky Magazine》雜誌於 2014 年的「美國威士忌行業大賞」（US Icons of Whisky）等等。

　　為表彰及紀念他的貢獻，天山於 2007 年起推出 Parker's Heritage Collection，每年裝出一批如原桶強度、超高酒齡、過桶、單桶、BIB、小麥、麥芽、裸麥、重燒烤種種風格完全不同且瓶數不一的酒款，到 2021 年已經邁入第 15 個批次，實驗性格極強，當然也是市場上一瓶難求的夢幻逸品。

延伸閱讀

肯塔基波本名人堂
Kentucky Bourbon Hall of Fame

　　談到「肯塔基波本名人堂」之前，必須先介紹「肯塔基蒸餾者協會」
（Kentucky Distillers' Association, KDA）。這個協會的前身可追溯到 1880
年，當時 32 位蒸餾者齊聚在路易維爾市的 Galt House 飯店，討論如何保
護他們珍愛的「靈魂」（spirit）避免遭受「法律、規範等不必要的干擾」。
雖然 1920 年的禁酒令讓一切化為烏有，但國會通過第二十一條憲法修正
案後，幾名業者率先聯合起來推動肯塔基州廢止禁酒法，而後在 27 位波
本業者的組織下，KDA 於 1936 年重生，加入的業者持續增加，協會勢力
也持續擴大，進而領導全州的蒸餾業者渡過了二次大戰、韓戰、越戰以及
1970、80 年代的產業黑暗期。

　　當威士忌再度獲得民眾的喜愛後，KDA 於 1999 年創立了「肯塔基波
本之旅」（Kentucky Bourbon Trail®），將酒廠參觀行程轉化成肯塔基州觀
光產業重要的一環，創造出至今依舊興盛的酒廠旅遊熱潮，來自全美各地
50 州的旅客絡繹不絕。

　　此外，KDA 聯合「全球波本威士忌首府」巴茲敦鎮，於 1992 年共同
邀請了 250 位人士舉辦波本晚宴，自此以後規模越來越盛大，活動項目和
活動時間也不斷增加，如今「肯塔基波本節」（Kentuck Bourbon Festival）
已成為全球波本迷每年必定註記在行事曆上的盛會，2021 年於 9/16 ～

9/19 舉辦，已經堂堂邁入第三十屆，除了各間酒廠的品飲活動、大師講堂、學術研討，還有一些如滾橡木桶大賽等有趣的競賽。

　　從 2001 年開始，「肯塔基波本節」的重要活動之一，便是宣布當年名人堂的得主，歷年來的獲獎者都是對波本產業有著特殊貢獻的人物，包括一些早已作古的歷史人物，也有波本歷史學者如 Michael R. Veach。筆者比較訝異的是泰勒上校居然沒上榜，而跟他糾纏不清的 George T. Stagg 於 2002 年的第二屆就被選入。此外，從 2015 年起，每年也選出一人頒發「終身成就獎」，至今入選的包括帕可（天山）、吉米（野火雞）、小山謬（美格）、Max Shapira（天山）以及 Even G. Kulsveen （Willett）。

野牛仙蹤（Buffalo Trace）

野牛仙蹤酒廠全景（圖片由 Sazerac 提供）

※ 歷史 ※

對於競爭「全美持續營運至今最古老的酒廠」名號，野牛仙蹤不落人後，儘管金氏紀錄將這個頭銜頒給了於 1805 年便開始蒸餾的 Burks 酒廠（美格的前身），但是有好事者翻找文獻，信誓旦旦的宣稱早在 1786 年（另一說為 1775 年），有位老兄 Hancock Lee 和他的兄弟 Willis Lee，就在野牛仙蹤同樣的位址開始進行農場式蒸餾，因此更早於 Burks 云云。不過這個說法就算成真，也與今天的野牛仙蹤毫無關係，只凸顯「傳承」二字如何影響美威酒廠的行銷。

即便野牛仙蹤輸掉「最古老」的名號，也絲毫不減損在我心目中偉大酒廠的形象，最重要的原因是酒廠在過去 20 年間做了不知凡幾的實驗，除了＜製作解密＞裡曾介紹的 Warehouse X 之外，還包括穀物、橡木來源、

橡木風乾、橡木烘烤燒烤、橡木桶容量、入桶酒精度、熟陳位置、過桶換桶等等，倉庫中實驗性的橡木桶超過 20,000 個。我將酒廠從 2006 年以來曾裝出的「實驗系列」（Experimental Collection）表列於後，讀者自然明白為什麼我會對這間酒廠如此著迷且深深拜服。

另外一個原因是，野牛仙蹤的歷史充滿太多顯赫人物，而這些人物也持續影響著今日的美威產業。細細數來，第一位便是號稱「波本威士忌產業之父」的泰勒上校。他的事蹟雖然已詳述於＜酒瓶裡的美國史＞之「內戰及戰後」該篇，不過當他以投資的角度於 1869 年買下 Leestown 小酒廠，想必絕對無法預料將在野牛仙蹤的發展史站上具有承先啟後的開創地位。隔年他完成包括糖化設備、發酵槽、柱式蒸餾器和多座熟陳倉庫等現代化改建，酒廠也改稱為 Old Fire Copper，簡稱 O.F.C.，正式從金融銀行業跨足蒸餾業。他遊走於政商之間，大力推動並完成《保稅倉庫法》，同時也擔任 Frankfort 市的市長長達 16 年，而膾炙人口的，還有他與另一位歷史人物史戴格糾纏不清的恩恩怨怨。

1879 年的酒廠工人（圖片由 Sazerac 提供）

史戴格同樣也是金融出身，1878 年趁著泰勒上校發生經濟問題時取得 9 成以上 O.F.C. 的產權，兩人共組 E.H. Taylor, Jr. 蒸餾公司，由史戴格擔任董事長。酒廠隨後因雷擊而發生大火，史稱「The Great Fire」，重建後的建築包括大型糖化槽和發酵槽，目前依舊屹立在廠內，稱為「Dickel Building」[註1]。另外值得注意的是，1886 年在熟陳

註 1　如今位在田納西的喬治迪可酒廠，曾在禁酒令後在 George T. Stagg 生產

倉庫加裝了蒸氣加熱設備，成為第一間擁有加熱倉庫的酒廠，同樣的，持續使用至今。

這些更新讓 O.F.C. 酒廠無論是技術或產量上都領先同儕，但兩人的經營理念卻漸行漸遠，最終泰勒上校選擇離開，並於 1887 年開設了老泰勒（Old Taylor）酒廠，把他所有的蒸餾知識都灌注在這座酒廠內。至於繼續留在 O.F.C. 的史戴格，則於 1904 年把酒廠改名為 George T. Stagg。

到了 1897 年，第三位重要人物登場，雖然只是個年僅 16 歲的打雜小弟。亞伯特‧布蘭登（Albert B. Blanton），後來被尊稱為布蘭登上校，為酒廠奉獻了 55 年歲月，共同度過一次大戰、禁酒令、經濟大蕭條、二次大戰種種磨難，甚至還包括一次大洪水威脅。

年輕時期的布蘭登上校（Albert B.Blanton，圖片由 Sazerac 提供）

禁酒令時期的酒廠（圖片由 Sazerac 提供）

天降大任於斯人也的布蘭登，出身酒廠附近的農場，進入酒廠後從行政事務幹起，逐漸熟悉各項製作領域。當他在 1921 年升任董事長之後，面臨的最大考驗便是如何讓酒廠在禁酒期間維持運作，而他的解決方案是設法取得醫療用酒的生產執照，據說在 13 年間，酒廠未曾停工一天。不過這段歷史寫得有些不明不白，我遍查不到任何可信的資料，猜測是為那 6 間合法販售醫療用酒的公司製酒。可惜酒廠終究熬不過禁酒令，於 1929 年被後來重組的「四巨頭」中財勢最雄厚的軒利集團買下了。

　　布蘭登上校個性謙遜，講話輕聲細語，但做起事來卻大刀闊斧，在他的興革管理和軒利集團的資金挹注下，從 1933 年起展開大規模的更新，酒廠原本僅有 14 棟建築，最後擴大為 114 棟的龐然大廠，其中也包括廠內唯一的金屬皮倉庫 Warehouse H，並且在 1942 年製作出禁酒令後的第 100 萬桶波本威士忌。他知人善用，所聘請的歐維爾・夏普（Orville Schupp）原本為電氣工程師，逐漸熟悉蒸餾技術後升任為酒廠經理，是布蘭登上校的得力助手。他後來離開酒廠轉職到軒利，最終升任到集團董事長的高位，在風雨飄搖的 1960 年代，不忘本的維護酒廠，讓酒廠能持續生產高品質的波本威士忌。

　　第四位重量級人物艾爾默・李（Elmer T. Lee）於 1949 年加入。他在年輕時曾在酒廠打工，隨後加入軍隊參與了二次大戰，成為 B-29 轟炸機的雷達操作員，出過幾次轟炸日本的任務[註2]。戰爭結束後，回到肯塔基大學補完學位，而後到酒廠面談，布蘭登老實的告訴他不缺人手，當他垂頭喪氣的準備離開時，酒廠經理歐維爾把他留下，請他下星期一到酒廠來看看有什麼工作可以交給他，也因此艾爾默開始了長達 60 多年的酒廠職業生涯。由於他擁有工程學位，很快的升任為主任工程師，而後一路從工程總監（1966）、酒廠經理（1969）到蒸餾大師（1981），從波本威士忌產業的大爆發一路經歷到大蕭條，在他退休前，裝出了生涯代表作「布蘭登單一桶」[註3]（Blanton's Single Barrel Bourbon）。

令人景仰的蒸餾大師艾爾默・李（Elmer T. Lee，圖片由 Sazerac 提供）

註 2　艾默爾後來訪問日本時，被問到是否曾經到過日本，他回答：「有，但沒有著陸。」

註 3　Blanton's Single Barrel 有人音譯成「巴頓」，但因為與賽澤瑞集團位在巴茲敦鎮的「巴頓 1792」酒廠撞名，所以我稱此為「布蘭登單一桶」

　　當時軒利集團已經解體，酒廠換手到國際控股公司 Age International，名稱也改為「Ancient Age」，前途十分黯淡，不過艾爾默相信產業遲早將復甦，所以盡可能的保留關鍵技術人力，勉力維持運作以避免酒廠解散。但是在太平洋另一端的日本，波本威士忌卻非常受歡迎，四玫瑰、時代、I.W. Harper 都十分暢銷，因此 Age International 打算為日本市場開發一款高檔波本。艾爾默想起了恩師布蘭登上校常在 Warehouse H 的中間區找出「蜜糖桶」（sugar barrel）裝給親朋好友或 VIP，又參考蘇格蘭威士忌的行銷策略，挑選他認為的完美木桶，以布蘭登為名，加上特製的玻璃瓶身和賽馬裝飾瓶塞，於 1984 年推出美國威士忌的第一款單一桶裝瓶。

Blanton's 單一桶波本威士忌瓶塞上不同的賽馬標誌

　　日本的高田酒造（Takara Shuzo）後來取得大部分 Age International 的股權，但是在 1992 年將酒廠賣給了賽澤瑞集團，但仍保留「布蘭登單一桶」品牌，因此目前野牛仙蹤所做的「布蘭登單一桶」，其實是為高田酒造作嫁的 OEM。這種情況並不特殊，例如一推出便被搶購一空的 Pappy Van Winkle，品牌也是溫克斯家族擁有，據說家族代表每年從熟陳中的 W.L. Weller 小麥波本中挑選適合的桶子裝瓶，搶不到 Pappy 的消費者私下流傳，把 W.L. Weller 12 年稱為「窮人的 Pappy」。

　　來到二十世紀末，酒廠轉換到賽澤瑞集團手中，但是當公司的 CEO 馬克‧布朗（Mark Brown）於 1997 年首次踏入酒廠時，映在眼簾的是破舊頹圮的景象，生鏽的鐵絲網圍繞著廢棄的倉庫，「歡迎光臨」的招牌脫落歪斜的垂掛著，年產量只剩下 12,000 桶，主要的品項是價格低廉的 Ancient Age。當時艾爾默本已退休十多年，但仍是酒廠的名譽蒸餾大師，所以馬克想跟艾爾默談談，了解酒廠到底行不行、值不值得救。結果呢？艾爾默毫不停歇的高談闊論半小時，用他奉獻酒廠近 50 年的熱情說服馬克，兩人開始胼手胝足的整頓，等到 1999 年完成更新，便將酒廠重新命名為「野牛仙蹤」，也推出了同名品項。但為什麼使用這個名稱？因為酒廠鄰近正是北美野牛穿越肯塔基河的遷徙路徑，不過取名時搞混了，其實 buffalo 專指非洲和亞洲的野牛，美洲野牛應該是 bison，但木已成舟、牛已成徑，也就含含混混的用到今天。

涉溪而過的美洲野牛油畫 （圖片由 Sazerac 提供）

　　野牛仙蹤一開始便堅持品質，要求裝出的酒款都必須熟陳 8 年以上，所以沒有太多存酒可供立即裝瓶，卻也因為如此而逐漸打響名聲，2000 年獲得《Whisky Advocate》的「年度最佳蒸餾廠」榮譽，是第一間獲得這個獎項的美國威士忌酒廠，隔年艾爾默與同時代的帕可‧賓（天山）、布克‧諾伊（金賓）、吉米‧羅素（野火雞）、比爾‧山謬（美格）和吉姆‧拉特里奇（四玫瑰）一起入選「肯塔基蒸餾者協會」（KDA）的第一屆「波本名人堂」。這 6 位受人尊崇的蒸餾大師，從 1950、60 年代開始，各自

帶領著酒廠度過重重難關，為肯塔基的波本產業紮下深厚的基礎，絕對是實至名歸。

　　美國威士忌從二十一世紀初開始大爆發，銷售量從 1,340 萬箱暴漲到 2018 年的 2,450 萬箱，野牛仙蹤根本供不應求，生產線上著名的品牌越來越多，前面提到的 4 位歷史名人都擁有個人的品項（E.H. Taylor, Jr. 系列、George T. Stagg 系列、Blanton's Single Barrel、Elmer T. Lee Single Barrel）。為了因應未來的需求，酒廠從 2016 年起展開 10 年擴建計畫，總計投入的金額高達 12 億美金，用來擴充蒸煮鍋、發酵槽、裝瓶廠等設備和建築，以及整修及興建熟陳倉庫。全新的倉庫都是 7 層樓高、金屬外皮、內設木層架，也都擁有冬季蒸氣加溫設備，可容納 58,800 個橡木桶。從 2017 年開始興建迄今，每 120 天便能完成一座。根據 2021 年 5 月的新聞報導，已完成 AA ～ JJ 共 10 座倉庫，而酒廠正在熟陳中的存酒已經超過 100 萬桶。

新建熟陳倉庫（圖片由 Sazerac 提供）

✕ 製作 ✕

1. 穀物配方與處理

從卡車卸下的玉米（圖片由 Sazerac 提供）

　　或許是行銷策略，野牛仙蹤的穀物配方不說就是不說，所以引燃追逐者的好奇，也導致最多人臆測。綜合網路資料，配方共計 5 種，分別對應到旗下酒款，不過由於純屬臆測，所以③和④可能只是同一種：

　　① 波本配方 #1（≦ 10% 的裸麥）：Buffalo Trace、Eagle Rare、E.H. Taylor 系列、George T. Stagg 系列、Old Charter、Benchmark

　　② 波本配方 #2（12 ～ 15% 的裸麥）：Blanton's Single Barrel、Elmer T. Lee Single Barrel、Hancocks Reserve Single Barrel、Ancient Age

　　③ 小麥波本配方（可能是以小麥取代波本配方 #1 裡面的裸麥，也有一說是 16 ～ 18% 小麥）：W.L. Weller 系列

　　④ 近代小麥波本配方（可能和③ 的小麥波本相同）： Pappy van Winkle 系列

⑤裸麥配方（可能使用 51% 裸麥）：Sazerac Straight Rye、
Thomas H. Handy

酒廠使用錘擊式碾磨機來磨碎穀物，而後利用 10 號篩來篩選 10/64 英
寸以下的顆粒，避免穀物粉於蒸煮後產生過於濃稠的穀物糊。酒廠擁有 4
座 20,000 加侖（約 75,000 公升）的壓力蒸煮鍋，並以負壓方式來降溫。
實際操作時，先在壓力下以 240°F（115°C）相當高的溫度煮玉米 1 小時，
而後洩壓並讓溫度下降，等降到 160°F（71°C）投入裸麥，155°F（68°C）
再投入麥芽，此時並未放入 backset，所以屬於甜醪製程。

完成糖化的穀物糊先泵送到稱為 drop tub 的槽體存放，等發酵槽清理
乾淨後再打入，通常需暫存幾個小時。2002 年酒廠曾依泰勒上校的配方
製作酸醪，便是在 drop tub 槽體內進行。

2. 酵母及發酵

酒廠主要使用商業乾燥酵母，但到底從
什麼時候更換則查無可考。由於野牛仙蹤
喜歡讓人猜測，所以猜想應該是 1992 年
賽澤瑞接手之後吧？不過部分酒款，例如
Pappy，應該仍繼續使用凡溫克斯家族於
史迪佐－韋勒時期的酒廠酵母，而且不同
的穀物配方使用的酵母菌種（酵母品牌）
大概也不一樣。

在 2016 擴廠之後，目前擁有 24 座巨大
的金屬發酵槽，深達 30 英尺，也就是 3 層
樓的深度，容量為 92,000 加侖（約 35 萬
公升），是美威產業中最大的發酵槽，但使
用時不會填滿，只填注到 88,000 加侖（約

巨大的金屬發酵槽（圖片由 Sazerac 提供）

33.3 萬公升）左右，但依舊是無以倫比的巨大。大多數的槽體為開放式，少部分有蓋，但內部並無盤繞的冷卻管，因此僅倚靠啟閉發酵室窗戶來控制發酵溫度。此外，每座槽體上方都懸掛著一支通風管，用以收集二氧化碳，因為如此巨大的發酵槽產生的二氧化碳量可不小，無法藉由自然通風來排除。

　　根據官網，當穀物糊從 drop tub 泵送入發酵槽的同時，槽體上方另一支注入管將輸入少量的 backset，也就是說，野牛仙蹤的酸醪是在發酵前才添加，用以調整發酵初始的 pH 值，但用量屬於酒廠機密，不說就是不說。發酵時間約 3 ～ 5 天，視季節而定，啤酒的酒精度同樣不透露。

3. 蒸餾

　　酒廠擁有 4 座 7 英尺（2.1 公尺）直徑、30 英尺（9.15 公尺）高的柱式蒸餾器，安裝在 4 層樓高的建築內，柱體上標明容量為 60,000 加侖（22.7 萬公升，但是我不清楚為什麼連續式蒸餾器有所謂的「容量」）。蒸餾完成的低度酒為 120 proof（60%），送入 9,840 加侖（37,250 公升）的加倍器中做第二次蒸餾，由於酒廠的品牌眾多，因此根據不同的穀物配方，最後產生的白狗酒精度介於 130 ～ 140 proof（65 ～ 70%）之間。比較特殊的是，為了有效利用能源，低度酒經熱交換器冷凝為液體時，交換得到的熱能可提供加倍器使用。

蒸餾器與白狗（圖片由 Sazerac 提供）

目前酒廠每日的產量約為 1,000 桶，擴廠計畫完成後，預計可達 2,000 桶。此外，酒廠四處安裝的監控儀器和軟體，能讓蒸餾大師哈倫‧維特利（Harlen Wheatley）透過網路，從世界任何一個角落掌握蒸餾器的運作情形。

熟陳倉庫（圖片由 Sazerac 提供）

4. 熟陳

野牛仙蹤使用的橡木桶都來自 ISC，橡木的生長年齡大致為 70 ～ 80 年，裁切為木條後置於戶外風乾 6 個月，組裝為桶採用第四級 55 秒的大火燒烤。所有的白狗都稀釋到 125 proof（62.5%）入桶，也就是法規允許的最高酒精度。廠內擁有四通八達的軌道系統，與填裝區之間形成極緩的坡度，填注完成的橡木桶可藉由重力，跟著軌道慢慢滾動到預定的熟陳倉庫。

知名的 Warehouse C（圖片由 Sazerac 提供）

　　酒廠擁有磚砌、石砌、金屬皮等各式各樣的熟陳倉庫，總計 26 座，任何時候陳年中的橡木桶都超過 100 萬個。最古老的 Warehouse A 為泰勒上校於 1881 年興建，至今依然存在，只是改建為遊客中心和檔案博物館。而對面的 Warehouse C，牆面採用磚和石灰岩構築，從 1885 年來曾遭受暴風雪、洪水或甚至龍捲風摧殘，但整修後繼續作為熟陳倉庫使用。有趣的是，泰勒上校設計的 Warehouse C，其通風窗戶從 3 層樓以上就不再裝設護欄，據說偷酒賊的最佳偷酒途徑是將沉重的橡木桶滾到窗邊，而後推出窗戶，但經過計算，如果摔落高度超過 3 層，橡木桶落地一定破裂，因此沒必要加裝護欄來防止偷酒。

　　大部分酒廠的熟陳倉庫於夏季時將窗戶打開，冬季時關閉，用以調節倉庫內的微氣候。野牛仙蹤的每一座倉庫都設有溫度計，根據溫度的變化來啟閉窗戶，不過由於窗戶數量非常多，58,800 桶的新倉庫甚至多達 450 扇，靠著人力開啟或關閉所有窗戶就得化好幾天的工夫。此外，酒廠不讓倉庫內的溫度降到某一定值（網路查詢得到的資料為 45°F，約 7.2°C）以下，因此舊倉庫都裝有暖氣系統，冬季時輸送蒸氣加熱；新倉庫則使用專利的熱水加熱系統，每座倉庫都可獨立調整。

　　對蒸餾大師哈倫而言，維持熟陳倉庫一致的風味相當重要，尤其是近年來興建的新倉庫，其熟陳效果是否與舊倉庫相同，是哈倫念茲在茲不敢鬆懈的頭等大事，每年都會取出所有橡木桶的樣品來仔細檢驗，同時利用感官進行判識。2021 年中，酒廠比較了

被暱稱為水牛五虎的 Antique Collection （圖片 Sazerac 提供）

全新 Warehouse AA 以及舊 Warehouse S 一層樓的每日溫度變化（2020/01 ～ 2021/01），AA 裝入 58,800 個橡木桶，S 則裝載了 50,000 個橡木桶，兩者數量大致相同。結果發現，兩座倉庫的溫度變化情形相當一致，讓蒸餾大師哈倫大為放心，顯然無論橡木桶放置在不同位置的不同倉庫，最終仍能獲得相同的熟成效果。

5. 裝瓶

野牛仙蹤目前推出的裝瓶，從低價的 Ancient Age 到高不可攀的 Pappy Van Winkle's Family Reserve，總共包括 19 個品牌，系列產品如 E.H. Taylor, Jr.、George T. Stagg 或實驗系列，又或者是被暱稱為「水牛五虎」的 Antique Collection[註4]，都是熱愛美威的酒友夢寐以求的逸品，基本上買不到，或是說，沒辦法用酒廠釋出的牌價買到。

讀者們如果讀到現在還認為野牛仙蹤不夠厲害，那麼再告訴各位一項我認為全世界最具有野心的橡木桶實驗：單一橡樹（Single Oak Project）。單一桶早就不新鮮，酒廠為了深入——真的是非常深入去了解橡木製桶熟陳所有的可能，選擇生長在不同地區具有不同年輪密度的橡樹 96 棵，區分上下兩段並採用不同時間的風乾，以不同的燒烤級數製作出 192 個橡木桶，而後填注不同穀物配方、不同酒精度的新酒，再放置於不同的倉庫，每個橡木桶具有 7 個變數，所以總共產生 1,344 種組合。

所有的酒款於 4 年裡分成 16 批釋出給消費者，共計收到 5,086 筆評論，經統計後，最佳酒款為桶號 #80 的裸麥波本，以 125 proof 入桶，使用橡木的下半段製作，其木質顆粒均勻，採自然風乾 12 個月並經 4 級燒烤處理。酒廠根據以上的回饋，採用 #80 桶配方來熟陳一批酒，預計 2025 年裝瓶，讀者們可以開始存錢了。

註 4　簡稱 BTAC，自 2000 年開始推出，包括 George T. Stagg 15yo、W.L. Weller 12yo、Eagle Rare 17yo、Thomas H. Handy 6yo 和 Sazerac 18yo 共計 5 款，後 2 款為 straight rye。

野牛仙蹤的實驗系列

年份	編號	酒款	說明
2006	Release 1：各種橡木桶	French Oak Barrel	熟陳於法國橡木桶 10 年，法國橡木經 24 個月的風乾處理
		Twice Barreled	熟陳 8 年後，換到另一個新桶 8 個月
		Fire Pot Barrel	橡木桶於 102°F（39°C）烘烤 23 分鐘
2007	Release 2：Chardonnay 葡萄酒桶換桶	Chardonnay Aged After 6 Years	熟陳 6 年的波本，換桶到 Chardonnay 葡萄酒桶 8 年
		Chardonnay Aged After 10 Years	熟陳 10 年的波本，換桶到 Chardonnay 葡萄酒桶 8 年
	Release 3：Zinfandel 葡萄酒桶換桶	Zinfandel Aged After 6 Years	熟陳 6 年 3 個月的波本，換桶到 Zinfandel 葡萄酒桶 8 年
		Zinfandel Aged After 10 Years	熟陳 10 年的波本，換桶到 Zinfandel 葡萄酒桶 8 年
2008	Release 4：Cabernet Franc 葡萄酒桶換桶	Cabernet Franc Aged After 6 Years	熟陳 6 年 3 個月的波本，換桶到 Cabernet Franc 葡萄酒桶 8 年
		Cabernet Franc Aged After 8 Years	熟陳 8 年的波本，換桶到 Cabernet Franc 葡萄酒桶 8 年
	Release 5：17 年調和蘭姆酒		調和 2 桶 17 年蘭姆酒，一個使用新桶，另一個為二手桶

年份	編號	酒款	說明
2009	Release 6： 不同生長速率的橡樹	Fine Grain Oak	利用生長緩慢的橡樹製作的木桶熟陳 14 年
		Coarse Grain Oak	利用生長快速的橡樹製作的木桶熟陳 15 年
	Release 7： 雙桶熟陳	1993 Double Barreled	熟陳年 8 年 5 個月的波本，換到新桶再熟陳 8 年
		1997 Double Barreled	熟陳年 4 年的波本，換到新桶再熟陳 8 年
2010	Release 8： 橡木桶	1995 French Oak Barrel	全新烘烤法國橡木桶熟陳 15 年 3 個月
		1995 American Oak Chips Seasoned	二手燒烤橡木桶中放入烘烤美國白橡木屑熟陳 15 年 4 個月
2011	Release 9： 米和燕麥	Rice Bourbon Whiskey	使用玉米、米、麥芽為配方，熟陳 9 年 5 個月
		Oat Bourbon Whiskey	使用玉米、燕麥、麥芽為配方，熟陳 9 年 5 個月
	Release 10： 驚喜發現老木桶	1989 Barrels, Rediscovered	7 個 21 年前的橡木桶，穀物配方、蒸餾和入桶酒精度不明
		1991 Barrels, Rediscovered	8 個 19 年前的橡木桶，穀物配方、蒸餾和入桶酒精度不明
		1993 Barrels, Rediscovered	8 個 17 年前的橡木桶，穀物配方、蒸餾和入桶酒精度不明
2012	Release 11： 135 加侖巨大橡木桶	19 Year Old Giant French Oak Barrel	熟陳於 Warehouse K 底層
		23 Year Old Giant French Oak Barrel	熟陳於 Warehouse K 底層

年份	編號	酒款	說明
	Release 12：熱烘烤與重燒烤	Hot Box Toasted Barrel	橡木桶製作時於 133°F（56°C）室內加蒸氣烘烤，熟陳 16 年
		#7 Heavy Char	橡木桶製作時做 3 分鐘半的 7 級燒烤，熟陳 15 年
2013	Release 13：小麥波本的入桶酒精度	Wheat 90	90 proof 酒精度入桶，熟陳 11 年 7 個月
		Wheat 105	105 proof 酒精度入桶，熟陳 11 年 7 個月
		Wheat 115	115 proof 酒精度入桶，熟陳 11 年 7 個月
		Wheat 125	125 proof 酒精度入桶，熟陳 11 年 7 個月
	Release 14：橡木風乾時間	15 Year Old - Extended Stave Dry Time	橡木經 13 個月風乾
		15 Year Old - Standard Stave Dry Time	橡木經 6 個月風乾
2014	Release 15：裸麥波本的入桶酒精度	Rye Bourbon 90	90 proof 酒精度入桶，熟陳 11 年 9 個月
		Rye Bourbon 105	105 proof 酒精度入桶，熟陳 11 年 9 個月
		Rye Bourbon 115	115 proof 酒精度入桶，熟陳 11 年 9 個月
		Rye Bourbon 125	125 proof 酒精度入桶，熟陳 11 年 9 個月
	Release 16：裸麥波本的熟陳樓層	Ryed Bourbon from Floor #1	熟陳在倉庫 1 樓（底層）12 年
		Ryed Bourbon from Floor #5	熟陳在倉庫 5 樓（中間層）12 年
		Ryed Bourbon from Floor #9	熟陳在倉庫 9 樓（頂層）12 年

年份	編號	酒款	說明
	Release 17： 小麥波本的熟陳樓層	Wheated Bourbon from Floor #1	熟陳在倉庫 1 樓（底層）12 年
		Wheated Bourbon from Floor #5	熟陳在倉庫 1 樓（底層）12 年
		Wheated Bourbon from Floor #9	熟陳在倉庫 1 樓（底層）12 年
2015	Release 18： 法國橡木探討	100% French Oak Barrels	全橡木桶由法國橡木製作，熟陳 10 年
		French Oak Barrel Head Aged	僅有邊蓋由法國橡木製作，熟陳 10 年
	Release 19： 老式酸醪	Old Fashioned Sour Mash Bourbon	自動酸化的老式酸醪，105 proof 酒精度入桶，熟陳 13 年
		Old Fashioned Sour Mash Bourbon	自動酸化的老式酸醪，125 proof 酒精度入桶，熟陳 13 年
2016	Release 20： 紅外線處理橡木桶	15 minute Infrared Light Wave Barrels	以 70% 能量，短～中波紅外線照射橡木桶 15 分鐘並經 1 級燒烤，熟陳 6 年 5 個月
		30 minute Infrared Light Wave Barrels	以 60% 能量，短～中波紅外線照射橡木桶 30 分鐘並經 1 級燒烤，熟陳 6 年 5 個月
2017	Release 21： 6 種有機穀物	Organic Six Grain Whiskey	玉米、蕎麥、糙米、高粱、小麥和米等 6 種有機穀物，熟陳 7 年 1 個月

年份	編號	酒款	說明
2018	Release 22： 長期風乾	Seasoned Staves-36 Months	橡木組裝前歷經 3 年風乾，熟陳 9 年
		Seasoned Staves-48 Months	橡木組裝前歷經 4 年風乾，熟陳 9 年
2020	Release 23： 兌水再熟陳	12 Year Bourbon Cut At 4 Years	114 proof 入桶，4 年後稀釋到 100 proof 再放回原來的橡木桶 8 年
2021	Release 24： 類中式白酒	Baijiu Style Spirit Aged In New American Oak	高粱蒸餾烈酒放入未燒烤、燒烤和烘烤橡木桶，11 年後調和

巴頓 1792（The Barton 1792）

工業風十足的巴頓 1792 酒廠（圖片取自官方網站）

⚹ 歷史 ⚹

　　根據官網，酒廠的歷史可回溯到 1879 年，不過牽涉到人物的蒸餾史可能還要更早。在 1800 年代中葉，約翰・麥汀利（John Mattingly）興建了幾間酒廠，最早的一間位在路易維爾，稱為「J. G. Mattingly & Sons」，大約是在 1845 年建造，他的兒子班恩（Ben）娶了韋勒（Willett）家族的女兒。韋勒是個古老的蒸餾家族，在巴茲敦鎮的南方、尼爾森郡的 Morton's Spring 擁有一座酒廠，湯瑪斯・摩爾（Thomas Moore）從 1874 年起便在裡面負責蒸餾工作。班恩和湯瑪斯熟識後，兩人決議共同出資在巴茲敦鎮購買土地，於 1879 年興建了一座新酒廠「Mattingly & Moore」，沒錯，這就是官網所稱巴頓酒廠的前身。

　　不過班恩志不在此，當新酒廠的酒才剛開始熟陳，就把他的股份賣給了來自外地的經銷商，實際的蒸餾者湯瑪斯則繼續留在廠裡工作，18 年後攢

夠了錢，於 1899 年買下酒廠附近 116 英畝的土地，蓋了一間屬於他自己的酒廠。老酒廠失去了蒸餾者越來越難經營，只得賣給外地投資客，並且在 1916 年宣告破產；另一方面，湯瑪斯獨力經營的酒廠業績蒸蒸日上，逐漸成為肯塔基州的頂尖名廠，於是併購了老酒廠，擴大了酒廠規模並改名為「Tom Moore」。

Tom Moore 的水源及紀念碑（圖片由 Alex Chang 提供）

可惜禁酒令風暴隨即來襲，酒廠無法躋身進入 6 家合法生產販售醫療用酒的酒商行列，但是 Tom Moore 的名聲響亮、生產能力強大，因而取得 6 家酒商的協力契約，代為製作醫療酒精。不過湯瑪斯未能親眼看到禁酒令的結束，於 1929 年去世，兒子孔‧摩爾（Con Moore）繼承父業重新開張，但缺乏父親的蒸餾熱誠，於是在 1944 年把酒廠賣給了芝加哥的酒類大盤商奧斯卡‧蓋茲（Oscar Getz），他也是當時 Tom Moore 酒廠產品的最大經銷商。

奧斯卡在禁酒令之前，一直在芝加哥從事酒類貿易，他從 Tom Moore 取得原酒之後，自行調和並創造出巴頓品牌。據說 Barton 名稱只是隨機挑選，他把幾個認為不錯的名稱寫在紙片上摺一摺丟進帽子裡，而後從裡面抽出一張（picked from a hat）。禁酒令廢止後，他重啟爐灶，買下了酒

廠，必也正名乎的把酒廠改名為「巴頓」，並著手大幅度的更新改建，巴頓 1792 目前擁有的 13 座巨大的戶外發酵槽，獨步美國——不，堪稱獨步全球威士忌產業，正是奧斯卡的創意發明。但另一個說法是，在奧斯卡入主之前，酒廠先由 Harry Teur 接手，並且由他主導現代化改建工程，酒廠的改名也是，但以上缺乏確切的文獻證據。

　　題外話，禁酒令結束後，奧斯卡曾經到肯塔基各地考察，發現許多荒廢的酒廠，其內部設備和倉庫都已經殘破不堪，因此喚醒了他隱藏許久的波本魂，開始蒐集、搶救產業相關的物品，因為「我希望後世的人們還可親眼目睹它們」。從此他一手經營巴頓酒廠，一手收藏文物，甚至到了癡迷的地步，累積在家裡的物品越來越多。老婆伊瑪（Emma）終於受不了，對他下了最後通牒：「我不想再看到這些老東西」，所以在 1957 年將巴茲敦鎮的辦公室改建為博物館兼旅客中心，成為全美第一間進行導覽的酒廠。當他在 1983 年去世後，伊瑪不忍心他畢生心血從此湮沒，於是隔年修建了蓋茲家族的老宅 Spalding Hall，成立「奧斯卡・蓋茲威士忌歷史博物館」（Oscar Getz Museum of Whiskey History），開放奧斯卡的收藏免費供民眾參觀。

Oscar Getz 威士忌博物館（攝於巴茲敦鎮）

　　筆者曾於 2016 年造訪這座博物館，裡面大量陳設美國自有蒸餾歷史以來的器具、圖畫、衣物、瓶罐和資料文獻，令人目不暇給，根本沒辦法在短短幾個小時內看盡，尤其當時對波本歷史毫無研究，走馬看花的錯過太多細節，如今想來實在遺憾。不過博物館完全憑一己之力打造，文物並未做有系統的整理，只是散漫的陳放、堆置，甚至還有一些來自蘇格蘭及日本的酒瓶，同樣也十分可惜。離去前，筆者買了一本奧斯卡於 1978 年出版的書《威士忌：美國圖解歷史》（Whiskey：An American pictorial history），書中述及美國威士忌的發展史，包括華盛頓總統要求國會提供烈酒供士兵飲用的親筆手諭，彌足珍貴，只是閱讀時發現不少錯字，邊看邊挑字，這是讀書人難以革除的「惡習」。

　　回到正題。奧斯卡接手後的酒廠恢復了往昔榮光，改組成 Barton Brands 有限公司，剛好迎上戰後波本大爆發，經營得有聲有色，而賣得最好的旗艦品牌是 Very Old Barton。不久之後，奧斯卡投資買下 Glenmore 酒廠以及相關品牌如 Kentucky Tavern Bourbon，不過由於巴頓的名聲較為響亮，所以最終 Glenmore 的產線被關閉，僅保留裝瓶線，所有的品牌都移交給巴頓生產，今日的賽澤瑞集團依舊如此。

　　只是奧斯卡去世時，美威產業正逢低檔，酒廠顯然失去重心，於 1993 年交易給 Canandaigua 葡萄酒公司。這間公司之所以出資買下酒廠，主要是因為想將葡萄酒蒸餾成白蘭地，而當時因養生風氣盛行，葡萄酒或白蘭地正是最火紅的酒類商品。這就是為什麼到了今天，巴頓 1792 酒廠仍持續蒸餾白蘭地，入桶後放在倉庫的底部 2 層進行陳年。

　　Canandaigua 在 1998 年被國際葡萄酒及烈酒集團 Constellation Brands 併購，對這間涉足所有酒類的大集團而言，波本只是旗下一個小事業，並未花太大心力去推廣，品牌僅僅在美國中西部各州發行。不過 2002 年有了轉機，當時 Constellation 仿效其他波本的創新裝瓶，推出了高檔次的 1792 Ridgemont Reserve，意外的獲得大成功，扭轉了集團對波本的態度，也讓其他酒類市場注意到這款商品，進而關注到酒廠。

　　總公司位在路易斯安
那州紐奧良的賽澤瑞集
團於 2009 年出手，買下
了這間酒廠，併同裝瓶
廠及所有的品牌，同時
決定把品牌和酒廠合而
為一，必也正名乎的稱
它為「The Barton」，近
年來更進一步的更改為
「The Barton 1792」。為

肯塔基州於 1792 年獨立建州（圖片由 Sazerac 提供）

什麼是 1792 ？最早的酒廠不是 1879 年才創建嗎？原來 1792 是肯塔基獨
立建州的那一年，不過筆者個人以小人之心去猜測，主要目的也許是在暗
示消費者，不妨把酒廠的歷史傳承更往前推 80 年。

　　賽澤瑞集團旗下的酒廠目前都在大力擴建，巴頓 1792 也不例外，預計
花費 2,500 萬美金整建設施和 3 座倉庫，其中 33 號倉庫剛剛完成，成為
酒廠自 1963 年以來新建的第一座，第一桶酒已經在 2021 年 2 月 25 日滾
放入新倉庫內，預計 34、35 號倉庫都會在 2021 年底完工。33 號倉庫較小，
「僅」容納 33,500 個橡木桶，34、35 號都是超巨型倉庫，將陳放 58,800
桶酒，比較起來，平均只能放置 19,600 個橡木桶的老倉庫顯得迷你許多。

❈ 製作 ❈

1. 穀物與處理

　　據稱巴頓 1792 是全球第七大的蒸餾廠[註1]，每天須從酒廠 75 英里方圓
內的農場運送 8 ～ 10 卡車的玉米到廠，暫存於穀倉，使用時先以每分鐘

註 1　資料來自 Whiskey University: https://www.whiskeyuniv.com//barton-1792

可處理 1,000 磅穀物的錘擊式碾磨機將穀物磨碎，再利用 10 號篩來篩選 10/64 英寸以下的顆粒，避免穀物粉於蒸煮後產生過於濃稠的穀物糊，這一點與野牛仙蹤一模一樣。不過提到穀物配方，酒廠維持著賽澤瑞集團一貫的神秘作風，並不對外透露，網路上能找到的資料也不多，只知最暢銷的 1792 品牌使用了 74% 的玉米、18% 裸麥和 8% 的麥芽，可歸類為高裸麥配方的波本威士忌，其他品牌均闕如。

　　酒廠擁有 2 座 15,000 加侖（約 56,800 公升）的蒸煮鍋，使用時同時注入 2,500 加侖（約 9,460 公升）的 backset 做酸醪，這部分就和野牛仙蹤有所差異。至於蒸煮操作，目前缺乏資料，且去信詢問酒廠也未獲回覆，僅提到不同的穀物配方採用不同的方式，所以姑且當作和野牛仙蹤一樣，也就是在壓力下以 240°F（115°C）的高溫先煮玉米 1 小時，而後洩壓並讓溫度下降，等降到 160°F（71°C）投入裸麥，155°F（68°C）再投入麥芽。每做 4 次的蒸煮可填滿 1 座發酵槽。

2. 發酵

（左）僅露出發酵槽頂部的發酵室內部（圖片由 Sazerac 提供）／（右）發酵室外的巨大發酵槽（圖片由 Alex Chang 提供）

　　走入酒廠的發酵室，可見 17 座漆成紅色的不鏽鋼發酵槽排列在兩旁，掀開艙門蓋可觀察發酵情形。不過這些只是發酵槽頂部的一小角，走出建築才會發現，原來巨大的槽體都在露在戶外，每座容量為 50,000 加侖（近

19 萬公升）。我孤陋寡聞，第一次看到這種設計，而且更稀奇的是，槽內的穀物糊可利用殼管式（shell and tube）熱交換器來控制發酵溫度，也就是當溫度過高時，可泵送入熱交換器來降溫，再重新輸入槽內繼續發酵作業。這種熱交換器的結構大致與冷凝器相同，在 3 ～ 5 天的發酵期中可能循環多次，視季節氣候而定。

發酵完成後的蒸餾者啤酒先注入大型的暫存槽，稱為 beer well，蒸餾時再源源不斷的輸出。2019 年 5 月曾發生一件慘事，某座暫存槽的一腳支柱折損，槽體傾斜撞到其他 3 座槽，導致 120,000 加侖（約 45.4 萬公升）的啤酒傾瀉而出，部分流入鄰近的溪流，酒廠稱還不致毒害魚類或污染水源。這件倒楣事剛好發生在熟陳倉庫倒塌的次一年，巴頓 1792 當時似乎流年不吉，如果在台灣每逢初一十五應該要好好的拜一拜地基主。

3. 蒸餾

酒廠使用 1 對柱式蒸餾器和加倍器進行蒸餾，其中直徑 6 英尺（1.8 公尺）、高 55 英尺（16.8 公尺）的柱式蒸餾器已經 60 年高齡，高聳的豎立在蒸餾室內，底部有一個大大的酒廠 Logo「B」。冷凝後的低度酒約 125 proof（62.5%），流經閃亮著金黃色的 Copper Tailbox 後，收集到儲存槽，再送進加倍器進行第二次蒸餾。完成的白狗酒精度為 135 proof（67.5%），以每分鐘 35 加侖（132.5 公升）的流速流出。

想像一下，新酒產出率相當於每秒 2.2 公升，每天可產出 750 桶的酒，不用一個月，就能裝滿一座可容納 20,000 桶的熟陳倉庫，怪不得是全球第七大的蒸餾廠，也怪不得必須趕快擴建倉庫。

連續式蒸餾器（圖片由 Alex Chang 提供）

如瀑布般流出的白狗新酒（圖片由 Sazerac 提供）

4. 熟陳

酒廠範圍遼闊，原來擁有 29 座儲酒倉庫，不過如前所述，某一座構築在 1940 年代的倉庫，因蓋有年矣，一面側牆正在整修，突然在 2018 年 6 月 22 日很整齊的倒塌一半，倉庫內約有 18,000 個橡木桶，其中一半因而垮下，包夾在支離破碎的木層架中散落一地。雖然藉由空拍機俯瞰，三分之二的橡木桶似乎都毫無損傷，但因為人員難以靠近而無法搬離。倉庫底部

熟陳倉庫的外觀與內部（圖片由 Sazerac 提供）

原設計有個 12 英尺（約 3.7 公尺）深的地下結構，酒桶萬一滲漏會積存在裡面，結果破裂的酒桶太多，酒液漫流出來並注入鄰近溪流，導致近千隻魚翻出白肚皮。兩個星期後，剩下的另一半建築物再度坍塌，幸好從頭到尾都無人傷亡，不過賽澤瑞除了損失存酒之外，還得因污染水源而受罰。

雖然經過了這麼多波折，酒廠目前仍擁有 30 座木層架式倉庫，以及 1 座直立存放的棧板式倉庫（palettized warehouse），又分為 3 種尺寸規模，分別可放入 20,000、33,300 以及 58,800 個橡木桶，而擴廠新建的倉庫都屬於能容納 58,800 個橡木桶的龐然大物，最新的 1 座在 2021 年 9 月中完工。

根據酒廠的說明，熟陳中的橡木桶在任何時候都超過 50 萬個，著名的 Very Old Barton 約熟陳 4 ～ 6 年，而「1792」需 7 ～ 10 年，另外還有高年份的「1792 12 年」。

5. 裝瓶

酒廠總共推出了 51 種品牌，但不要說台灣酒友不熟悉，就算是美國大概也只熟悉以下 8 種波本，包括 1792、Very Old Barton、Kentucky Gentleman、Kentucky Tavern、Tom Moore、Ten High、Colonel Lee 和 Zachariah Harris。

最常見的 1792 裝瓶（圖片由 Sazerac 提供）

野火雞（Wild Turkey）

「漫步」於肯塔基州鄉間的野火雞（圖片由金巴利集團提供）

✖ 歷史 ✖

　　熟悉蘇威的我研究美威時，正如我於本書中不斷的提起，最大的障礙在於品牌與酒廠不容易搭上線，因為在單一麥芽威士忌的風行下，蘇威的酒標通常清楚標示生產的酒廠或裝瓶廠，僅有為數不多的品牌，但大部分都查考得出生產酒廠。美威完全不同，絕大多數都是以品牌行銷，生產的酒廠擺在次要位置，或乾脆完全不提。

　　就以「野火雞」為例，在我有些僵化的認知裡，指的就是一間蒸餾廠，但是當酒廠的蒸餾大師艾迪·羅素（Eddie Russell）訪台時，無論是他帶領的品酒會、酒廠簡介小冊，或是官網上的酒廠歷史，都從 Ripy 兄弟於 1869 年創建的「Ripy Distillery」開始講起，很快的跳到禁酒令時期，再講到禁酒令後野火雞的正式誕生，以及接下來的幾度換手，最後是金巴利（Campari）集團在 2009 年接手後，投資 1 億美金整建老 Ripy 酒廠，也

就是我們今天所看到的、具有現代化風格的新酒廠 Wild Turkey Distillery Co.，對，我沒看錯，不是 Wild Turkey Distillery，所以「野火雞」只是品牌名稱，不是酒廠。但酒廠名稱到底是什麼？根據查考，從創始之初到現在，曾使用的名稱包括 Old Moore、Old Hickory Springs、Ripy Brothers、Anderson County、Boulevard、J.T.S. Brown 以及 Wild Turkey，一共有 7 個。

解決了名稱的疑惑，往前倒轉，來細說酒廠歷史。話說大約在 1839 年的時候，Ripy 兄弟從愛爾蘭渡海來到肯塔基州，定居在肯塔基河畔、如今稱為野火雞山丘（Wild Turkey Hill）附近，開了一間雜貨鋪，並開始他們的蒸餾事業。當時的規模已經不算小，每天須進貨 100 蒲式耳（約 2.5 噸）的玉米，依此換算，每年可產製超過 30 萬公升的純酒精（給讀者一個比較概念，南投酒廠未擴廠前，每年的產量小於 30 萬公升）。酒廠在 1869 年完成擴建，產量大幅提升，每天玉米的進貨量從 600 蒲式耳擴大到 1,200 蒲式耳，酒廠名聲也越來越響亮，怪不得 1893 年芝加哥舉辦「哥倫布紀念博覽會」（World's Columbian Exposition）時，酒廠製作的 101 proof 擊敗 400 位競爭者，成為肯塔基州波本威士忌的代表。

Ripy 蒸餾廠的事業於 1919 年遭逢禁酒阻礙，不過由於 Austin Nichols & Co 協助販售醫療用酒，讓酒廠能維持中等運作而不致停產。Austin Nichols 是一家成立在 1855 年的雜貨批發商，專精於茶葉、咖啡和烈酒的貿易，便是因為他們提供通路，讓酒廠支撐到禁酒令廢止，而且還持續更新設備。他們也看準了禁酒令後酒類銷售的成長，逐漸把生意重心移轉到葡萄酒和烈酒。

Austin Nichols 的執行長湯瑪斯・麥卡錫（Thomas McCarthy）每年都會邀請朋友到南卡羅來納州的莊園打獵，在 1940 年時，他帶了 1 桶（也有一說是 1 瓶）Ripy 的波本威士忌過去，並邀請了幾位經銷商一起獵火雞。在打獵的途中停下休息 4 次，跟大家分享直接從桶中取出、未經過稀釋的波本。大家發現這桶 101 proof 的酒非常強烈，但也異常順口而大受歡迎，

隔年朋友叫他一定要帶「that wild turkey bourbon！」湯瑪斯是個很有行銷頭腦的生意人，馬上嗅到鈔票的味道，1942 年創造出「野火雞」品牌。

這就是野火雞（攝於 Oscar Getz 威士忌博物館）

　　Ripy 酒廠在 1949 年賣給了 Robert and Alvin Gould，隔年公司名稱改為 Anderson County Distilling Co.，1955 年再改為 J. T. S. Brown & Sons。酒廠的第二任蒸餾大師比爾‧休斯（Bill Hughes）於 1950 年上任，他最大的貢獻，便是做出一款巴爾的摩（Baltimore）風格的裸麥威士忌（即穀物配方中包含玉米的馬里蘭州裸麥威士忌），稱為「野火雞裸麥 101」，目前依舊是主打品牌之一。另一方面，Austin Nichols 公司持續經營酒類生意，並未涉足蒸餾產業，野火雞是他們眾多品牌之一，瓶中酒液購買自開放市場的各家酒廠，不過很大部分還是來自 Ripys 酒廠。到了 1971 年，為掌握原酒來源，Austin Nichols 終於痛下決心買下酒廠，並把它改名為「野火雞蒸餾公司」。只是時機點不佳，棕色烈酒已經開始走下坡，掙扎了幾年後，Austin Nichols 還是在 1980 年被法國的酒業巨人保樂力加買下，其中包括酒廠及品牌。

隨著棕色烈酒的再度興盛，大酒商之間不斷的拆購合併。義大利的酒業集團金巴利（Gruppo Campari）於 2009 年完成集團史上最大的併購案，從保樂力加手中取下了野火雞的品牌及產業，而後花費 1 億美金的巨資整建酒廠，從 2011 年起，野火雞便從嶄新的酒廠生產。另外，由於 2000 年的一場大火，野火雞必須運到印第安納州和阿肯薩斯州裝瓶，不過金巴利集團於 2013 年也重建了裝瓶廠，從此所有的裝瓶作業都在酒廠內進行。

說到野火雞，不得不談兩位重要人物。吉米・羅素（Jimmy Russell）於 1954 年進入酒廠，從打掃小弟開始幹起，1960 年先被拔擢成為蒸餾師，1967 年升任為酒廠的第三任蒸餾大師一直到今天，堪稱是波本的活化石，不僅在 2001 年第一屆波本名人堂便被推舉入席，也被尊稱為「波本佛」（Buddha of Bourbon）或是「蒸餾大師的蒸餾大師」（The Master Distiller's Master Distiller）。後面的名號一點也不誇張，因為他從 1981 年起，帶領著有意繼承衣缽的兒子艾迪學習，同樣也嚴格要求他從清潔打掃做起，學遍威士忌製作的每一個步驟，34 年後，將蒸餾大師的職務傳承給他，還在官網上寫了一封公開信，字裡行間懇切栽培和寄予厚望之心溢於言表。

唯一的父子檔雙蒸餾大師（圖片由金巴利集團提供）

不過有趣的是，老羅素並未退休，一直到今天他的頭銜依舊是「榮譽蒸餾大師」（Master Distiller Emeritus），所以從 2015 年起，酒廠同時擁有兩位蒸餾大師，也是全美、全世界唯一的父子檔大師，兩人的年資加起來已經超過 110 年。艾迪如何看待此事？他於訪台時，提到某些因應風潮的新觀念或

新企劃，偶而流露出意圖掙脫傳統的想法，卻又受到老羅素的制肘而有些忌諱，顯然還無法完全掌控整個酒廠（此係筆者的觀察及猜測）。

因為名稱關係，野火雞充滿趣聞軼事，例如：

◎ 野火雞有許多暱稱，包括「骯髒鳥」（The Dirty Bird）、「尖叫的老鷹」（The Screaming Eagle）或是「掙扎的雞」（The Kickin' Chicken），也跟許多流行文化相通，出現在各種電影、影集、歌曲的歌詞裡。

◎ 已逝著名的啤酒和威士忌專家 Michael Jackson 在 2006 年曾評論野火雞 101：「一款巨大、融合了時尚與精緻，但仍具有波本固有的堅實體魄，就好像威士忌裡的克林‧伊斯威特（Clint Eastwood）」。

◎ 波本威士忌甜美強悍的特徵，本來就搭配重油脂的肉類料理，野火雞具有更強烈的裸麥辛香刺激，成為感恩節搭配烤火雞大餐的首選。

◎ 2012 年 11 月「白宮火雞放生儀式」[註1]（Presidential Turkey Pardon）後，吉米‧羅素寫信給當時的總統歐巴馬，詢問是否可以將這隻僥倖逃過一死的火雞送給酒廠，擔任他們的「發言雞」（spokesbird）。當時的野火雞差不多已經完成擴廠計畫，有廣闊的場地供火雞頤養天年，不過這樁陳情案最後不了了之。

✕ 製作 ✕

1. 穀物與處理

野火雞傳承的穀物配方包括波本和裸麥威士忌兩種，但不願公開各種穀物的比例，甚至號稱全世界只有吉米和艾迪兩個人知道，不過，「玉米（或

註 1　火雞是美國感恩節的傳統主菜，從 1947 年起，全國火雞聯合會每年在感恩節前，都會贈送美國總統一隻火雞，總統收到火雞後，有時食用，有時放生，不過從老布希總統開始，歷屆美國總統都會在白宮前赦免並放生這隻火雞而形成傳統，稱為「白宮火雞放生儀式」。

裸麥）含量比法定要求稍微高一些」，艾迪私下透露，網路上都可查到「相去不遠」的資料。確實，網路上隨手可查到波本威士忌的配方為 75% 的玉米、13% 裸麥和 12% 麥芽，而裸麥威士忌為 36% 玉米、52% 裸麥和 12% 麥芽，只是 75% 的玉米比 51% 高上許多，所以筆者對這個數字有些懷疑。此

酒廠使用的蒸煮鍋（圖片由 Alex Chang 提供）

外，艾迪提到裸麥是一種不好處理的穀物，加水加熱糊化後黏性較強而清理不易，應該是裸麥威士忌僅含 52%（也有其他資料為 51%）裸麥的原因。10 年前裸麥威士忌沒有市場需求，所以酒廠每年只花 2 天製作，到了今日裸麥威士忌因復古風吹而鹹魚翻身，酒廠改為每個月做 2 天，但終究還是遠低於波本。

　　酒廠使用非基改穀物，玉米產於肯塔基州，裸麥購自德國，而麥芽來自達科他州。至於蒸煮穀物的步驟，艾迪在回覆我的詢問信件中，做了非常詳細的說明：

　　①首先將磨碎的玉米、backset 和 145 ～ 150ºF（68.8 ～ 65.6ºC）的水加入鍋內，慢慢加熱到沸騰，而後停止加熱，讓溫度緩慢下降以添加裸麥，這一段時間約需 40 ～ 45 分鐘。

　　②當鍋內溫度下降到 170ºF（76.7ºC），便可投入碎裸麥。裸麥是一種風味穀物，而在比較低的溫度時投入，主要是為了不讓裸麥的風味流失，同時也易於糊化。由於裸麥容易產生黏性，糊化的時間不可過長，大約 20 分鐘，當溫度持續下降到適合投入麥芽時，便須立即投入。

　　③最適合投入麥芽的溫度為 148 ～ 150 ºF（64.4 ～ 65.6ºC），這一點相當重要，低於或高於這個區間，都會減緩澱粉酶的活性，降低糖化程度。麥芽投入之後所需的作用時間約 20 ～ 30 分鐘。

　　Backset 來自連續式蒸餾後的 spent mash，不做固液態分離，所以含有死去的酵母，可提供下一批酵母作為極佳的營養補充。Backset 不僅僅添加於蒸煮階段，同樣也會在發酵階段加入以調整 pH 值，總量大概為發酵前穀物糊的 18 ～ 19%。

2. 酵母菌與發酵

　　野火雞使用的酒廠酵母，最早是在 1950 年代培育出來，只比吉米的入廠時間晚個 3 年。吉米一直保留一批原始菌種在家裡的冰箱以防萬一，廠內也有個小實驗室用來檢驗、培養酵母菌。

老羅素嚐嚐發酵槽內的穀物發酵成果（圖片由金巴利集團提供）

　　酒廠內擁有 23 座開放式不鏽鋼製發酵槽，容量為 30,000 加侖（超過 10 萬公升），內部裝設環繞在內壁的冷卻水管，可用於控制發酵溫度，不過艾迪說，他不記得過去曾使用過，也就是完全放任自然。整個發酵時間約 3 ～ 4 天，最終酒精度可達 10%，但如何在開放式發酵槽中防制雜菌污染？艾迪在品酒會中回答，酒廠在雜菌易於生長的夏季停工歲修，用來清理消毒，另一方面酵母菌也必須十分強壯，足以和雜菌搶食糖類。

3. 蒸餾

　　酒廠的柱式蒸餾器十分巨大，直徑 5 英尺（1.5 公尺），高 52 英尺（15.8 公尺，近 6 層樓），內部裝設 19 片的蒸餾板，可取得 125 proof 的低度酒，再利用 10,000 加侖的加倍器提高到 130 proof。艾迪對這一點十分自豪，因為比法定的 160 proof 低上許多，可據此保留更多的同源物（congener），而且在入桶前，可避免添加較多的水，幾乎原汁原味的進行熟陳。

　　目前酒廠的平均年產量約 700 ～ 750 萬酒度－加侖，即 1,300 ～ 1,400 萬公升純酒精（LPA），相當於蘇格蘭麥卡倫酒廠的年產量，不過為因應波本需求的增加，未來將提高到 800 萬酒度－加侖（1,500 萬 LPA）。

4. 熟陳

　　2004 年以前，新酒稀釋到 107 proof 入桶，04 ～ 06 年間修改為 110 proof，自 2006 年以後則調高至 115 proof，所以從 130 proof 降低到 115 proof，確實只需添加少量的水。所有的橡木桶都燒烤到第 4 級，不過兩端的邊板則是第 3 級。

巨大的連續式蒸餾器 （圖片由金巴利集團提供）

遠眺熟陳倉庫 （圖片由金巴利集團提供）

目前酒廠擁有 38 座倉庫，分布在 3 個不同的地區，包括：

◎ Tyrone 區：即酒廠位置，總共有 30 座倉庫，其中最古老的一座可追溯到 1894 年，稱為 Bonded Building A，仍屬於 Ripy Distillery 的年代，第二古老的另一座則建於 1910 年代初。其他大部分的倉庫都是在禁酒令後的 1940 ～ 1950 年間興建完成，少數是在 1990 年代左右。近幾年酒廠也陸陸續續的以 1 年 1 座的速率持續興建，2010 年以後興建的大型倉庫，可以自動化機械方式存取 20,000 個橡木桶。

◎ Camp Nelson 區：距離酒廠約 30 英里，總共有 6 座倉庫，都是在 1960 年代興建。

◎ McBrayer 區：距離酒廠約 10 英里，就在四玫瑰酒廠的對面，只有 2 座，都是在 1940 年代興建。

以上的倉庫都為木層架式，外面包覆金屬皮，主要為 7 層高，少部分為 6 或 8 層。大部分的熟陳時間為 6 ～ 12 年，而裸麥威士忌則至少需時 6 年。

5. 裝瓶

台灣常見的野火雞品項（圖片由金巴利提供）

　　酒廠在美威黯淡的 1970 年代，推出了酒廠的第三個品牌（前 2 個品牌分別為野火雞 101 和野火雞裸麥 101），一款蜂蜜調味威士忌，想辦法在逆境中求生存，1991 年裝出了高檔的「野火雞 Rare Breed」，1995 年更推出置放於貨架最高層的單一桶，酒精度大家猜猜，沒錯，101 proof。

　　當金巴利集團買下了酒廠，美威風潮開始興盛後，酒廠的裝瓶越發的繽紛，如 Master's Keep 系列，Russell's Reserve 系列，以及調和了 10 年和 20 年兩個年份的 Decades。此外，野火雞在 2016 年聘請演員馬修‧麥康納（Matthew McConaughey，美國知名的電影演員，曾以 2013 年的《藥命俱樂部》獲得金球獎及奧斯卡金像獎的最佳男演員）為創意總監，主要目的是希望靠著他的人氣來吸引更多的女性和國際消費者。

　　不過馬修另有想法，他在 2018 年與酒廠合作推出了 Longbranch 波本——利用橡木炭和德州特有的 Mesquite 灌木炭來進行過濾，再熟陳 8 年的波本，並於 2019 年在澳洲推出了以威士忌為主題的小屋租賃服務。馬修提到，他之所以選擇這個地方是因為他熱愛大自然，實情是，澳洲正是野火雞的第二大市場。

四玫瑰（Four Roses）

西班牙風情建築的酒廠（圖片由四玫瑰提供）

⋈ 歷史 ⋈

有關四玫瑰酒廠早年糾葛不清的歷史，請參考前文「鍍金年代」篇章，但由於所有酒廠的早年史都與今日無關，也可以直接跳過，從禁酒令廢止後開始講起。

瓊斯家族於1942年（一說為1943）把酒廠賣給加拿大的施格蘭集團後，由於施格蘭在當時是全世界最大的酒業集團，擁有7間蒸餾廠（5間在肯塔基州，1間在馬里蘭州，另1間在加拿大），因此在大公司操盤下，四玫瑰的業務蒸蒸日上，品牌名聲遠播，一直到1950年代都是全球銷售量第一的波本威士忌。

不過到了1950年代的晚期，施格蘭突然決定只在日本、歐洲銷售四玫瑰純波本威士忌，美國境內則是以較便宜的品項取代，品牌名稱同樣也是

四玫瑰，卻是由中性酒精為主，加上少量的波本調和而成。這個決定十分
匪夷所思，雖然猜想是為了幫加拿大的皇冠威士忌（Crown Royal）鋪路，
但後續還是繼續創造全新的純波本威士忌品牌，卻放棄了最暢銷的四玫
瑰，有些惡意棄養的況味。

　　查爾斯·賓（Charles L. Beam，亦為金賓上校的姪孫，布克·諾伊的表
兄弟）就是在施格蘭放棄四玫瑰的 1962 年進入酒廠工作，很快的，他在
1968 年就升任為酒廠的第四任蒸餾大師；另一方面，酒廠未來的中流砥
柱吉姆·拉特里奇（Jim Rutledge）於 1966 年加入施格蘭的 R&D 部門，
1975 年轉任到紐約總部一直到 1992 年，而後請調回酒廠。查爾斯在任時，
波本熱潮仍在，他為美國國內市場開發出 Benchmark（1969）和 Eagle
Rare（1975）兩個品牌。眼尖的讀者或許發現，奇怪？這不是野牛仙蹤的
品牌嗎？確實沒錯，兩個品牌在 1989 年賣給了 Age International 公司，
而後隨著公司在 1992 年賣給了賽澤瑞集團，等到賽澤瑞將酒廠名稱更改
為「Buffalo Trace」，從此便在野牛仙蹤生產至今。

　　查爾斯·賓於 1982 年退休，2010 年進入「波本名人堂」，是賓家族
旁系獲邀進入名人堂的唯一一人。他的繼任者 Ova Haney 似乎沒有太多
建樹，官網或網路上都找不到資料，不過在美威最黑暗的時刻接任，絕
對有其堅苦卓絕的決心。只是我於
搜尋資料時，偶然發現他曾在奧斯
卡·蓋茲的「波本傳承」版面上某
個討論串「你認為誰是未來的蒸餾
大師？」回覆「他媽的某會計（The
F__ Accountants!）」。然後整個風
向轉變為酒廠為謀利潤，波本越趨
下流……很顯然 Ova 在大公司底下
鬱積了不少怨氣，當然美威整體環
境不佳，酒廠必須將本求利，才是
真正的主因。

（右）前任蒸餾大師 Jim Rutledge 與（左）現任蒸餾大師
Brent Elliot（圖片由四玫瑰提供）

所以成就四玫瑰為美威名廠、大廠的人物，絕對是 1994 年接任 Ova 為第六任蒸餾大師的吉姆。不過當吉姆剛剛回到酒廠時，酒廠的生產品質很讓母公司擔心，而且也告訴吉姆，如果無法立即讓酒廠回到正軌，四玫瑰酒廠將被關閉，施格蘭甚至已經準備好契約，由其他酒廠來代工生產。因此吉姆的任務很簡單，卻也十分艱難，他每天花 16 個小時待在廠裡，確定每一個製作步驟的一致性，每天從其他廠取來樣品，和四玫瑰廠比較，逐漸磨到品質終於獲得他的認可，也終於度過了關廠難關。

不過吉姆心願未了，他希望能將四玫瑰純波本威士忌帶回美國，也曾經試圖買下品牌，不過後來苦笑承認：「我們連一壘板都沒站上」。在進入二十一世紀之前，母公司施格蘭集團的命運正處於風雨飄搖之際，1999 年破產後產權被法國的 Vivendi 集團併購。Vivendi 是個國際娛樂事業集團，對製酒賣酒沒有太大興趣，因此將酒類事業轉售給帝亞吉歐和保樂力加，其中絕大部分的烈酒都由帝亞吉歐取得，只是帝亞吉歐也對四玫瑰興趣缺缺，因此在 2002 年將品牌和蒸餾廠賣給了亞洲市場的代銷公司「麒麟啤酒株式會社」。

就在酒廠交入麒麟手中的當年，日本主管詢問吉姆是否有什麼請求或疑問，吉姆提出了唯一的要求：「讓我們回到波本，也將四玫瑰帶回美國」。結果出乎預料的，麒麟居然答應了，所以他立即下令把那些用來裝廉價威士忌的瓶子全數銷毀，馬上在同一年推出四玫瑰波本，2004 年裝出四玫瑰單一桶波本，2007 年再推出小批次產品。吉姆和團隊辛勤的工作，甚至曾一年之中只休假 4 天，花費 6、7 年的時間將酒廠名聲重新擦亮，品牌也從專賣店積灰塵的貨架底層上升到高檔位置，成為全球第七受歡迎、以及日本第二受歡迎的品牌（第一名為金賓）。

但有點諷刺的，四玫瑰今日得享盛名，很大的功勞得記在施格蘭頭上。早從 1945 年開始，施格蘭便利用 2 種穀物配方和 V 酵母菌種，在旗下5 間肯塔基蒸餾廠──Old Prentice（即四玫瑰）、Cynthiana、Fairfield、Athertonville 和 Calvert ── 做出 10 種不同風味的波本威士忌，而後再進行調和。只是到了 1960 年代，施格蘭開始縮減波本產量，將酒廠一間一

間的關閉，四玫瑰只好尋找解決途徑。當時在 R&D 工作的厄瓜多喬 Jose Pueblo，大概比吉姆早半年進入實驗室，他與吉姆兩人從 V 菌株培養了 300 多種酵母菌種，利用迷你蒸餾器進行蒸餾，而後比較成果。所以當施格蘭於 1983 年結束了實驗，四玫瑰已經擁有 2 種穀物配方和 5 種酵母菌種，用以複製過去的 10 種風味。

身為波本威士忌的堅決擁護者、基本教義派，吉姆無法接受任何違背傳統的改變，例如今天許多酒廠仿效蘇威做出的「過桶」產品，或是加入各種不同增味劑的調味威士忌（flavoured whiskey），雖然都合法，也都符合市場潮流，但是都離經叛道。某次某個場合有人舉手詢問吉姆，由於其他品牌的調味威士忌大賣，四玫瑰會不會也跟著做？吉姆聽了勃然大怒，不客氣的叫他離開房間，而且，最好遠遠的離開肯塔基州！

酒廠於 1987 年被列入國家歷史建築 （圖片由四玫瑰提供）

吉姆對於酒廠的貢獻，被人尊稱為 Mr. Four Roses，早在第一屆便與幾位大師同時入選「肯塔基波本名人堂」，2007 年榮獲了 Malt Advocate 雜誌所頒發的「終身成就獎」（Lifetime Achievement Award），2012 年 Whisky Magazine 也將他選入「全球威士忌名人堂」（Global Whisky Hall of Fame）。至於他努力下的酒廠，被 Whisky Magazine 在 2011 ～ 2013 以及 2015 年選為「年度蒸餾者」（Distiller of the Year），這些成就，當初的施格蘭集團可能無法想像。但是就在吉姆名聲如日中天時，卻在 2015 年 5 月——只差 1 年便滿 50 年——宣告退休，本來以為他將告老還鄉，而他的離別感言也確實如此，卻又在隔年跌破所有人眼鏡的宣布開設 J.W. Rutledge 新酒廠，顯然老驥伏櫪，志在千里，波本老兵絕對不死，一如野火雞的吉米·羅素，兩人於古稀之齡依舊鍾情波本不倦。

　　回到酒廠。因應波本未來的需求，酒廠於吉姆退休的當年展開 5,500 萬美元的擴建工程，包括新增建築、發酵槽和位在 Cox's Creek 的熟陳倉庫，以及柱式蒸餾器及加倍器各一座，年產量從原來的 400 萬酒度－加侖提升到 800 萬酒度－加侖，這項擴建工程已於 2019 年 4 月完成。除此之外，由於旅客在過去 5 年成長 43%，酒廠也開始展開旅客中心的擴建計畫，改建他們古色古香的西班牙式建築。

⋊ 製作 ⋊

1. 穀物及處理

　　酒廠完全不忌諱公佈穀物配方，官方網站大剌剌的貼出如下圖表：

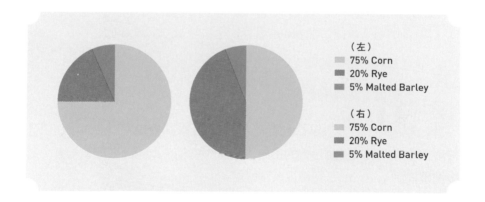

（左）
- 75% Corn
- 20% Rye
- 5% Malted Barley

（右）
- 75% Corn
- 20% Rye
- 5% Malted Barley

　　顯然配方中的裸麥含量都高出其他酒廠許多，可以稱為高裸麥配方和超高裸麥配方，又由於裸麥處理不易，而麥芽含量較少，合理猜測應該會使用外源酵素來解決穀物糊化時的黏滯問題。

　　所有的穀物送入廠內，都必須抽樣送到穀物實驗室進行檢驗，也都使用錘擊式碾磨機來磨碎。酒廠擁有 2 部

穀物蒸煮鍋 （圖片由四玫瑰提供）

15,000 加侖的蒸煮鍋，處理時內先放入水、少量 backset、少量麥芽（稱為 premalt）以及碎玉米，在大氣壓力下以蒸氣加熱，等溫度下降後再依序投入裸麥及剩餘的麥芽。蒸餾大師布蘭特·艾略特（Brent Elliott）回信告訴我，處理前投入少量 backset 和麥芽的目的，除了調整 pH 值，也是為了增加穀物糊的流動性。整體糖化時間約需 3.5 小時。

2. 酵母菌種和發酵

　　正如前面所提及，酒廠目前使用 5 種不同的酵母菌種，其代號和產生的風味特色如下：

　　　　◎ V 酵母：清雅果甜

　　　　◎ K 酵母：充滿肉桂、肉豆蔻等辛香

　　　　◎ O 酵母：果甜加上 stout 暗示

　　　　◎ Q 酵母：濃郁花香

　　　　◎ F 酵母：藥草風味

　　酵母使用時，只需取出約鉛筆尖大小的量，放入實驗室培養皿中利用營養液來培育，當繁殖到足夠的量後，置換到較大的 dona tub 繼續培養，最後則是換到 yeast tub，準備投入發酵槽。

木製發酵槽（圖片由四玫瑰提供）

酒廠目前擁有 48 座容量 16,000 加侖的發酵槽，而輸入發酵槽的穀物糊略少於 15,000 加侖，其中老發酵槽的槽體為紅檜木（red Cyprus）製，但由於紅檜為受到保護的樹種，因此較新的木製發酵槽材料為花旗松（或稱北美黃杉，Douglas fir），另外也有少數不鏽鋼製。所有的發酵槽內部均裝設了環繞槽體的冷凝管，當發酵溫度上升到 90°F（32.2 °C）時，為了維持酵母菌的活力，必須開啟循環冷凝水。

發酵時仍需投入用量不固定的 backset，調整 pH 值以利發酵，所需時間約為 84 小時（3.5 天），視季節不同而調整，完成後的酒精度約為 8%。

3. 蒸餾

酒廠擁有 2 套柱式蒸餾器及加倍器組，柱式蒸餾器直徑為 6 英尺（1.83 公尺）、高 40 英尺（12.2 公尺），內部裝設 12 片 bubble cap 型式的蒸餾板和 2 片精餾板（rectifying tray），而加倍器的外型在美威酒廠中十分特殊，如同將蘇格蘭的壺式蒸餾器直接搬到肯塔基州。

發酵完成的啤酒先暫存在 beer well，而後打入柱式蒸餾器進行蒸餾，可得到 132 proof（66%）的低度酒，輸入加倍器完成二次蒸餾後，從 Tail box 流出的白狗（新酒）酒精度為 140 proof（70%）。Tail box 的功能有如保險箱，可在裡面量測酒精度。蒸餾室內也可看到 2 支直立的殼管式冷凝器，同樣也跟蘇格蘭相同。

針對加倍器，布蘭特做了詳盡的說明。首先，即使加倍器外型和壺式蒸餾器一模一樣，但功用完全不同，因為它並不用來做批次蒸餾，而是連續

造型古典的加倍器（圖片由四玫瑰提供）

式。其次，由於輸進蒸餾器內的低度酒已經蒸餾至 132 proof，基本上酒廠不想要的酒頭、酒尾都已經濾除，所以加倍器也不需要做任何的 cut。操作時，先輸入一部分清水在加倍器內，而後連續輸入低度酒，以蒸氣間接加熱方式緩慢蒸餾，溫度僅略高於酒精揮發溫度，讓較重的「酒尾」物質停留在加倍器底部。由於「酒尾」濃度逐漸增加，所以酒廠每星期會關機一次，利用高溫把所有的「酒尾」蒸出，而後再輸入清水重新恢復蒸餾。

4. 熟陳

　　四玫瑰的倉庫連同裝瓶廠位在距離酒廠約 50 分鐘車程的 Cox's Creek，因此蒸餾完成的白狗必須裝載於罐車，再運送到 Cox's Creek，而後把酒精度稀釋到 120 proof（60%）入桶，略低於法規需求。酒廠使用的橡木桶均為 #4 級燒烤。

一層樓高度的倉庫設置於廣袤的綠地上有如電路板（圖片由四玫瑰提供）

　　所有的大型酒廠都使用動輒 7 層、9 層的巨型倉庫，不過四玫瑰不同，熟陳倉庫僅有一層。大型倉庫的優點在於，由於上下左右裡裡外外微氣候的差異，可造就不同位置橡木桶的熟陳效果不同，提供充分的調和素材，但四玫瑰已經利用穀物配方和酵母菌種做出 10 種不同的風味，不需要在熟陳階段再求變異，更需要的是一致性。根據官網說明，倉庫頂端和底部的木層架之間僅有約 8°F（4.4°C）的溫差，相較於大型倉庫的 30、40°F，顯然橡木桶無論擺置於何處，都可以均勻熟陳。

　　目前酒廠擁有 22 座倉庫，雖然都是一層樓高，但是都可容納 24,000 個橡木桶。不過布蘭特告訴我，每座倉庫都不會裝滿，而是保持一定空間讓橡木桶正常的輸入和輸出，且倉庫都不做溫度控制。

5.裝瓶

　　酒廠目前裝出 10 多種品項，但是在了解裝瓶之前，先得搞清楚幾個神秘暗號的意義。

　　裝瓶的暗號由 4 個字母組成，第一和第三個字母都是 O 和 S，代表：

市面上常見的四玫瑰酒款（圖片由四玫瑰提供）

　　◎ O：製作於肯塔基州羅倫斯堡的四玫瑰蒸餾廠

　　◎ S：純（straight）威士忌

　　第二個字母為穀物配方，不是 B 就是 E，其中：

　　◎ B：高裸麥波本，採用 60% 玉米、35% 裸麥和 5% 麥芽

　　◎ E：一般裸麥波本，採用 75% 玉米、20% 裸麥和 5% 麥芽

　　最後一個字母則是酵母菌種，因此有 V、K、O、Q 和 F 共 5 種。以上各字母組合之後，形成從 1 ～ 10 的風味編號，分別為 OBSV、OBSK、OBSO、OBSQ、OBSF，以及 OESV、OESK、OESO、OESQ、OESF。舉例而言：

　　◎ OBSV：產自肯塔基州羅倫斯堡四玫瑰蒸餾廠的純波本威士忌，使用高裸麥配方和產生清雅果甜的酵母菌種

　　◎ OESF：產自肯塔基州羅倫斯堡四玫瑰蒸餾廠的純波本威士忌，使用一般裸麥配方和產生藥草風味的酵母菌種

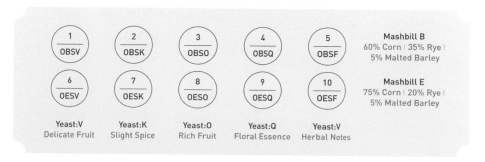

　　不過酒款的變化不會如此單純，調酒師仍有發揮的空間。官網上公布了幾種裝瓶的調和方式，如四玫瑰小批次便是由 2、3、7、8 等 4 種不同風味的威士忌所構成，即 OBSK、OBSO、OESK 以及 OESO，取用了 2 種裸麥配方的波本，並分別做出辛香（K）和果甜（O）調性，最終再依比例調和。所謂的「小批次」其實也不算小，大概需要 250 個橡木桶，熟陳時間約 6 ～ 7 年，少部分可能長達 8 年。

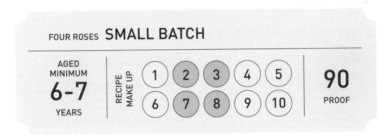

　　這就是四玫瑰讓人讚賞的原因，透明且引人探究，如果消費者不清楚 10 種風味到底有何差異，沒關係，可以好好的收集單一桶，每一個單桶都是一種風味，遲早可以收集完全。

田納西威士忌

晨曦下的傑克丹尼酒廠（圖片由百富門提供）

　　田納西州雖然比肯塔基州晚 1 年建州，不過州內的蒸餾事業大致和肯塔基州同時發展。根據考查，John King 在 1788 年便成立「納許維爾酒廠」，只比傳說中肯塔基州第一位蒸餾者伊凡・威廉斯晚了 3 年。到了 1799 年，戴維森（Davidson）郡內註冊的酒廠多達 61 間，與當時的人口數相比，平均每 65 人就有 1 間，但由此也可知這些所謂的酒廠其實規模都很小，幾乎都是農家利用小蒸餾器把多餘的農作轉換成酒精。不過

州內肥沃的土壤、原始橡木和楓木林，對墾荒居民而言，正是從事農耕和蒸餾的絕佳環境。

田納西州的蒸餾產業主要集中在北端的羅伯森郡（Robertson County）和南方的林肯郡，但是製酒方式與肯塔基州大不相同，例如：

◎使用從十九世紀初開始發展的楓木炭過濾工法，也就是把蒸餾完成的新酒利用楓木炭將雜質濾除，最早採用過濾工法的蒸餾者可能是來自南卡羅來納州的 William Pearson。

◎將蒸餾後的酸性物質添加在糖化發酵槽中，稱為酸醪，與當時肯塔基大部分酒廠使用的甜醪不同。

除此以外，田納西的威士忌拼成「whisky」，也與肯塔基州的「whiskey」有異，這些差異足以證明田納西威士忌從 200 多年前就與波本威士忌分道揚鑣。

田納西州在內戰時受創極重，是唯一每一個郡都發生過戰鬥的州，州民難免有遭受背叛的心理陰影。蒸餾業者艱苦的重啟爐灶後，由於精餾興起，聯邦稅務局（IRS）於 1869 年開始針對精餾者徵收「精餾稅」，好不容易才讓稅務局回心轉意，於 1870 年修改法規（詳細說明請參考＜搞懂美威的規範＞中「為什麼田納西威士忌不是波本威士忌」一節），承認田納西威士忌的製法確實和波本不同。不過在聯邦政府尚未修正精餾稅之前，羅伯森郡的蒸餾業者發明了各式各樣的過濾方法，例如將木炭偷偷放在蒸餾器或甚至冷凝器中，來規避被抽二次稅。

田納西威士忌的榮景在 1890 年代逐漸衰退，雖然仍擁有超過 100 間的酒廠，但是當波本浪潮跟隨著美國中西部「玉米帶」（corn belt）的擴展，從俄亥俄州、依利諾州漫延到內布拉斯加州，越來越完善的鐵路運輸將大

量的玉米送到工業化的蒸餾廠，大型酒廠沿著皮奧里亞河開設，不僅讓依利諾州的皮奧里亞成為全球波本威士忌首府，也將田納西的蒸餾事業限縮在州內而難以對外銷售。更慘的是，聯邦政府在 1897 年禁止在居民數少於 2,000 人的小鎮販售烈酒，導致州內幾乎所有的鄉村地區都失去了市場。

禁酒浪潮絕對是致命一擊。早在 1909 年州法便禁止在學校方圓 4 英里範圍內賣酒，隔年通過《製酒法案》（Manufacturer Bill），全面禁止生產酒精類飲料。消息靈通的酒廠在禁令生效前拚命生產，部分酒廠則搬遷到肯塔基州，到了 1920 年頒發了禁酒令，以上所有的努力全部付諸流水，田納西州完全乾涸。

歷經十多年煎熬考驗，傑克丹尼於 1938 年在林區堡復廠生產，成為田納西州唯一生存下來的酒廠，自然也成為全美唯一一間採用楓木炭過濾的酒廠，難怪 1938 年修訂《聯邦酒精管理法》時，完全沒考慮擁有特殊製程的田納西威士忌。當時傑克丹尼將他們的品牌註冊為「whiskies」，後來在酒標上也印上「Jack Daniel's Pure Lincoln County Corn Whiskey」，揚棄了過去的 Whisky 拼法。

至於禁酒令後第二間田納西威士忌酒廠，在傑克丹尼復廠後的 20 年才出現，隸屬於當時最大的酒業公司軒利集團。不過軒利集團早在 1940 年代便已經創立了 Geo. A. Dickel Cascade 品牌，卻跟田納西威士忌毫無關係，而是由肯塔基州 George T. Stagg 酒廠所製做的純波本威士忌。財大氣粗的軒利確實也想將觸角伸到田納西州，但是收購傑克丹尼的企圖輸給了百富門，於是一不做、二不休，乾脆在 1958 年重建了田納西州的 Cascade Hollow 酒廠，並於 1964 年推出喬治迪可（George Dickel）品牌，意圖為傑克丹尼創造競牌對手，更採用被傑克丹尼揚棄的威士忌拼法 Whisky，一直到今天依舊如此。

　　時至如今，往事俱已矣，酒廠不再集中於南北兩端，但仍舊是個很矛盾的美威生產州，因為州內擁有全世界產量、銷售量最大的酒廠，但是在2009 年以前，全州 95 個郡只有林肯郡、穆爾郡和科菲郡等 3 個郡能合法製作蒸餾烈酒，雖然目前已擴大到 41 個郡，但真正立法允法販售酒精性飲料的只有 10 個郡（wet），9 個郡依舊乾涸（dry），至於剩下的 76 個郡則是屬於「濕潤」（moist）狀態，僅部分鄉鎮允許販售部分酒類。

　　不過在威士忌風潮狂吹的現在，也仿效肯塔基州舉辦「威士忌之旅」（Whiskey Trail）行程，分成西部、中央和東部三大區塊，其中以納許維爾為中心的中央區，便包括了傑克丹尼、喬治迪可等 13 間酒廠。

田納西威士忌之旅地圖 （圖片下載自 Tennessee Whiskey Trail 官方網站：https://www.tnwhiskeytrail.com/）

— 12 —

傑克丹尼（Jack Daniel's）

酒廠的旅客中心入口（圖片由百富門提供）

❈ 歷史 ❈

　　有關酒廠的早期歷史，包括為什麼田納西威士忌不是波本威士忌的原因，已寫在＜酒瓶裡的美國史＞之「內戰及戰後」以及＜搞懂美威的規範＞這兩篇，在此不再贅述。不過酒廠在禁酒令廢止後重生，接下來呢？又是如何成為今天全球銷售量最大的美國威士忌？

　　我們還是先回到傑克・丹尼爾本人。傑克終身未娶，沒有子嗣來繼承酒廠，所以帶進了兩個姪子 Jess Motlow 和 Lem Motlow 跟他一起工作。當他在 1907 年身體逐漸衰弱時，將酒廠交給了這兩位姪子經營，Lem 很快的把哥哥 Jess 的股權買下，並任命他為酒廠的第三任蒸餾大師 [註1]。只不過

註 1　原本的第一任是傑克，但 2015 年之後修改為 Nearest Green，傑克成為第二任，餘後推

田納西州在 1910 年便立法通過禁酒，當然全州也不得製酒，Lem 上訴到高等法院，但無功而回，只得將所有的橡木桶移到密蘇里州的聖路易斯和阿拉巴馬州的伯明罕，並繼續他的蒸餾事業。不過易地蒸餾的品質不如預期，這些酒從來不曾賣出，而且等 1920 年一到，任何地方的蒸餾都被喊停。

傑克‧丹尼爾與酒廠內的銅雕像（圖片由百富門提供）

　　美國憲法第二十一條修正案於 1933 年通過，禁酒令廢止，但田納西州依然如故，不過這時候的 Lem 已當選為州議員，他和同僚一齊努力，終於在 1938 年完成修法，開放酒廠蒸餾。只是乾涸荒蕪了 13 年後，全田納西州也只剩下一間酒廠，Lemuel Tolley「大個兒」（Big Hide） 於 1941 年擔任第四任蒸餾大師，酒廠也於當年豎立起傑克‧丹尼爾高 5 呎 2 吋的全身銅像（據傳他的身高就是如此）放置在酒廠的入門口至今。

　　「大個兒」的個子的確高大，他是傑克的姪孫，完全遵循傑克傳下的配方來製作威士忌，好不容易熬過二次大戰無法蒸餾的困境，再努力增產以便趕上越來越多的「渴」求。他在許多報紙刊登廣告：「我希望你們多點耐心，也不要失去對傑克丹尼的尊重」，不過顯然成效不彰。

　　酒廠的重要轉機發生在 1947 年，電視情境喜劇《蜜月》（The Honeymooners）的製作人兼演員 Jackie Gleason 在一間酒吧請綽號「瘦皮

猴」的美國巨星法蘭克‧辛納屈（Frank Sinatra）喝了杯傑克丹尼，法蘭克大為激賞，後來他到任何地方表演，無論是在私人飛機上、頒獎舞臺上，甚至現場演出時，都指名要喝傑克丹尼。1955 年在某一場 ABC 電視台轉播的電視秀中，他唱完一首歌後，竟然從麥克風的底座拿出一杯以傑克丹尼調製的高球（highball）並宣布：「這是神之甘露，世上最好的酒！」傑克丹尼的年銷售量在 1947 年大約為 20 萬箱，到了 1957 年則超過 100 萬箱。當法蘭克在 1998 年去世時，就在他靜止的心臟旁──在西裝左口袋裡放了一只傑克丹尼的酒壺，跟隨著他一起埋葬。

不過沒等到傑克丹尼真正暢銷，Lem 的下一代在 1956 年就把酒廠賣給了百富門集團，剛剛開始工作不久的傑斯‧甘堡（Jess Gamble）繼續留在酒廠，16 年後升任為第五任蒸餾大師，是酒廠第一位與丹尼家族無關，也不是林區堡的當地人，最奇妙的是：他不喝酒！這一點還真讓人費解，不喝酒如何確保製酒品質？不過由於年事已長，2 年半後便讓位給第六任蒸餾大師法蘭克‧波波（Frank "Frog" Bobo）。法蘭克於 1966 ～ 1988 年期間主導酒廠的擴張，從 2 座柱式蒸餾器增加到 5 座，並且每天 24 小時，每星期 7 天連續不斷的運作，打下酒廠高產量的基礎，為今日的「美國第一」鋪就康莊大道。

法蘭克於 1988 年退休後，百富門拔擢已經在酒廠工作 20 年的吉米‧貝德福德（James "Jimmy" Bedford）為第七任蒸餾大師。到此為止，假設酒廠是在 1868 年成立，那麼 120 年來一直都以單一品牌 Old No. 7 為主打。吉米在百富門酒廠資深蒸餾大師林肯‧韓德遜（Lincoln Henderson）的協助下，除了入桶前的楓木炭過濾，裝瓶前再過濾一次，開發出 Gentleman Jack 新酒款，一上市就造成熱銷。兩人在 1997 年再度攜手合作，推出了第一款傑克丹尼的單桶，同樣的，很快成為貨架上的高檔商品。

吉米工作之餘最大的愛好就是騎哈雷機車，當他在 2009 年因心臟病去世後，女兒和女婿每年固定舉辦紀念他的哈雷機車之旅，現在已經擴大成為全球性的活動，募得款項則用於林區堡小鎮的公益活動。繼任吉米的傑

夫・阿奈特（Jeff Arnett）於 2008 年上任，為酒廠的第八任蒸餾大師，趕上時代風潮推出 Tennessee Honey 調味威士忌，也陸續推出讓人目不暇給的 Sinatra 特選、Barrel Proof 的單桶、Heritage Barrel 和 Tennessee Tasters' 限量系列，以及酒廠的第一款裸麥威士忌；同時也花費 1,400 萬美金興建了 2 座熟陳倉庫。他於 2020 年離開，由第六任蒸餾大師法蘭克的外孫克里斯・弗萊徹（Chris Fletcher）接任至今。

根據「烈酒事業」（The Spirits Business）網站有關美國威士忌銷售量的統計，近 5 年來（2016 ～

第六任蒸餾大師克里斯・弗萊徹 Chris Fletcher（圖片由百富門提供）

2020）傑克丹尼穩坐第一，不過金賓緊追在後，差距從 450 萬箱逐漸縮小到 160 萬箱。所以接下來兩大美威巨人的競爭將越演越烈，我們再持續觀察下去。

❇ 製作 ❇

1. 穀物與處理

傑克丹尼的穀物配方採用 80% 玉米、8% 裸麥和 12% 的麥芽，因玉米的比例極大，所以選用第一級的玉米 註2。酒廠採用錘擊式碾磨機來磨碎穀物，水源則來自石灰岩洞 Cave Spring Hollow，常溫保持在 13°C，不過冷

註2　美國的玉米依據單位重、含水量、破損率等，分為 5 個等級

凝水仍使用自來水。磨碎的玉米混合了泉水，蒸煮到 100°C 來糊化玉米，降溫到 77°C 之後加入裸麥，64°C 時再加入麥芽。糖化後的穀物糊冷卻到 24°C，泵送到發酵槽進行發酵。

至於著名的酸醪製程，則是在蒸煮鍋中加入約 30% 來自上一批蒸餾後的 backset，當穀物糊打入發酵槽時，pH 值約為 5.6 ～ 5.3。

2. 酵母菌與發酵

酒廠利用麥芽和裸麥製作的培養液來飼養酒廠酵母，酵母菌株可追溯到禁酒令後重新復廠生產時，原始菌株以−80°C 分別冷藏在兩地由專人保管。為了保證酵母菌株的純正無污染，酒廠每星期都由原始酵母重新培養一批來使用。酒廠還有另一項特殊製法，便是在投入酵母菌之前的最後繁殖階段，在營養劑中添加乳酸菌，稱為「lactic soured ycast mash」，極少酒廠這麼做。

目前酒廠總共擁有 64 座發酵槽，每座容量為 40,000 加侖（約 15 萬公升），內部設置盤繞在槽體壁上的不鏽鋼冷凝管，當溫度上升到 85°F（約 29.5°C）時，便啟動冷凝以維持發酵溫度不致上升過快，啟動的時機隨季節而調整。經過 4 ～ 7 天的發酵後，啤酒的酒精度可達到約 11%。

3. 蒸餾

酒廠擁有 4 座直徑 76 英寸

不鏽鋼發酵槽（圖片由百富門提供）

（1.9 公尺）以及 2 座直徑 54 英寸（1.4 公尺）、高度均為 45 英尺（13.7 公尺）的連續式蒸餾器，每座蒸餾器內設置了 19 片蒸餾板，所有設備的材質都是銅。

蒸餾完成的低度酒，酒精度 約 138 ～ 139 proof（69 ～ 69.5%），但因為不做冷凝所以不做量測，而是直接將蒸氣導入「重擊器」進行第二次蒸餾。每一座連續式蒸餾器對應到一座重擊器，最終的新酒酒精度為 140 proof（70%），提升的酒精度並不多。酒廠每年的新酒產量約為 5,000 萬酒度－加侖，接近 9,500 萬公升純酒精（LPA），大概是全蘇格蘭麥芽威士忌產量的三分之一，非常驚人！

第 5 號連續式蒸餾器 （圖片由百富門提供）

4. 林肯郡製程

接下來就是我們耳聞已久的「林肯郡製程」。酒廠總共擁有 72 個過濾槽，每個槽體容量約 2,300 加侖（8,800 公升），槽內緊密的堆了 10 英尺（3 公尺）厚的楓木炭。新酒從槽體上方的金屬管以 3 公升／分鐘的速率滴落，花 3 天的工夫滲透楓木炭，而後從底部的開孔緩慢流出。

為什麼採用楓木燃燒製炭而不是其他樹種？原因在於：①田納西州擁有充足的楓木林，而且②楓木炭不會添加額外的風味。不過楓木炭過濾不單純只是過濾，少部分化學物質也跟著被析出。一個明顯的證據是，新酒的 pH 值約為 5.5，但過濾完成後，pH 值上升到 7.5 ～ 8.0，很顯然部分礦物離子已經進入新酒，成為「柔化酒質」的原因之一。

燃燒楓木製作楓木炭（圖片由百富門提供）

楓木炭過濾槽（圖片由百富門提供）

　　新鮮的楓木炭可以使用多久？早期純粹以感官判斷，如果無法有效達到過濾效果時便需要置換。到了 1980 年代，酒廠將製程標準化，每 6 個月更換一次，但近幾年來，根據化學分析研究結果，把時間延長到 1 年，不過為了讓每批新酒品質保持恆定，72 個過濾槽中楓木炭的平均年齡為 6 個月。全新的楓木炭飽含水分（因為必須灑水澆熄燃燒的楓木），所以第一次使用時，過濾後的新酒酒精度將被稀釋降低，須另外存放在暫存槽，等酒精度不再降低時才成為填注入桶的新酒。而楓木炭最後一次使用後，

灑水將內部所含的酒精洗出,同樣放置於暫存槽,這些另類「酒頭」、「酒尾」不會浪費,可蒸餾成中性酒精作為他用。

5. 熟陳

傑克丹尼規模巨大,大大小小的熟陳倉庫一共有92座,全分布在林區堡附近,最小的倉庫僅能放入 500 個木桶,最大的倉庫為 2016 年興建的2 座,可容納 60,000 個。絕大部分的倉庫都是木製結構,以 7 層為主,不輪調橡木桶,也沒有溫控設施,一切交由環境氣候決定。全廠在任何時候都有 250 萬個橡木桶正在熟陳,熟陳時間至少 4 年。

每年酒廠都會挑選 5,000 桶做為單一桶裝瓶(酒廠的 Single Barrel 並非我們認知裡的單一桶),而這些橡木桶都來自倉庫頂層,其天使分享量約30%,至於放在低樓層的酒,天使分享量僅約 10%,主要用作調和出銷售量最大,也是酒廠最經典的酒款 Old No.7。

熟陳倉庫內部 (圖片由百富門提供)

酒廠的熟陳倉庫 (圖片由百富門提供)

6. 裝瓶

有關 Old No.7 命名的由來有許多傳聞,據說傑克丹尼畢生擁有 7 個女朋友,或是 6 個女朋友而威士忌是第 7 個,又有一說是傑克丹尼的酒桶都

由通過酒廠的第 7 節列車來運送，還有傳聞傑克丹尼某個最珍貴的酒桶憑空消失了 7 年。對於這些亂七八糟的傳說，酒廠從來不駁斥也不證實，只評論「全世界只有傑克丹尼知道」。實情是，早年田納西州為了管理方便，將州內的酒廠分別登記在不同的稅區，同時也給予特定編號。丹尼與卡爾酒廠原本是在第四區的編號 7，但後來四區與五區合併，酒廠重新被列入第五區的編號 16，不過消費者已經熟悉他們以舊編號命名的 Old No.7，所以一直延續到今天。

前面提到，Old No.7 是酒廠成立 120 年來的唯一主力，直到 1988 年才創造出第二個品牌 Gentleman Jack，如今則包含眾多品牌，例如以蜂蜜、蘋果和肉桂調味的風味威士忌、田納西裸麥、單桶系列，以及眾多的特殊款，如以 Old No.7 為基底，經過再一次的楓木炭過濾以及楓木桶過桶處理的黃金 27 號（No.27 Gold），或是向酒廠歷年來蒸餾大師致敬的「大師紀念系列」（Master Distiller Series），又或者是對酒廠行銷功不可沒的「辛納屈特選」（Sinatra Select），都值得我們細心品嚐。

傑克丹尼酒款（圖片由百富門提供）

喬治迪可（Geoge Dickel）

舊稱 Cascade Hollow 的喬治迪可酒廠（圖片由帝亞吉歐提供）

⚜ 歷史 ⚜

　　儘管喬治迪可是全美第二大的田納西威士忌酒廠，不過仍只占所有田納西威士忌不到 10% 的產量／銷售量，其餘絕大部分的威士忌由哪一間酒廠生產？當然是傑克丹尼。

　　也許是不熟悉的關係，「喬治迪可」讓我直接聯想到人名而不是酒廠名，不過美威把人名當作酒廠或品牌名稱毫不稀奇，主要目的在於引導消費者的思古幽情，最大的美威酒廠傑克丹尼、最大的波本酒廠金賓，最大的單一品牌依凡威廉斯，全都來自人名。所以喬治迪可確實也是一位歷史人物，全名為 George Augustus Dickel，他於 1818 年出生在德國，1844 年移居到美國，幾年後在納許維爾經營雜貨店。當南北戰爭於 1861 年爆發後，店內開始銷售威士忌，等戰爭結束，喬治的雜貨鋪成為當地最大的烈酒零售店，也觸發他的靈感，於 3 年後成立了 Geo. A. Dickel & Co. 公司，開

始轉型做批發，並且如同其他
烈酒商一樣，從田納西州及肯
塔基州收購烈酒，調和、精餾
後銷售到南方各州。

隨著事業規模擴大，公司的
名聲也越來越響亮，南方各州
都知道 Geo.A.Dickel 販售的酒
最為柔順。為了因應業務的持
續擴張，喬治拉進了兩位夥伴
進來協助，其中一位是他的妻
舅 Victor Scwab，原本為公司

喬治迪可半身塑像　（圖片由帝亞吉歐提供）

的會計。由於烈酒生意供不應求，Geo.A.Dickel 盡可能的從各地收購烈酒，
其中也包括瀑布空谷酒廠（Cascade Hollow），很快的成為這間酒廠的最
大買主，稱為 Cascade Whisky。各位讀者注意到了嗎？ Cascade Whisky
的 Whisky 拼法與其他品牌不同，少了一個「e」，因為喬治認為他的品牌
屬於 Sipping Whisky，有如高品質的蘇格蘭威士忌一樣，適合純飲，不需
要添加其他各種增味物質，這項堅持，一直到今天依舊如此。

至於瀑布空谷酒廠——也就是喬治迪可的前身，位在田納西州諾曼地
（Normandy）附近，由 John F. Brown 和 F.E. Cunningham 兩人於 1870
年代創立。第一任蒸餾大師 Maclin Davis 在 1878 年（一說 1883 年）加
入，不僅創造了 Cascade Whisky 的配方，也逐漸打開名聲。在他的指導
下，酒廠利用夜晚氣溫下降時來降低糖化溫度（老實說，這一點我無法理
解），這樣做出的酒，每一瓶標籤上都印著「如月光般柔美」（Mellow as
Moonlight），在進入二十世紀前，為田納西州最暢銷的威士忌。

喬治在 1887 年送貨時受傷，大部分的工作都交給妻舅 Victor 負責，兩
年後 Victor 買下了其他合夥人的股份，同時也收購了瀑布空谷酒廠，公
司股權因此集中在喬治、Maclin 和 Victor 等 3 人手上。為了宣傳 Cascade

Whisky，Victor 在納許維爾設立了公司總部，稱為「絕頂沙龍」（Climax Saloon），大做廣告宣揚這個沙龍是 Cascade Whisky 的全球總部，而他確實也努力往海外推銷。

當喬治於 1894 年去世後，他的股份由遺孀繼承，不過她對於酒業毫無興趣，所以由 Victor 執掌大權。等蒸餾大師 Maclin 於 1898 年去世，雖然兒子 Norman Davis 繼續執行蒸餾工作，短暫的成為酒廠的第二任蒸餾大師，但 Victor 對 Norman 提出告訴，強迫他賣掉公司股份，因而把所有的股權都掌握在手裡。不過接下來 Victor 的困難才開始，他得面對越來越興盛的節制飲酒運動，花費了大量的時間和金錢去遊說納許維爾的政客，要求他們投票反對限制酒類銷售，最後還是徒勞無功，田納西州的州議會於 1910 年立法通過禁酒法案。

眼看勢頭無法挽回，為了延續公司的生意，Victor 只得委託肯塔基州路易維爾的史迪佐－韋勒酒廠協助生產 Cascade Whisky。不過即使在肯塔基州，他依舊按照田納西州的特殊方法，也就是新酒在入桶前，先以楓木炭進行過濾，因此 Cascade 品牌的田納西威士忌在 1910 ～ 1917 年期間（肯塔基州於 1917 年禁酒）是在史迪佐－韋勒酒廠生產。等到禁酒令開始雷厲實施之後，Cascade 便無法堅持，只得與史迪佐－韋勒簽約製作 Cascade Hollow 波本威士忌，成為生產醫療用酒的協力酒廠之一。

禁酒令於 1933 年廢止後，田納西州依舊維持禁酒，Victor 的子女被迫在 1937 年把酒廠賣給了軒利集團。當時軒利最主要的酒廠是位在法蘭克福的 George T. Stagg，也就是今日的野牛仙蹤，只不過禁酒令導致製酒人才流失，也沒有留下任何可依循的製作手冊，酒廠只得從老瀑布空谷酒廠挖來兩位工匠協助。當酒廠逐漸步入生產正軌，裝出了一款 Geo. A. Dickel's Cascade 肯塔基純波本威士忌，這是第一次「喬治」的大名被當作品牌名稱，可惜是波本，而不是田納西威士忌。

軒利集團的事業體越來越大，也想跨足到田納西州，1956 年試圖買下傑克丹尼，但是被百富門集團搶走，一氣之下，決定重建瀑布空谷酒廠與傑克丹尼競爭。新酒廠位在舊廠旁 1 英里的地方，於 1958 年正式開張，不僅使用與舊廠相同的水源，也恢復了楓木炭過濾新酒

班師回朝的喬治迪可酒廠 （圖片由帝亞吉歐提供）

的古法。但由於 Cascade 已經被使用為波本品牌名，因此軒利的 CEO 決定捨棄原來的酒廠名稱，更改為 George Dickel，也就是今天的喬治迪可。

軒利的事業體在 1950 年代達到高峰，1964 年遊說國會通過提案，將波本威士忌列為「美國獨特產物」更是得意之作。就在同一年，喬治迪可裝出了 Black Label Old No.8 和 Tan Label Superior No.12 兩款田納西威士忌，不過母公司的勢運已經慢慢的滑落，4 年之後，軒利被某投資公司收購，再於 1987 年賣給健力士集團，1989 年併入聯合蒸餾者公司（United Distilleries, UD），如今屬於帝亞吉歐所有，因此喬治迪可成為帝亞吉歐旗下 3 間美威酒廠之一 註1。

註 1　布雷特 (Bulleit) 波本威士忌為帝亞吉歐銷售量最大的美威品牌，2020 年的銷售量為 180 萬箱（9 公升／箱），在所有美威品牌中排名第六。Bulleit 過去由四玫瑰酒廠代為生產，2017 年帝亞吉歐耗資 1.15 億美金於 Shelby 郡興建了佔地 300 英畝的 Bulleit 酒廠，2019 年開放旅客中心，2021 年又在 Marion 的黎巴嫩市興建完成年產量可達 1,000 萬酒度－加侖的蒸餾廠，為北美地區第一座碳中和的酒廠。

　　新集團入主後，開始擴張、併購並買下了不少品牌，大量生產下，突然發現美威蕭條的現實，存酒來不及消化而被迫削價競爭，只得在 1994 年踩下剎車緊急將酒廠關閉，另一方面也為了解決廢水排放的爭議。這個休停決定一關就是 9 年，等到 2003 年重新開張時，美威的風潮開始興起，存酒不足以供應老字號品牌 Old No. 8 的裝瓶需求，只好以熟陳 3 年的 Old-Fashioned Cascade Hollow Batch Recipe 代打。這一小段顛簸，正足以說明威士忌產業的起起落落，即便是老江湖的大集團也難免犯錯。

　　度過了關廠危機，喬治迪可終於步上坦途，除了繼續裝出受歡迎的老品牌之外，2012 年也迎上裸麥潮流裝出了 George Dickel Rye。不過這款裸麥是酒廠唯一一款不在喬治迪可生產的酒，而是來自──請大家猜猜會是哪裡？沒錯，我們的老朋友，印第安納州羅倫斯堡的 MGPI，使用了 95% 的裸麥和 5% 麥芽，相同的穀物配方在 MGPI 的網站上找得到，不僅如此，產製的新酒還運送到伊利諾州的 Plainfield 做楓木炭過濾，熟陳 5 年後裝瓶。各位讀者回頭去翻閱＜搞懂美威的規範＞，可在酒標中看出端倪，這種製作方式讓 George Dickel Rye 只能標示為「Whisky」，就算陳年 5 年，也不能稱為「Straight」。

John Lunn 擔任 2005 ～ 2015 的蒸餾大師，當他離開並創立 Popcorn Sutton 小型工藝酒廠之後，短期內酒廠並未聘請新任大師，直到 2018 年妮可・奧斯丁（Nicole Austin）擔任 Cascade Hollow Distilling Co. 的總經理，同時也兼任蒸餾工作。

酒廠總經理及蒸餾師妮可・奧斯丁 Nicole Austin（圖片由帝亞吉歐提供）

☀ 製作 ☀

1. 穀物配方與處理

　　酒廠的穀物配方一直很固定，也十分公開，主要為 84% 的玉米、8% 裸麥和 8% 的麥芽，稱為酒廠的基礎配方（Foundation Recipe），相同的配方也使用在 George Dickel No 1 白玉米威士忌，因為玉米含量超過 80%，所以毫無轉換問題。有趣的是，我們時常聽到的「手工製作」在這家酒廠內實踐了，因為許多製程都揚棄電腦操控，很「遵古法」的由人力控制，例如每一批蒸煮的穀物仍採用古老的磅秤，利用秤桿、砝碼來量度使用量，這種很不可思議的方法可能許多年輕讀者連看都沒看過。

　　酒廠平均每天運入 2 輛卡車的穀物，穀物的含水量必須低於 15%，以避免任何可能的污染，過去 15 年來，只曾發生一次因穀物廠不小心混入小麥而衍生問題。所有的穀物都以錘擊式碾磨機磨碎，而後分批投入 2 座 9,500 加侖（約 36,000 公升）的蒸煮鍋之一，先投入玉米和少量先期麥芽（pre-malt），而後是裸麥及剩餘的麥芽，與其他蒸餾廠的處理程序大致相同，但也倒入少量的外源酵素，糖化時間約需 3 ～ 4 小時。

　　田納西威士忌既然以酸醪著稱，喬治迪可也不例外，鍋內投入上一批蒸餾完成後的部分殘餘物質，以降低 pH 值，有利發酵。另外一部分則在發酵時投入。

2. 酵母菌與發酵

　　糖化完成後的穀物糊溫度約 150°F（65.6°C），需經熱交換器降溫至 72°F（22.2°C）再泵送入發酵槽。喬治迪可過去採用自行培育的酵母菌種，目前則更換為商業乾式酵母，2 批次的蒸煮可填滿 1 座發酵槽，每座發酵槽的投入量約為 5.5 公斤。槽體及發酵過程完全師法自然，不做控溫處理，完成後的酒精度約為 8%，並先注入 beer well 暫存，等候下一階段的蒸餾。

根據目前的生產流程，每天完成 3 座發酵槽的蒸餾，因此以 3 座發酵槽為 1 組，酒廠總共擁有 3 組 9 座發酵槽。又由於每星期工作 6 日，因此正常的發酵時間為 3 天，但是遇到星期假日則延長為 4 天，這一點和蘇格蘭麥芽威士忌業者頗為類似，不過 3 天和 4 天的發酵有什麼差異？唯一的差別是進行 4 天發酵時，必須把初始溫度降低一些以延長發酵時間。

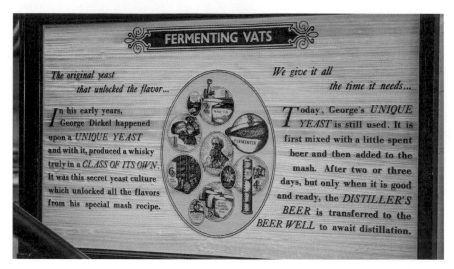

發酵說明 （圖片由帝亞吉歐提供）

3. 蒸餾

蒸餾者啤酒從 beer well 泵送到柱式蒸餾器，蒸餾器內裝設了 19 片蒸餾板，啤酒從第 17 層板的位置輸入，酒精蒸氣則從第 19 層板上方導出，產出的低度酒酒精度為 114 proof （57%）。接下來再輸入加倍器做第二次蒸餾之前，先將低度酒輸入一座裝滿銅製「拉西環」（Raschig ring）[註2] 的槽體，讓冷凝後的低度酒與銅反應，而後以加倍器完成最終的蒸餾，白狗（高度酒）酒精度可達 130 proof （65%）。

註 2 拉西環以發明者德國化學家 Friedrich Raschig 的名字來命名，指的是長度和直徑大致相等的管狀物，常使用在蒸餾和其他化學工程的蒸餾塔內作為填充床，提供大量的表面積與液體或氣體產生交互作用。

　　許多蒸餾廠都會使用類似「拉西環」的材料達到淨化酒質的目的，不過通常裝設在連續式蒸餾器的最上層，或是在加倍器內，如同喬治迪可酒廠使用額外槽體的方式——筆者識見不廣，可能是唯一。

4. 林肯郡製程

　　喬治迪可使用的林肯郡過濾法與傑克丹尼略有不同，過濾前先讓白狗透過熱交換器將溫度降低到 43°F（6°C），其目的類似我們熟悉的冷凝過濾工法，可讓長鏈脂肪凝結，並在接下來的過濾過程中濾除，讓新酒更為澄清。另外，喬治迪可把新酒注入過濾槽之後，並不像傑克丹尼以滴漏方式讓新酒花 3 天工夫緩慢通過楓木炭，而是先浸泡在楓木炭中 10～15 天，而後再將底座打開一次濾出。這兩種過濾方式，有如沖泡咖啡時採用的手沖或法國濾壓壺，其差異在新酒和楓木炭的接觸時間，時間短濾除的物質少，時間長則多。

　　製作楓木炭時，楓木材採堆疊 15 英尺高，倘若火力太大可能無法控制而形成灰燼，因此採用「溫和燃燒」的方式直到炭化，因為。廠內員工必須一鏟一鏟的把楓木炭鏟入過濾槽，這也是喬治迪可自傲的「手工製作」之一。

楓木炭過濾槽（圖片由帝亞吉歐提供）

5. 熟陳

　　酒廠要求橡木桶都經過四級燒烤，不過兩端的側板則採用二級。

　　酒廠倉庫均為 1 層樓高，不過內部裝設了可堆放 11 層橡木桶的木製桁架，所以每座倉庫能容納 14,000 個橡木桶。倉庫均不做溫度控制，但因為僅有 1 層，上下方溫差不致超過 5°F。目前酒廠大興土木，較新穎的棧板式

喬治迪可的橡木桶（圖片由帝亞吉歐提供）

倉庫仍在興建中，將採用直立放置的方式來增加木桶存放數量，每座新建倉庫可容納 50,000 個橡木桶。

　　木桶滾放入層架式倉庫時，必須確保滾到定位時桶塞保持在上方，一方面防止漏酒，一方面也為了容易取出樣本，因此假如費盡力氣把木桶滾放到架上之後，突然發現桶塞不在上方，那麼如何把重達 350 公斤的木桶翻轉向上絕對非常困難。為了解決這個古老的問題，喬治迪可的木桶匠發明了一個巧妙的方法，他們利用時鐘上指針的數字標記每一層架子，在滾動木桶前，先將桶塞旋轉至與層架相對應的「分鐘」位置。舉例來說，假設架上的 3 號位置要求滾動木桶前先轉到「25P」，便是將桶塞對準 25 分鐘的位置，如此一來，木桶滾到定位時，桶塞剛好也會位於正上方。

　　老實說，這個方法讓人有看沒有懂，但使用多年顯然有效，不過棧板式倉庫就可免除類似的麻煩了。

6. 裝瓶

　　大部分的台灣酒友，包括筆者在內，不僅不熟喬治迪可的裝瓶，可

能完全不認識，所以簡單介紹幾個較為知名的酒款。但首先，所有的喬治迪可都標示為 Whisky，而不是我們習以為常的 Whiskey，這一點必須先認清。

1964 年推出的 Classic No.8 和 Superior No.12，應該是市面上最常見的喬治迪可田納西威士忌，數字 8 和 12 指的不是酒齡，而是配方編號，No.12 的陳年時間比 No.8 稍微長一些，裝瓶酒精度也稍微高一些（90proof 與 80 proof）。為了考驗消費者的智商，酒廠於 2021

熟陳 8 年的喬治迪可「波本」威士忌 （圖片由帝亞吉歐提供）

年裝出了唯一的一款波本威士忌，是的，各位讀者沒看錯，的確是波本，而且酒標上同樣標示著大大的 8，意圖與 Classic No.8 混淆，不過這支酒的「8」指的就是熟陳時間了。至於為什麼是波本？根據酒廠的說法，這支酒的風味比較傾向於波本，而不是田納西威士忌，只是從原料、配方到製程全都一樣，所以什麼是波本調性，什麼又是田納西調性？

酒廠於 2011 年所推出的 George Dickel Rye，網路上有人直言瓶內酒液來自 MGPI，也因此酒標上只寫著 Whisky，無法標示為純裸麥威士忌。為了回應市場小批次的風潮，也在 2013 年釋出了 Barrel Select，以 86 proof 裝瓶，酒標上雖然沒標示酒齡，不過熟陳時間超過 9 年，而且最初的批次僅使用 10 個橡木桶，數量確實非常少，確實可以稱為「小批次」，但近年來因市場需求量大，官網上只含混表示調和的桶數「不多」，是不是仍保持小批次個性就不得而知了。

　　到了 2014 年，酒廠又推出了熟陳 9 年的單一桶 Single-Barrel，裝瓶酒精度為 103 proof，使用精美的木盒與銅牌吊飾包裝，把酒廠的裝瓶推上另一個等級。有趣的是，當酒廠的蒸餾者（distiller）艾莉莎・亨利（Allisa Henley）於 2017 年在酒窖內搜尋適合創作的 Single Barrel 酒桶時，突然發現隱藏在不知名的角落裡有大約 80 個已經熟陳 17 年的橡木桶（有沒有人聯想到蘇格蘭的威士忌酒廠也偶而發生這種事？），取出樣品後不禁讓她驚喜異常，認為是田納西州最好的威士忌，因此裝出了 17 年限量版 Distillery Reserve Collection，但僅在酒廠遊客中心以及少數酒專販售。

　　官網上還有 BIB 以及 15 年的 Single Barrel，顯然喬治迪可完全不落人後，視市場風潮而持續進化。

喬治迪可酒款 （圖片由帝亞吉歐提供）

附錄：參考書目

1 Bernie & Noe, Fred Lubbers (2012) Bourbon Whiskey : Our Native Spirit -- Sour Mash & Sweet Adventures. Indianapolis, USA: Blue River Press

2 Clay Risen (2015) American Whiskey, Bourbon & Rye : A Guide to the Nation's Favorite Spirit. New York, USA: Sterling Publishing Co Inc.

3 Fred Minnick (2016) Bourbon : The Rise, Fall, and Rebirth of an American Whiskey. Stillwater, USA: Voyageur Press.

4 Fred Minnick (2019) Bourbon Curious : A Tasting Guide for the Savvy Drinker with Tasting Notes for Dozens of New Bourbons. Boston, USA: Harvard Common Press,U.S..

5 Lew Bryson (2014) Tasting Whiskey. North Adams, USA: Storey Publishing LLC.

6 Michael R. Veach (2013) Kentucky Bourbon Whiskey : An American Heritage. Lexington, USA: The University Press of Kentucky.

7 Oscar Getz (1978) Whiskey: An American Pictorial History. New York, USA: David McKay Company, Inc.

8 Payton Fireman (2016) Distillery Operations: How to Run a Small Distillery. Morgantown, USA: Payton Fireman Attorney at Law

9 Tristan Stephenson (2014) The Curious Bartender: An Odyssey of Malt, Bourbon & Rye Whiskies. London, UK: Ryland, Peters & Small Ltd.

美國威士忌全書

11 名廠×6 製程×250 年發展史
讀懂美威狂潮經典之作

作者	邱德夫
主編	莊樹穎
書籍設計	賴佳韋工作室
設計協力	黃郁惠
行銷企劃	洪于茹、周國渝
出版者	寫樂文化有限公司
創辦人	韓嵩齡、詹仁雄
發行人兼總編輯	韓嵩齡
發行業務	蕭星貞
發行地址	106 台北市大安區光復南路 202 號 10 樓之 5
電話	（02）6617-5759
傳真	（02）2772-2651
劃撥帳號	50281463
讀者服務信箱	soulerbook@gmail.com
總經銷	時報文化出版企業股份有限公司
公司地址	台北市和平西路三段 240 號 5 樓
電話	（02）2306-6600
傳真	（02）2304-9302

第一版第一刷 2022 年 4 月 1 日
ISBN 978-986-06727-3-2

國家圖書館出版品
預行編目（CIP）資料

美國威士忌全書／邱德夫著. -- 第一版。
-- 臺北市：寫樂文化有限公司, 2022.03
面；公分。 --（我的檔案夾；60）
ISBN 978-986-06727-3-2（平裝）

1.CST: 威士忌酒 2.CST: 製酒業 3.CST:
美國
463.834   111003223